제 4 판

수학은 생활이다

수학은 생활이다

제4판

박형빈 지음

경문사

3판을 내면서

《수학은 생활이다》라는 제목으로 책을 처음 출판한 것이 1998년이었으니까 거의 10여 년이 되어간다. 그 후 2002년에 상당히 많은 부분을 수정하고 보완하여 현재의 모습으로 출간되어 많은 독자들의 사랑을 받았다. 그러나 독자들의 수가 증가할수록 나는 부끄러운 마음을 버릴 수가 없었다. 다듬고 보완해야 할 부분이 많음에도 게으름 때문에 손을 쓰지 못하고 차일피일 미루다가 이번에야 많은 부분을 잘라내고 새롭게 덧붙여서 마음속에 갖고 있었던 내용으로 바꾸어 보았다.

처음 책을 쓸 때는 수학이 생활과 동떨어진 시험이나 전공을 공부하는데 필요한 과목으로만 인식되는 것이 안타까워 시작한 일이 차츰 생활 속에 수학이 깊이 자리매김할 수 없을까 하고 좀 더 욕심을 가져봤었고, 지금은 관심 가진 많은 분들의 노력으로 생활수학이 수학의 한 분야로 자리잡아가는 모습을 보고 스스로 흐뭇해하기도 한다. 현재는 생활수학과 관련된 책들이 상당수 출판되어 수학이 우리들의 삶과 함께하고 있는 모습이다.

공부를 하는 목적은 여러 가지로 많고 그 주장 또한 많고 다 옳다. 그러나 우리는 그 상당 부분을 생활 속에서 찾아야 한다고 본다. 수학은 정치, 경제, 사회, 문화, 스포츠, 오락 등 모든 분야와 밀접한 관계를 맺고 있으며, 그 근간을 이루는 기본이론을 제공한다. 수학공부를 해야 하는 이유를 크게 세 가지로 나누어 이야기할 수 있다. 첫째, 수학은 지혜를 얻기 위하여 꼭 필요한 과목이다. 좋은 지혜는 개인은 물론 우리

사회, 국가, 인류문명에 크게 기여한다. 둘째, 수학은 매우 실용적인 학문이다. 수학을 이용하여 얻을 수 있는 이익이 너무 많다. 셋째, 교양을 얻기 위하여도 수학공부는 꼭 필요하다. 유식하고 합리적인 생활의 단초를 제공한다. 따라서 두뇌발달이 왕성한 청소년기에는 많은 수학책을 읽어서 여러 분야의 기본능력을 갖추도록 노력해야 한다.

그래서 이 책에서 필자는 다음과 같은 내용을 담아 소개하려 한다. 국민 모두의 공통관심사인 선거와 수학에서는 합리적인 선거 방법과 집계방법을, 수학과 스포츠에서는 공평한 등위매기기와 시드배정 등을, 수와 생활에서는 수의 뜻, 개념, 크기, 읽고 쓰기, 바코드 이론 등을 소개하였고, 아름다움과 관련된 수의 배열, 마방진 이론과 이용방법, 자연 속에 숨어 있는 수학이론도 찾아보고, 피보나치수열과 관련된 꽃잎차례 열매 나무줄기와의 관계, 프랙털 이론도 소개하고, 생활 속에서 도형이론을 찾아보기도 하고, 도형의 미에서 수학의 원리를, A4 용지의 탄생배경에 수학의 원리가 깊숙이 자리하고 있는 것도 알아보았다. 꼭 필요해서 읽기 싫어하는 논리에 대한 기초지식도 수록하였고, 우리 생활주변에서 찾을 수 있는 여러 가지 흥미 있는 논리문제도 발췌하여 수록하였다. 짝짓기 이론과 관계된 몇 가지 흥미 있는 내용도 포함시켰으며, 그래프 이론을 소개하여 응용하는 방법과 보기들도 소개하였다. 기하학의 세계에 위상수학의 개념을 알기 쉬운 내용으로 포함시켰고, 활용방안도 알아보았다. 우리의 전통 게임놀이부터 복권게임, 현대의 게임이론까지 쉽게 소개하였으며, 암호의 이론과 그 역사, 활용방안 쉬운 암호 만들기와 해독방법 등도 알기 쉽게 풀어 썼다. 통계의 오류와 올바른 통계자료 활용방안과 금융에 관심 있는 독자를 위하여 이자, 연금, 목돈 만드는 이론도 함께 포함시켰다.

이와 같이 많은 주제들을 소개하려다보니 한 가지 내용도 제대로 서술하지 못하였다. 이점 독자들의 많은 양해 부탁드린다. 아무쪼록 이 책이 수학을 가까이 할 수 있도록 소개에 충실한 책으로 역할을 다했으면 하는 마음 간절하다. 중고생부터 대학생, 일반인, 주부, 수학교사 등 많은 분들이 관심을 갖고 읽어줬으면 하는 마음이 간절하다.

이 책이 나오기까지 원고정리 등 여러 가지로 많이 도와준 이헌수 박사에게 감사의 마음을 전하며 항상 좋은 수학책을 만들어 주신 경문사 사장님께도 깊은 감사의 말씀을 드린다.

2007년 2년
승달산 아래서 저자 씀

제2판 머리말

수학의 위기가 다가오는 것을 온몸으로 느끼면서, 수학을 가까이 하는 모든 분들과 서로의 생각을 나누고 수학에 대한 여러 가지 현안 문제를 공유하고 싶었다.

수요자 중심 교육이라는 우리 교육 현실이 수학을 위한 수학이나 수학자를 위한 수학은 그 설자리를 점차 잃게 하고 있다. 미적분을 몰라도 살아가는 데 아무런 불편함을 느끼지 않고 심지어는 골치 아픈 수학 때문에 많은 고통을 당한 것처럼 말하는 사람도 있다. 더구나 수학을 정말로 잘 하는 사람은 수학을 전공하려고 하지 않는다. 수학은 우리의 삶과는 항상 멀리 떨어져 있고 오로지 입시를 위한 수단만으로 여겨지기도 했다. 그 원인이 어디에 있는지는 우리가 면밀히 검토하고 점검해 보아야 하겠지만 수학은 지금 위기를 맞고 있음이 분명하다.

그 동안 대학에서 교양수학을 강의해 오면서 전공수학을 강의할 때와는 달리 여러 면으로 다양한 방법을 시도해 보고 변화를 꾀해 보기도 했다. 전공이 다양하고 수학 실력의 수준차가 심한 학생들을 대상으로 하는 교양수학 강의에서 학생들의 흥미를 유발시켜 관심을 집중시킬 수 있도록 하는 것은 여간 어려운 일이 아니었다. '어떻게 하면 학생들과 함께 하는 수업이 될 수 있을까? 어떻게 하면 생활 친화적인 강의를 할 수 있을까?' 하고 고심도 많이 했다. 수학 공부를 통해 우리가 얻을 수 있는 것은 수학적인 사고능력, 합리적인 가치판단, 경제적인 기획능력, 다양한 문제해결능력, 집중력 증대 등 이루 헤아릴 수 없이 많지만 학생들은 그것을 거의 의식하지 못하고 있는 것 같다. 이런 문제들을 직시하고 절감하면서 우리들의 생활 속에서 수학이론을 찾아보고 수학과 더불어 살아가고 있는 것을 일깨워 주고 싶은 마음으로 강의 노트를 준비하였다.

대학에서 교양과목의 교재로 사용되었으면 하는 욕심도 가져보고 수학과 함께 생활하는 분들과 수학을 가까이할 수밖에 없는 분들도 한번쯤 읽어주기를 바라면서 그 동안 강의했던 내용들을 정리하고 가다듬어 책으로 엮어 보았다. 이 책은 수학과 스포츠, 수와 생활, 신비스런 수의 배열, 생활에서 찾아본 도형이론, 논리의 기본 성질, 생활 속의 논리, 바람직한 짝짓기 이론, 생활에 얽힌 그래프 이론, 기하학의 세계, 암호에 대한 기초이론 등의 내용으로 구성되어 있고, 수학 같지 않은 수학이라도 강의 내용에 적합하다고 생각되면 요약 소개하였고, 참고문헌 일부분도 발췌하여 실었다.

이 책을 출판해주신 도서출판 경문사 여러분께 감사드리며, 마지막으로 복잡한 그림, 기호, 문자 등 어려운 원고 정리를 도맡아 애써 준 이헌수 선생께 고마움을 표한다.

2002년 1월
박형빈

차 례

제 3 장 수(數)와 생활

제 4 장 신비스런 수의 배열

제 5 장 자연 속 아름다운 수학

제6장 생활 속 도형 이론

제7장 우리가 알아야 할 논리

제8장 생활 속 논리

제9장 매칭 이론의 수학적 원리

제 10 장 생활 속 그래프 이론

제 11 장 기하학의 세계

제 12 장 놀이와 게임이론

제13장 암호 수학

제14장 생활과 통계

제15장 금융 수학

제 1 장

선거와 수학

민주주의 사회에서 주권자들의 의사결정은 어떤 방법으로 이루어지고 있는가? 대부분 선거라는 투표방법을 이용하여 결정한다. 그러나 투표하는 방법과 선거가 끝난 후에 투표결과를 집계하는 방법에 따라 선거결과가 다르게 나타나기도 한다. 그러면 어떠한 선거방법이 유권자들의 의사가 제대로 반영된 가장 좋은 방법일까? 이런 선거 방법은 존재할 것인가? 그리고 나타난 문제점들은 어떤 것인가? 등에 대하여 알아보고자 한다.

여러 가지 문제점을 안고 있지만 민주주의에서 국민의 권리와 의무는 선거라는 단어로 압축하여 표현한다. 그래서 우리는 대부분 선거로 의사결정을 한다. 대통령 선거, 국회의원 선거, 지방 자치단체 선거 등, 크고 작은 의사결정을 투표로 한다. 선거를 하는 이유는 우리 모두의 생각이 서로 다르기 때문이다. 각 개인들이 원하는 방식으로 모든 것을 결정할 수 없기 때문에 투표를 한다. 투표라는 것은 우리가 가장 익숙하게 사용하고 있는 선거의 일부분이고 나머지는 집계(개표, the counting)에 대한 것이다. 한 집단의 의사를 결정하기 위하여 개인의 여러 가지 의사를 감별하는 이 절차는 어떻게 작동하며 이 과정이 공정하게 이루어지고 있는지 등 선거이론의 많은 미묘하고 복잡한 내용들에 대하여 수학적인 내용에 대하여 살펴보고자 한다.*

투표이론은 민주사회나 단체가 집단 내에서 서로 충돌하는 여러 종류의 의견들로부터 하나의 통일된 의견을 선택하도록 하는 과정을 수학적으로 다루는 것이다. 우리는 선거를 치르고 투표용지를 세고 집계한다. 그 집계를 기초로 해서, 우리는 일관되고 공정한 방식으로 선거의 결과를 확정짓는다. 선거방법의 결정은 수학자가 해결해야 하는 문

---

* 본 내용은 주로 [김용구, 생활속에서 찾은 수학, 용봉수학교육연구제4집 31-52, 전남대학교사범대학수학교육과, 2004]의 일부의 요약이다.

제는 아니다. 선거방법에 따라 당선자도 다르게 나타난다. 어떤 선거방법이 가장 타당한(유권자의 의사가 반영된) 것인지 여러 가지 주장에 따라 다르다. 이 모든 것을 만족하는 정당한 방법이 틀림없이 존재할 것인가? 하는 문제들을 수학적인 이론으로 해결해 보고자 한다.

선거구	선거인수	투표수	투표율(%)	후보자별 득표율(유효투표수 득표율)							비고
A시	172,631	65,541	38.0	A	B	C					*
				14.0 (37.4)	17.0 (45.2)	6.5 (17.4)					
B군	39,711	27,960	70.4	A	B						*
				32.2 (46.8)	36.6 (53.2)						
C시	204,521	59,511	29.1	A	B	C	D	E	F	G	*
				6.2 (21.6)	10.0 (27.4)	7.9 (17.4)	3.3 (11.6)	0.2 (0.9)	0.7 (2.4)	0.4 (1.5)	
D시	86,123	50,872	59.1	A	B						*
				28.2 (48.7)	29.7 (51.3)						
3대 대통령 선거	9,606,870	9,067,063	94.4	A	B						
				22.5 (30)	52.5 (70)						

* 2005년 4월 30일 지방자치단체장 보궐선거결과

[표 1.1] 각 선거에 따른 후보자별 득표율

실제로, 우리가 채택하고 있는 대부분의 선거방법은 선호도 1순위 후보자에게 100% 선호를 강요하는 실은 바람직하지 못한 투표방법을 사용하고 있다. 51% 를 선호한 후보와 49% 를 선호한 후보가 있을 경우 투표결과는 51% 를 선호한 후보에게 100% 로 상향조정되어 의사표시가 되고 49% 를 선호한 후보에게는 0% 로 하향 조정되어 의사표시를 하는 결과가 된다. 그리고 [표 1.1]에 나타난 경우와 같이 후보자가 난립하고 투표율이 낮은 경우 불과 전체선거인의 10% 만의 지지를 얻은 후보자가 당선되어 유권자의 진정한 의사를 반영했다고 볼 수 없는 경우도 생긴다. 물론 3대 대통령선거에서와 같은 경우에는 이와 같은 방법의 투표도 정당하다고 할 수 있다. 우리는 투표 이론에 대하여 흔히 일어날 수는 있지만 생소한 선호도투표방법으로 실시된 하나의 예로부터 시작하고자 한다.

선호도 투표란 후보자들을 자기가 선호하는 순서에 따라 순위를 매겨 투표하는 방법을 말한다. 동점을 허용하지 않는 선호도투표방법을 **선형 선호도 투표**라 한다. 선호도 투표는 우리가 보통 선거에서 사용하는 가장 전형적인 방법은 아니지만(예를 들어, 대부분의 공직선거에서는 선호도가 1위인 첫 번째의 선택만을 요구한다), 후보자 모두에 대하여 상대적 우수함에 대한 우리의 견해를 표현할 수 있으므로 가장 좋은 투표 방법 중의 하나이다.

선호도 투표에서 주의해야 할 두 가지 중요한 사항이 있다. 첫째는 각자 선호도의 전이성, 다시 말하면 만일 한 투표자가 B보다는 A를 선호하고 C보다는 B를 선호한다면, 자동적으로 이 투표자는 C보다는 A를 선호할 것으로 확신하는 것이다. 둘째는 투표자의 상대적 선호도는 한 명이나 한 명 이상의 후보자를 소거하는 것에 영향을 받지 않는 것이다.

보기 1

37명이 정원인 수학과에서 학생들이 학생회장 선거를 하였다. 이 선거에 A, B, C, D 네 사람이 출마하였다. 37명의 학생들은 학생회장 한 사람만을 선택하여 투표하는 것이 아니고 네 사람에 대한 선호도에 따라 후보자를 차례로 투표하는 선호도투표 방법을 선택하였다.
37명의 투표 결과는 다음의 [표 1.2]와 같았다. 누가 이 선거에서 학생회장으로 당선되어야 하겠는가? 그 이유는?

1	A	1	B	1	A	1	C	1	B	1	C	1	A	1	B	1	C	1	A
2	B	2	D	2	B	2	B	2	D	2	B	2	B	2	D	2	B	2	B
3	C	3	C	3	C	3	D	3	C	3	D	3	C	3	C	3	D	3	C
4	D	4	A	4	D	4	A	4	A	4	A	4	D	4	A	4	A	4	D
1	D	1	A	1	A	1	C	1	A	1	C	1	D	1	C	1	A	1	D
2	C	2	B	2	B	2	B	2	B	2	B	2	C	2	B	2	B	2	C
3	B	3	C	3	C	3	D	3	C	3	D	3	B	3	D	3	C	3	B
4	A	4	D	4	D	4	A	4	D	4	A	4	A	4	A	4	D	4	A
1	D	1	A	1	D	1	C	1	A	1	D	1	B	1	A	1	C	1	A
2	C	2	B	2	C	2	B	2	B	2	C	2	D	2	B	2	D	2	B
3	B	3	C	3	B	3	D	3	C	3	B	3	C	3	C	3	B	3	C
4	A	4	D	4	A	4	A	4	D	4	A	4	A	4	D	4	A	4	D
1	C	1	D	1	A	1	C	1	D	1	C	1	A						
2	B	2	C	2	B	2	B	2	C	2	B	2	B						
3	D	3	B	3	C	3	D	3	B	3	D	3	C						
4	A	4	A	4	D	4	A	4	A	4	A	4	D						

투표자수	14	10	8	4	1
1	A	C	D	B	C
2	B	B	C	D	D
3	C	D	B	C	B
4	D	A	A	A	A

[표 1.2] 학생회장 선거 선호도 조사표

이 두 질문에 대답하기 전에 몇 가지 용어를 먼저 소개하자. 모든 선거에서 필수적인 요소는 투표자들의 집합과 후보자 또는 선택의 집합이다. 통상적으로 후보자는 사람을 선출할 때 사용하고 대상이 인간이 아닌 것 중에서 택할 때 선택이란 용어를 사용한다.

한 가지 선거방법으로 나타난 결과를 결정하는 방법에 따라 여러 가지 다른 결과가 나타난다.

1.1 다수 방법(Plurality Method), 다수결 방법

선거에 있어서 승자를 결정하는데 있어서 가장 잘 알려져 있고 가장 흔하게 사용하는 이론이 아마도 다수 방법(우리는 다수결의 원칙으로 알고 있음)일 것이다. 본질적으로, 이 방법은 가장 많은 1순위의 표를 얻은 후보자(한 명 이상이 있다면 후보자들)가 승리하는 것이다. 다수 방법에서 알아두어야 할 것은, 우리가 사용하는 유일한 정보가 1순위 득표수에 관한 정보뿐이라는 것이다. 다수 방법에서는 선호도 투표 방식을 사용하지 않는다. 투표자들에게 요구하는 것은 오로지 그들의 첫 번째 선택만을 요구한다.

다수 방법을 앞에서 제시한 수학과 학생회장 선거에 적용하면, 그 결과는 다음과 같다.

A가	1순위	14표
B가	1순위	4표
C가	1순위	11표
D가	1순위	8표

이와 같은 경우, 선거의 결과는 당연히 A가 당선자가 될 것이다.

투표 방법 중 다수 방법에 대한 인기는 이 방법의 단순함 때문만이 아니라 과반수 또는 다수결(majority)의 원리에 자연스럽게 접근할 수 있다는 사실에 기인한다. 두 명의 후보만 있는 민주적 선거에서는 다수득표자가 과반수의 표(절반 이상)를 얻게 되어 당선자가 된다. 그러나 3명 이상의 후보자가 있다면 과반수의 원리가 항상 적용될 수는 없다. 학생회장 선거에서 과반수를 얻기 위해서는 37표 가운데 19표의 1순위가 필요하지만 어떠한 후보자도 19표의 1순위 표를 얻지 못하였다. 그러므로 그 누구도 과반수를 획득하지 못하지만 1순위 표를 14표

얻은 A는 다른 사람들보다 더 많은 1순위 표를 얻어서, 다수의 표를 얻어 당선자가 된다. 다수는 과반수를 의미하지 않기도 하지만 과반수는 반드시 다수를 의미한다. 1순위 투표의 절반 이상의 표를 얻은 후보는 자동적으로 다른 후보들보다 1순위 득표를 많이 얻어 자동적으로 다수 방법에 따라 승자가 된다. 1순위 표의 과반수를 득표했다는 개념은 자동적으로 승리를 보장하며, 공정하고 민주적인 선거에 있어서 중요한 필요조건이 된다. 실제로, '과반수의 기준'은 매우 중요하다.

과반수의 기준

선거에서 1순위 표를 과반수 획득한 사람은 당연히 선거의 승자가 되어야 한다.

과반수 표를 얻은 사람이 없으면, 과반수의 기준은 실행되지 못하게 되지만 과반수의 기준을 어겼다고는 말할 수 없다. 다수 방법에서 1순위 과반수를 득표한 사람은 당연히 당선되므로 다수 방법은 과반수의 기준을 어기지는 않는다. 따라서 우리는 "다수 방법이 과반수 기준을 만족한다"라고 말한다.

민주주의에서 과반수의 기준은 당연한 것처럼 여긴다. 그러나 한 후보가 1순위 과반수 득표를 하고도 선거에서 지게 되는 중요하며 널리 사용되는 또 다른 선거 방법들도 찾아 볼 수 있다. 그러면 다수 방법의 문제점은 무엇인가? 다수 방법이 널리 쓰이기는 하지만 많은 결함도 가지고 있다. 예를 들면, 3명 이상의 후보가 있는 경우의 선거에서 이 방법을 이용하여 승자를 가려내기에는 미흡한 면이 있다. 이것의 주요한 문제점은 투표자들의 1순위 이외의 선호도를 고려하지 않는데 있으며 선거를 진행하였을 때 잘못된 투표 결과가 나올 수도 있다. 이를 확인하기 위하여 아래의 예를 살펴보자.

보기 2

미국 미시간 대학에는 최고의 행진 악단이 있다. 그들의 연기가 매우 뛰어나서 5개의 다른 미식축구 시합 식전행사에 연주해 달라는 초청을 받았다. 로즈볼(R), 훌라볼(H), 코튼볼(C), 오렌지볼(O), 그리고 슈가볼(S) 이들 5개의 미식축구 시합 중에서 어떤 시합의 식전행사에 참여할 것인지는 악단 100명의 선호도 투표로 결정한다. 투표 결과는 아래의 [표 1.3]과 같다.

투표자 수	49	48	3
1순위	R	H	C
2순위	H	S	H
3순위	C	O	S
4순위	O	C	O
5순위	S	R	R

[표 1.3] 악단 투표의 선호도 결과

만약 다수 방법이 사용된다면, 1순위 득표 49표를 얻은 R로 결정이 될 것이다. 그렇지만 1순위 득표 48표, 2순위 득표 52표를 한 H를 주목하여보면 H가 모든 구성원들의 의견을 더 잘 반영하는 훨씬 나은 선택이라고 말할 수도 있을 것이다. 사실, 우리는 H가 최선의 선택이라는 것을 다음과 같이 설득력 있게 주장할 수 있다. 만약 우리가 H와 다른 선택과를 상호 비교해서 살펴보면 H는 항상 가장 선호하는 선택이다. 예를 들어 H와 R을 비교해 보자. H에 51명의 사람이 투표했으며 R에는 49명이 투표했다. 같은 방법으로, H와 C를 비교해 보면, H가 97표를, C는 3표를 얻었다는 결론이 나온다. 그리고 H와 O나 S와 비교해 보면, H는 100표 모두를 얻었다.

[보기 2]를 다음과 같이 정리할 수 있다. 비록 H와 다른 선택 사이

를 상호비교하는 방법으로 비교해 보았을 때 H는 승리할 수 있지만 다수 방법에서는 H를 승자로 선택하지 않는다. 선거 이론으로 보면 우리는 다수 방법이 공정함의 기본적 요구 조건이 되는 다음과 같은 콩도르세(Jean-Antoine Condorcet, 1734~1794)의 기준을 어겼다고 말한다.

콩도르세의 기준

만약에 상호비교방법으로 비교하였을 때, 선호도 조사에서 선택 A가 다른 모든 선택들과 비교하여 선호된다면, 이 선거에서 선택 A가 당연히 승자가 되어야 한다.

다른 어느 후보들과의 상호비교에서 이기는 후보를 콩도르세 후보라 한다. 콩도르세의 기준은 간단히 말하면 콩도르세 후보가 있으면 이 사람이 승자가 되어야 한다는 것이다. 콩도르세 후보가 없으면 콩도르세의 기준은 적용되지 않는다.

다수 방법은 콩도르세의 기준을 어기게 되는데 왜냐하면 콩도르세 후보가 선거에서 이기지 못하는 선거의 예가 있기 때문이다. 다수 방법에서는 콩도르세의 기준을 어기는 경우가 실제로 나타날 수 있다.

후보자들 간의 상호비교의 개념으로 돌아가서 우리는 다수 방법에서 나타난 다른 중요한 결점에 대해 알아보자. 선거 결과는 진실성을 갖지 않고 투표를 한 투표자들에 의해 조작될 수 있다. 예를 들어 [표 1.3]을 보면 선호도 표의 마지막 열에 나타난 3명의 투표결과이다. 생각해 보면 R을 싫어하는 사람들로 보인다. 선거의 결과가 어떻게 나올 것이라는 예측은 있고, 그들의 첫 번째 선택인 C가 선거에서 이길 확률이 없다고 가정해보면 그들이 취할 수 있는 최선의 방책은 불성실하게 투표를 하고, 그들이 두 번째로 선호하는 H를 1순위로 택하게 하는 것이다.

실제로 보통 선거에서 불성실한 투표는 심각하고 예기치 않는 결과를 가져오기도 하고, 대부분의 선거 방법은 조작이 가능하다. 그 중에서도 다수 방법이 이러한 영향을 가장 많이 받는 투표 방법 중의 하나이다. 예를 보면, 미국 정치는 압도적인 양당 구조를 갖고 있다. 소수이긴 하지만 다수 방법은 불성실한 투표를 부채질한다. 제3당의 후보들이 표를 얻기가 힘들다는 것은 잘 알려진 사실이다. 제3당을 지지하는 다수의 사람들도 그들의 표가 쓸모없는 것(사표)이 되지 않도록 내키지 않지만 주요 당의 후보에게 표를 던진다. 아슬아슬했던 2002년 미국 대선에서 녹색당 랠프 네이더(Ralph Nader) 후보는 플로리다주에서 9만 5000표를 얻어 승부를 갈랐다. 대부분의 네이더 추종자들은 차순위로 고어를 지지했지만 거꾸로 부시를 당선시키는 역설을 만들어낸 것이다.

1.2 보르다의 방법(The Borda Count Method)

선거에서 승자를 가리는 또 다른 방법으로 보르다(Jean-Charles Borda, 1733~1799) 집계방법이 있다. 이 방식에서는 투표용지에 쓰여 있는 각 선호도 순위에 점수가 할당되어 있다. N명의 후보자가 있는 선거에서 제1순위에게는 N점, 2순위에게는 N-1점, …, 꼴등에게는 1점을 주어 각각의 후보자가 얻은 점수를 합하여 가장 높은 점수를 획득한 사람이 승자가 되는 방법이다.

보르다 집계방법으로 앞의 학생회장 선거에서 승자를 정하는데 사용해 보자. [표 1.4]는 가장 높은 점수를 4점, 다음을 3점, 세 번째를 2점, 그리고 네 번째를 1점으로 한 것이다.

투표자 수	14	10	8	4	1
1순위 : 4점	A : 56점	C : 40점	D : 32점	B : 16점	C : 4점
2순위 : 3점	B : 42점	B : 30점	C : 24점	D : 12점	D : 3점
3순위 : 2점	C : 28점	D : 20점	B : 16점	C : 8점	B : 2점
4순위 : 1점	D : 14점	A : 10점	A : 8점	A : 4점	A : 1점

[표 1.4] 학생회장 선거에서 보르다 집계방법

이제 점수를 합산해 보자.

A는 56 + 10 + 8 + 4 + 1 = 79점
B는 42 + 30 + 16 + 16 + 2 = 106점
C는 28 + 40 + 24 + 8 + 4 = 104점
D는 14 + 20 + 32 + 12 + 3 = 81점

이 결과에 따르면 우리는 승자가 B라는 것을 알 수 있다. 그러면 보르다 집계법에 잘못된 점은 없는가? 다수 방법과 비교하여 보면 보르다 집계법은 투표자의 선호도를 포함하여 제공된 모든 정보가 고려되며 선호하는 정도에 가중치를 주어 가장 많은 점수를 얻은 후보자를 승자로 선택하게 된다. 이것은 좋은 방법이긴 하지만 보르다 집계법에도 과반수의 기준을 어기게 되는 문제점이 있다. 예를 보면 과반수의 1순위 표를 획득한 후보도 선거에서 질 수 있는 경우가 있다. 다음의 보기를 보자.

보기 3

어떤 회사의 이사회에서 대표를 새로 고용하려 한다. A, B, C, D 4명의 최종후보자를 인터뷰한 후 11명으로 이루어진 이사회에서 4명의 후보

를 선호도에 따라 순위를 정하는 투표를 한 다음 보르다 집계방법으로 새 대표를 결정하기로 하였다. 투표 결과는 다음과 같았다.

투표자 수	6	2	3
1순위	A	B	C
2순위	B	C	D
3순위	C	D	B
4순위	D	A	A

[표 1.5] 4명의 후보를 선호도에 따라 투표한 결과

A가 11표 중에서 1순위 득표 중에서 과반수인 6표를 얻었다. 그러나 보르다 집계법에 따르면, B가 총 32점으로 사장에 선출된다. 그러나 이것은 보편적인 선거에서 적용하고 있는 과반수의 기준을 어겼다. 보르다 집계법에는 또 다른 문제점이 있다. 과반수의 기준을 어기는 것은 자동적으로 콩도르세 기준을 어기게 되므로 [보기 3]으로부터 보르다 집계법이 콩도르세 기준을 어겼다고 할 수 있다.

이러한 여러 가지 결점에도 불구하고 보르다 집계법은 실제로 여러 종류의 선거에서 사용되고 있으며, 특히 많은 수의 후보자들이 있을 때 주로 사용된다. 미국 야구 내셔널리그에서 MVP를 뽑을 때나 여러 종류의 시상식에서 수상자들을 뽑을 때(컨트리 뮤직 올해의 가수 등), 그리고 그 밖의 훈장 시상에도 보르다 집계방법이나 이것을 약간 변형한 방식이 사용된다.

1.3 최소득표자 제거 방법
(The Plurality-with-Elimination Method; Instant Runoff Voting)

선거에서 어떤 후보자가 당선되기 위해서는 1순위를 과반수 득표해야 하는 것이 원칙이다. 그러나 3명 이상의 후보자가 출마했다면 어느 후보도 과반수 표를 얻지 못하는 상황이 종종 발생한다. 일반적으로, 1단계에서 1순위 득표를 가장 적게 얻은 후보들이 제거되며 당선자가 결정될 때까지 결승투표가 진행되기도 한다. 결승투표를 실시하는데 경비가 너무 많이 소요되므로 보통 선거에서는 비효율적이기도 하다.

결승 투표를 여러 번 할 필요 없이 같은 과정을 거치는 보다 효과적인 방법은 선호도 투표를 사용하는 것이다. 선호도 투표는 유권자들이 어떤 후보가 선택되기를 바라는지에 대한 정보뿐 아니라 다른 어떤 후보와 맞붙었을 때(상호비교) 어떤 후보가 이겼으면 하는지에 관한 정보도 나타내 주어서 실질적으로 결승투표의 필요성은 없다. 이 방식은 최근에 점점 더 많이 사용되며 즉석 결승 투표(instant runoff voting, IRV)라고도 한다.

이 방법이 유행하기 전에는 후보자들 중에 한 명이 과반수를 얻을 때까지 가장 적은 1순위 득표자를 제거하는 집계방식을 사용하였는데 이러한 집계방식을 최소득표자 제거 방법 또는 Hare 방법이라 하였다.

- 1단계 : 다수 방식에서 하였듯이 후보들 각자의 1순위 득표수를 집계한다. 만약 한 후보가 과반수의 1순위 득표를 했다면, 이 후보가 승자가 된다. 그렇지 않으면, 가장 적은 1순위 표를 얻은 후보자(동률일 경우 그 후보자들)를 제거한다.

- 2단계 : 제거된 후보자의 이름을 선호도 표에서 빼고, 1순위 표를 다시 센다.(선호도 표에서 일단 후보자가 제거되면, 각 열에서 제거된 후보자 아래에 있는 사람들은 이 사람의 위치

로 이동한다.)

- 3, 4단계 : 이와 같이 반복하여, 1순위를 과반수 이상 획득한 후보가 남을 때까지 한 명 또는 그 이상의 후보자를 제거하며, 마지막 남은 사람이 승자가 된다.

최소득표자 제거 방식을 앞에서의 학생회장 선거에 사용해 보자. [표 1.6]은 선호도 [표 1.2]와 같다.

투표자 수	14	10	8	4	1
1순위	A	C	D	B	C
2순위	B	B	C	D	D
3순위	C	D	B	C	B
4순위	D	A	A	A	A

[표 1.6] 학생회장 선거를 위한 선호도 표

- 1단계 : 과반수 1순위 득표자가 없으므로 1순위 최저 득표자 B를 빼야 한다.

후보자	A	B	C	D
1순위 표 득표	14	4	11	8

- 2단계 : 일단 B가 제거되면, 이 4명의 의견에 따라 차순위자인 D에게 1단계에서 B로 갔던 4표가 가게 된다.

후보	A	B	C	D
1순위 득표	14		11	12

이 단계에서는 C가 가장 적은 표를 얻었으므로 C를 제거한다.

• 3단계 : 2단계에서 C로 갔던 11개의 표는 D로 가게 된다.([표 5]의 두 번째와 네 번째 열에서 D와 A의 상대적 위치를 보라.) 이를 적용하면 다음과 같다.

후보	A	B	C	D
1순위 득표	14			23

이제 우리는 승리한 사람이 누구인지 알 수 있다. 그것은 A도 B도 아니다. 승리한 사람은 3단계에서 1순위 23표를 득표한 D이다. 그러나 다른 후보들이 쉽게 승복할 것인가가 의문이다.

■ 최소득표자 제거 방법의 적용

다음의 두 가지 보기를 보면 최소득표자 제거 방법을 적용할 때 미묘한 문제들이 나타난다.

보기 4

다음은 5명의 후보 A, B, C, D, E가 출마한 선거에서 나타난 선호도이다.

투표자 수	10	5	2	1	4	4
1순위	A	B	C	C	D	E
2순위	B	D	A	E	C	D
3순위	C	E	E	B	A	C
4순위	D	C	B	A	E	A
5순위	E	A	D	D	B	B

[표 1.7] 5명이 출마한 선거의 선호도 표

선호도 표에 따르면, 투표자 수가 10 + 5 + 2 + 1 + 4 + 4 = 26이라는

것을 알 수 있으며 과반수를 위해서는 14표 이상의 표를 얻어야 한다.

- 1단계: 1순위 과반수 득표자가 없다. 그러므로 최소득표자 제거 방법을 사용하여 가장 적은 1순위 득표자 C를 첫 번째로 제거한다.

후 보	A	B	C	D	E
1순위 득표수	10	5	3	4	4

- 2단계: 원래 C에게 갔던 3표가 A에게 2표, E에게 1표 가게 된다. 이번에도 가장 적은 1순위 득표자 D를 제거한다.

후 보	A	B	C	D	E
1순위 득표	12	5		4	5

- 3단계: 원래 D에게로 갔던 4표는 C에게 가게 된다. 그러나 C는 제거된 상태이므로 다음으로 선호하는 후보자 A에게 표가 가게 된다.

후 보	A	B	C	D	E
1순위 득표	16	5			5

더 이상 할 필요 없이 후보 A가 1순위 득표를 과반수하였으므로 승리자가 된다.

보기 5

다음은 W, X, Y, Z 4명의 후보가 출마한 선거의 결과이다.

투표자 수	8	6	2	19
1순위	W	X	Y	Z
2순위	X	Z	Z	X
3순위	Z	Y	W	W
4순위	Y	W	X	Y

[표 1.8] 4명의 후보가 출마한 선거의 선호도 표

이 선거의 투표자 수는 $8+6+2+19=35$ 이므로, 18표 이상의 표를 얻어야 과반수 득표가 된다. 그런데 후보 Z가 1순위 득표를 19표 얻었으므로 Z가 자동적으로 승리했다는 것을 의미한다.

[보기 5]에서 배울 수 있는 단순하지만 중요한 사실은 최소득표자 제거 방법은 과반수 기준을 만족시킨다는 것이다. 그러면 최소득표자 제거 방법의 문제점은 무엇인가?

보기 6

세 도시 A, B, C는 다음 하계 올림픽 유치를 위해 경쟁하고 있다. 마지막 결정은 국제 올림픽 위원회의 29명 상임이사들의 비밀 투표로 결정하고, 개최지는 최소득표자 제거 방법으로 가려지게 된다. 실제 선거 이틀 전, 대략적인 여론이 어떤지 알아보기 위해서 위원회에서 모의투표를 실시하였다. 결과는 [표 1.9]와 같았다.

투표자 수	7	8	10	4
1순위	A	B	C	A
2순위	B	C	A	C
3순위	C	A	B	B

[표 1.9] 실제 선거 이틀 전에 열린 모의투표 결과

모의투표 결과를 보면 1단계 A는 11표를, B는 8표를, C는 10표를 획득했으나 과반수 득표자가 없으므로 최소 득표를 한 B를 제거한다. 2단계 B의 8표는 C로 가게 되고, C는 18표로 투표를 승리로 마치게 된다.

비록 모의투표 결과가 비밀이라 할지라도 투표자들이 C를 배반하지 않는다면 C는 선거에서 이길 것이다. 모든 사람들은 승자를 선호하므로(사표가 되는 것을 싫어함), 실제 선거에서는 모의투표에서보다 더 많이 1순위 투표를 C에게 할 것이다. 자세히 말하면, [표 1.9]의 마지막 열의 4명의 투표자들은 그들의 1순위 투표를 A에서 C로 옮기기로 결정한다. 이것은 C를 위해서라면 정말 좋은 것이 되겠지만 우리는 선거 결과를 재검토해 보아야 한다.

[표 1.10]은 실제 선거의 선호도 투표결과이다.

투표자 수	7	8	14
1순위	A	B	C
2순위	B	C	A
3순위	C	A	B

[표 1.10] 실제 선거의 선호도 표

최소득표자 제거 방법을 [표 1.10]에 적용하면 A가 먼저 제거되어야 하며, A가 얻은 7표는 B로 가게 되어 B가 15표로 승리하게 된다. 어떻게 이런 일이 일어날 수 있을까? C에 투표한 사람들은 이것을 계략이라고 믿었지만 다시 한 번 확인해 보아도 아무런 잘못이 없었다. C는 단지 최소득표자 제거 방법에서 변덕의 희생양이 된 것일 뿐이다. 더 잘하려고 하다가 더 망칠 가능성은 항상 있다. 선거 이론에서 이런 경우 '단조의 기준(monotonicity criterion)을 어겼다'라고 말한다.

단조의 기준(The Monotonicity Criterion)

만약 X가 선거의 승자이고 재선거에서도 표의 이동이 단지 X를 위해 유리한 것이라면 X는 변함없이 승자로 남아 있어야 한다.

우리는 앞에서 최소득표자 제거 방법이 단조의 기준을 어겼다는 것을 알게 되었다. 이러한 결함에도 불구하고 최소득표자 제거 방법은 실제로 많이 사용되며 특히 후보자 수가 적은 경우에 잘 쓰인다. [보기 6]의 어떤 도시에서 올림픽을 개최할 것인지 결정하기 위해서 국제 올림픽 위원회는 최소득표자 제거 방법을 사용한다.

1.4 코플랜드 방법(상호비교방법)

그 동안 우리가 알아 본 세 가지 투표방법은 모두 콩도르세 기준을 어겼다. 하지만 콩도르세 기준을 만족하는 투표방법을 찾을 수도 있다. 상호비교방법 또는 코플랜드(Copeland) 방법이 그러한 종류의 투표방법이다. 상호비교방법은 후보자 각자가 나머지 후보자 모두와 1:1로 비교하는 라운드 로빈 방식과 같다. 후보자 X와 Y 사이의 상호 비교에서 두 후보자 중에서 더 많은 득표를 한 후보자에게 점수가 돌아간다. 상호비교방법에서의 승자는 가장 많은 점수를 얻은 자이다. 승자는 1점을 받고 동점인 경우에는 각각 1/2점을 받는다. 가능한 모든 비교의 도표가 작성된 뒤에 선거의 승자는 최고 점수를 받은 후보자가 된다. 동점자가 있는 경우에 공동의 승자를 원하지 않는 경우에는 미리 정한 방법을 이용한다.

상호비교방법을 앞에서 소개한 학생회장 선거의 보기에 적용하여 보자. A와 B 사이를 상호비교하여 보자. [표 1.11]에서 B보다 A를 선호하는 표는 14표이고 A보다 B를 선호하는 표는 23표이다. 결과적으로 A와 B의 비교에서 승자는 B이다. 이 결과를 다음과 같이 요약할 수 있다.

A대 B: 14표, 23표 (B가 이겼다). B가 1점을 얻는다.

득표수	14	10	8	4	1
1	[A]	C	D	[B]	C
2	B	[B]	C	D	D
3	C	D	[B]	C	[B]
4	D	A	A	A	A

[표 1.11] 후보자 A와 B의 비교

다음에는 C와 D를 비교해보자(표 1.12). 여기에서 25표는 D보다 C를 선호하고 단지 12표는 C보다 D를 선호한다. 1점의 점수는 C에게 주어진다.

C대 D: 25표, 12표(C가 이겼다). C가 1점을 얻는다.

득표수	14	10	8	4	1
1	A	[C]	[D]	B	[C]
2	B	B	C	[D]	D
3	[C]	D	B	C	B
4	D	A	A	A	A

[표 1.12] 후보자 C와 D의 비교

이처럼 가능한 모든 경우 두 후보자들을 계속 비교하면, 다음과 같은 6가지 경우의 득점 결과가 나온다.

A대 B: 14표, 23표 (B가 이겼다). B가 1점을 받는다.

A대 C: 14표, 23표 (C가 이겼다). C가 1점을 받는다.
A대 D: 14표, 23표 (D가 이겼다). D가 1점을 받는다.
B대 C: 18표, 19표 (C가 이겼다). C가 1점을 받는다.
B대 D: 28표, 9표 (B가 이겼다). B가 1점을 받는다.
C대 D: 25표, 12표 (C가 이겼다). C가 1점을 받는다.

마지막으로 득점들을 더하면 A는 0점, B는 2점, C는 3점, D는 1점이다. 따라서 상호비교방법에 의한 선거의 승자는 C이다.

간단한 질문에 대하여 정확한 답을 원하는 사람들에게는 학생회장 선거에 나타나는 여러 가지 다른 현상으로 인하여 혼란스러워 할지 모르겠다. 결론은 똑같은 투표이지만 집계하는 방법도 다르고 그 방법에 따라 결과도 다르게 나타난다.

앞에서 살펴본 4가지 방법에 따른 결과는 다음과 같이 모두 다르게 나온다.

선거방법	승자
다수	A
보르다 집계	B
최소득표자 제거	D
상호비교	C

어느 방법이 최선의 방법이 되는지는 구성원들의 의사에 따르게 되는데 이 의사결정도 어떤 선거방법을 사용하느냐에 따라 다르게 나온다.

상호비교방법은 콩도르세 기준을 만족하며 콩도르세 후보자는 각각의 상호비교에서 이겨서 이 집계 방법에서 최고점수를 받게 된다. 상호비교방법은 과반수의 기준과 단조의 기준 또한 만족한다. 따라서 상호비교방법이 우리가 찾는 가장 공정한 선거방법 같아 보인다.

그러나 다음 보기를 보면 상호비교방법에도 문제점이 나타난다.

보기 7

기아 타이거즈가 대학 졸업자 중에서 한 명의 새로운 선수를 모집하려고 한다. 여러 지원자 중에서 A, B, C, D, E 5명이 1차 선발되었다. 22명의 감독 및 임원들이 팀 규칙에 따라 투표하고 결정은 상호비교방법을 사용하기로 하였다. 아래의 표는 이 모임에서 치른 선호도 투표 결과이다.

득표수	2	6	4	1	1	4	4
1	A	B	B	C	C	D	E
2	D	A	A	B	D	A	C
3	C	C	D	A	A	E	D
4	B	D	E	D	B	C	B
5	E	E	C	E	E	B	A

[표 1.13] 선수 선발을 위한 선호도 투표 결과

위의 [표 1.13]으로부터 다음과 같이 10가지(지원자가 5명) 종류의 상호 비교에 대한 결과를 얻게 된다.

A대 B: 7표, 15표, B가 1점을 받는다.
A대 C: 16표, 6표, A가 1점을 받는다.
A대 D: 13표, 9표, A가 1점을 받는다.
A대 E: 18표, 4표, A가 1점을 받는다.
B대 C: 10표, 12표, C가 1점을 받는다.
B대 D: 11표, 11표, B가 1/2점, D가 1/2점을 받는다.

B대 E: 14표, 8표, B가 1점을 받는다.
C대 D: 12표, 10표, C가 1점을 받는다.
C대 E: 10표, 12표, E가 1점을 받는다.
D대 E: 18표, 4표, D가 1점을 받는다.

최종 득점표는 다음과 같다. A는 3점, B는 5/2점, C는 2점, D는 3/2점 그리고 E는 1점. 따라서 A가 승자처럼 보인다. 흥미 있는 경우는 선수를 선발하기 바로 전에 C가 대학원 진학을 위하여 프로팀에 가는 것을 포기하였을 때 나타난다. C는 이미 치른 선거에서 최고의 선택이 아니었으므로 앞에서 얻은 A의 선택에 아무런 영향이 없어야 할 것이다. 그러나 선호도 표에서 C를 삭제하여 C가 앞의 선거에서 제외되었다고 하면 남은 네 선수 사이의 여섯 가지 가능한 상호비교로부터 다음과 같은 결과를 얻게 된다.

A대 B: 7표, 15표, B가 1점을 받는다.
A대 D: 13표, 9표, A가 1점을 받는다.
A대 E: 18표, 4표, A가 1점을 받는다.
B대 D: 11표, 11표, B가 1/2점, D가 1/2점을 받는다.
B대 E: 14표, 8표, B가 1점을 받는다.
D대 E: 18표, 4표, D가 1점을 받는다.

이 새로운 상황에서 득점표를 계산하면 A는 2점, B는 5/2점, D는 3/2점 그리고 E는 0점을 얻게 되어 B가 승자가 된다. 다시 말하면 C가 후보자가 아니었다는 사실하에 선거를 치렀다면 A가 아닌 B가 선수로 채용된다는 것이다. 겉으로 보기에 처음의 결과는 B에게는 너무도 불공평하게 보일 것이다.

[보기 7]에서 나타나는 이상한 현상은 하나의 중요한 사실을 보여 준

다. 상호비교방법은 이 전의 모든 공정성 기준을 만족하지만 부적절한 양자택일기준에 대한 독립성(independence of irrelevant alternative criterion)으로 알려진 공정성의 조건을 어긴다.

부적절한 양자택일기준에 대한 독립성
(independence of irrelevant alternative criterion)

만일 X가 한 선거에서 승자이고 한 명 또는 그 이상의 후보자가 자격이 박탈되어 표를 재개표 집계하더라도 X는 여전히 승자이어야 한다.

지금까지 여러 종류의 투표방법과 공정성에 대하여 알아보았다. 이외의 투표방법으로 **찬성투표방법**도 있다. 찬성투표는 모든 후보에게 하나의 투표권을 주는 방식이다. 간단히 말해 유권자는 모든 후보자에게 찬반의사를 표시한다. 10명의 후보자가 나왔다면 유권자는 한 명에게 찬성할 수도 있고, 10명 모두에게 찬성표를 던질 수도 있다. 유엔 사무총장이나 미국과학아카데미의 신입회원 인준투표도 이 방식을 사용한다.

찬성투표를 채택하면 단순 다수결처럼 특정 계층이나 집단의 지지만으로는 당선되기 어렵고, 전체적으로 골고루 지지를 받아야 당선될 수 있다. 또 상대의 표를 깎아 반사이익을 얻는 것보다 전체 유권자를 대상으로 선거운동을 벌이게 되므로 네거티브 캠페인이 줄어드는 효과도 있다.

1.5 요약

마지막으로 지금까지 소개한 공정성을 정리하고 이 모든 공정성을 만족하는 투표방법이 존재하는지를 알아보고자 한다.

과반수의 기준

만일 한 선택이 과반수의 1순위 표를 얻었다면 이 선택이 선거의 승자가 되어야 한다.

콩도르세의 기준

만일 다른 나머지의 각 선택보다 더 좋은 하나의 선택이 있다면 이 선택이 선거의 승자가 되어야 한다.

단조의 기준

만일 X가 한 선거에서 승자이고 재선거에서 투표의 모든 변화가 X에 유리한 변화라 하면 X가 여전히 승자가 되어야 한다.

부적절한 양자택일기준에 대한 독립성

만일 X가 한 선거에서 승자이고 한 명 또는 그 이상의 후보자가 자격이 박탈되어 표를 재개표 집계하더라도 X는 여전히 승자이어야 한다.

위의 네 가지 기준들은 공정성의 기본적인 원칙들이다. 따라서 공정한 투표는 이들 모두를 당연히 만족해야 할 것이다. 그러나 그 동안 소개한 네 가지의 선거방법 어느 것도 이 모든 조건들을 만족하지 못한다. 이로써 다음과 같은 가설이 생긴다.

"모든 공정성 조건들을 만족하는 민주적인 투표방법, 완벽하고 공정한 투표방법은 존재하지 않는다."

둘 이상의 대안 중에서 선택하는 선거에서는 실제로 완벽하고 공정한 투표방법은 존재하지 않는다.

언뜻 보면 이 사실은 다소 놀라워 보인다. 민주주의에 있어서 선거의 중요성을 고려하고 사회과학자와 수학자들의 가능한 한 모든 지성과 상상력을 동원하여도 모든 공정성 조건들을 만족하는 투표방법을 찾아낼 수 없다. 1940년대 초까지도 이 문제가 사회과학 이론에서 가장 도전적인 문제였다. 마침내 1949년 애로(Kenneth J. Arrow)는 유명한 애로의 **불가능성 정리**(impossibility theorem)를 증명하였다. 공정성 조건 모두를 만족하는 민주적인 투표방법은 수학적으로 불가능하다. 우리의 결론은 아무리 열심히 찾아보아도 완벽하고 공정한 투표방법은 존재할 수 없다는 것이다. 아이러니하게도, 완전하고 모순이 없는 공정성은 본질적으로 민주주의에서는 불가능하다.

로피탈의 명예욕

로피탈은 당시에 수학적으로 뛰어난 센스를 가지고 있는 미적분학의 권위자 요한 베르누이와 계약을 하여 일정 금액을 주는 조건으로 베르누이가 생각해낸 수학적 발견을 자신에게만 말해달라고 요구하였다. 결국 미분적분학에서 매우 유용하게 쓰이고 있는 로피탈의 정리는 베르누이의 업적이었지만 로피탈의 이름이 붙은 정리가 되어버렸다. 훗날 로피탈이 죽고 계약서와 베르누이의 강의 노트가 발견됨에 따라 사실이 밝혀졌다.

제 2 장

수학과 스포츠

테니스 경기에서 스코어(score)는 서브를 넣은 선수가 첫 점수를 따게 되면 스코어는 15:0, 두 번째 점수를 땄을 때 스코어는 30:0, 세 번째는 40:0, 그리고 네 번째 점수를 따면 60:0으로 그 선수는 게임을 이기게 된다. 우리가 알고 있듯이 서버(sever)의 스코어를 앞에 쓰므로 런닝 스코어는 15:0, 30:0, 40:0, 60:0, 0:15, 0:30, 0:40, 15:15, 30:15, 40:15, 15:30, 15:40, 30:30, 40:30, 30:40, 듀스(40:40), 어드밴티지 인(advantage in), 어드밴티지 아웃(advantage out), 게임이 있다. 첫 게임이 끝나고 두 번째 게임이 시작되면 서비스는 상대에게 돌아가고 같은 방법으로 세트(set)가 끝날 때까지 계속된다. 그래서 두 게임 이상의 차이로 여섯 게임을 먼저 얻은 선수가 그 세트를 이기게 되는데 6:0, 6:1, 6:2, 6:3, 6:4, 7:5, 8:6, …와 같은 게임 스코어가 생긴다. 그리고 3세트 중 2세트, 5세트 중 3세트를 먼저 얻는 경기자가 그 시합을 이긴다. 이때 세트 스코어가 2:0, 2:1 또는 3:0, 3:1, 3:2인 경우에 그 시합이 끝난다.

2.1 확률이론의 기본 개념과 테니스 시합

테니스 게임을 가지고 수학적 모델을 만들려면 먼저 선수들의 경기력 측정치를 수치화하여야 하고 그것은 어느 경기자가 이기는 확률의 평균값으로 정하여진다. 두 경기자의 경기력은 서로 배타적이다. 즉, 어떤 경기자가 점수를 따든가 아니면 그 점수를 잃든가 둘 중의 하나이다. 그 선수가 점수를 얻는 사건을 A, 잃는 사건을 B라 하자. n번 시행에서 사건 A가 일어날 횟수가 m일 때 사건 A의 무작위 추출빈도는 비율 $\frac{m}{n}$이다. 우리는 시행횟수 n을 충분히 크게 하여 이 값 $\frac{m}{n}$을 A가 일어날 확률 $P(A)$로 하며 사건 A가 일어날 확률이라 한다. (이때, $0 \leq P(A) \leq 1$이다.)

만약 어떤 경기자가 점수를 얻을 확률이 $P(A)$이면 점수를 잃을 확률은 $P(B)$이고 당연히 $P(A)+P(B)=1$이다.

2.2 게임의 모델은 마코프 연쇄(Markov chain)

두 선수 A와 B의 테니스 게임에서 수학적 모델을 하나 만들어보자. A가 점수를 얻을 확률을 $P(A)=0.4$, B가 점수를 얻을 확률을 $P(B)=0.6$(B가 A보다 경기력이 더 낫다고 가정)이라 하면

$$P(A)+P(B)=0.4+0.6=1$$

이다. 이 경우 다음 [그림 2.1]은 게임에서 스코어(점수)가 어떻게 변하는가를 보여준다.

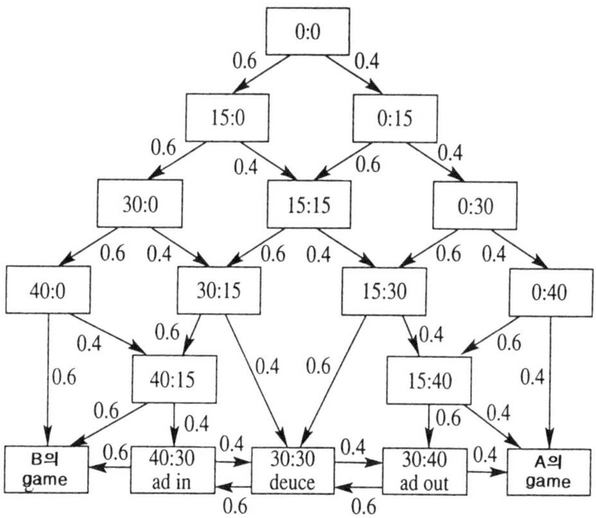

[그림 2.1]

2.3 Play의 한 예

스코어가 0:0인 상태에서 B의 서브에서 스코어가 15:0일 확률이 0.6이고 0:15일 확률이 0.4일 때 이 스코어가 30:0, 15:15, 0:30으로 변하는 확률을 구해보자.

이 사건들은 서로 독립적이므로 곱의 법칙을 적용하여 그 확률을 구하면 각각

$$0.6 \cdot 0.6 = 0.36,$$
$$0.6 \cdot 0.4 + 0.4 \cdot 0.6 = 0.48,$$
$$0.4 \cdot 0.4 = 0.16$$

이다. 즉, 두 번의 스트로크를 교환한 후 각 스코어가 일어날 확률은

$$P(30:0) = 0.36,\ P(15:15) = 0.48,\ P(0:30) = 0.16$$

이고, 세 번의 스트로크를 교환한 후 각 스코어가 일어날 확률은

$$P(40:0) = 0.6 \cdot 0.6 \cdot 0.6 \approx 0.22,$$
$$P(0:40) = 0.4 \cdot 0.4 \cdot 0.4 \approx 0.06,$$
$$P(30:15) = P(30:0) \cdot 0.4 + P(15:15) \cdot 0.6 \approx 0.43,$$
$$P(15:30) = P(15:15) \cdot 0.4 + P(0:30) \cdot 0.6 \approx 0.29,$$
....

이다.

이러한 방법을 일반화시켜 각 스코어가 일어날 확률을 구할 수 있으나 여기서는 생략한다.

2.4 게임의 완료

네 번 혹은 다섯 번의 스트로크를 교환한 후 [그림 2.1]의 맨 아랫선에 나타난 상태의 어느 한 경우에 도달한다. 이때 각 경우의 확률은 다음과 같다.

$P(B$의 game$) \fallingdotseq 0.13$, $P(40:15) \fallingdotseq 0.35$, $P(30:30) \fallingdotseq 0.35$,
$P(15:30) \fallingdotseq 0.15$, $P(A$의 game$) \fallingdotseq 0.02$

같은 방법으로 다섯 번의 스트로크를 교환한 후 각 스코어가 나타날 경우의 확률은

$P_1^\circ = P(B$의 게임$) = 0.6^4(1+4\cdot 0.4) \fallingdotseq 0.33$,

$P_2^\circ = P($애드 인$) = 4\cdot 0.6^3\cdot 0.4^2 \fallingdotseq 0.15$,

$P_3^\circ = P($듀스$) = 6\cdot 0.6^2\cdot 0.4^2 \fallingdotseq 0.33$, (약간은 다른 경우)

$P_4^\circ = P($애드 아웃$) = 4\cdot 0.6^2\cdot 0.4^3 \fallingdotseq 0.10$,

$P_5^\circ = P(A$의 게임$) = 0.4^4(1+4\cdot 0.6) \fallingdotseq 0.09$

이 될 것이다.

앞의 [그림 2.1]의 맨 아래 부분만을 분리해서 A와 B가 이길 확률을 계산하여 보자.

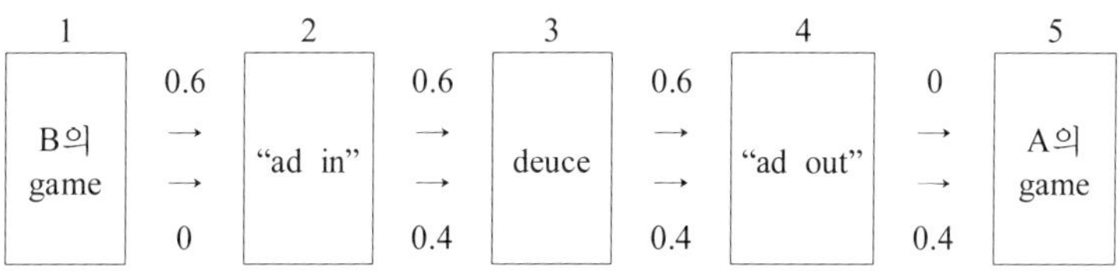

[그림 2.2]

2.5 한 세트 끝내기

어느 한편이 한 게임을 이기기 위한 확률을 계산하듯이 한 세트를 이기는 확률을 같은 방법으로 계산하여 보면

$$P(B\text{의 세트}) = 0.966,\ P(A\text{의 세트}) = 0.034$$

이다. 이러한 상태가 일어날 경우의 과정은 [그림 2.3]과 같이 나타낼 수 있다.

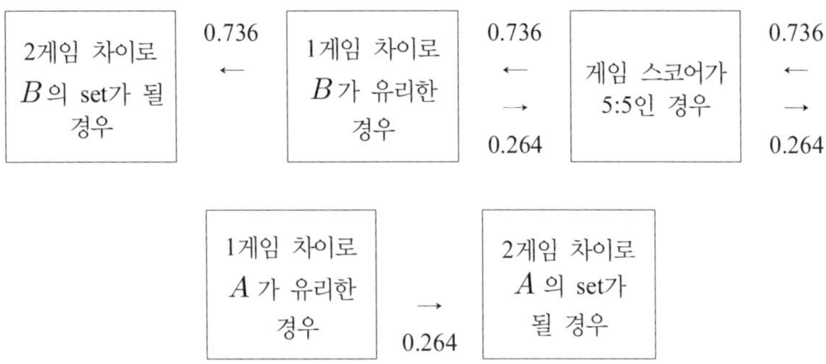

[그림 2.3]

사실은 B가 세트를 이길 확률이 거의 1에 가깝다. 결국은 B가 1포인트를 얻을 확률이 A의 1.5배(B가 1포인트를 얻을 확률이 0.6, A가 1포인트를 얻을 확률이 0.4)일 때 B가 한 게임을 이기기 위한 확률은 0.736이고 A가 한 게임을 이길 확률은 0.264이며 이 확률을 적용하여 보면 B가 1세트를 이길 확률은 0.966으로 거의 1에 가깝다는 것을 알 수 있다. 이와 같이하여 3세트 경기에서 B가 이길 확률은 0.996이며 5세트 경기에서 B가 이길 확률은 0.9996으로 거의 확실함을 알 수 있다.

지금 두 선수의 기량이 거의 비슷하여 B가 1포인트를 얻을 확률이

0.51이고 *A* 가 1포인트를 얻을 확률이 0.49라고 가정하여 보자. 이때 *A* 가 1세트를 이길 확률은 0.427이다. 즉 1포인트를 얻기 위한 확률의 차이가 0.02일 때 1세트를 이기기 위한 확률의 차이는 0.146으로 약 7배에 달한다.

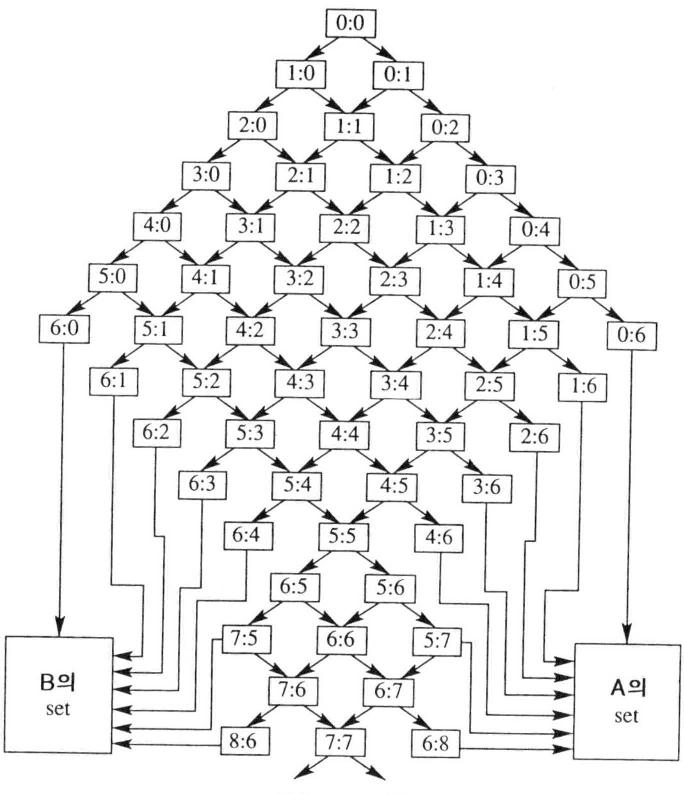

[그림 2.4]

2.6 전문가들에 의한 판정

스포츠 판정은 전문가들에 의하여 이루어진다. 이처럼 스포츠 판정과 같이 전문가 의견이 필요한 분야에 응용수학의 새로운 분야가 많이 참여하고 있다. 응용수학에서는 전문가들에 의하여 판정된 방법과 제공된 정보를 정리하고 모델들을 연구하는 방법까지도 취급한다.

전문가(심판)들에 의한 평가는 결정을 내리는 사람(decision maker)이라고 불리는 한 그룹이 어떤 의사결정에 도달하기 위하여 다른 그룹의 의견들을 찾아내는 것이다. 그래서 흔히 의사결정은 이들 그룹의 개인 의견에 근거함을 알 수 있다.

첫째, 수치로 어떤 대상을 평가하는 방법이다. 예를 들면 체조에서 소수 이하를 버리고 10점 만점으로 평가하는 경우이다.

둘째, 각 대상을 1등, 2등, 3등, …으로 등위를 매기는 방법이다.

셋째, 어떤 확실한 특성에 근거하여 대상들을 분류하는 방법인데 몇 가지 분야로 분류하여 평가하는 방법이다.

넷째, 2개씩 짝지어서 더 나은 팀 혹은 선수를 비교하여 우위를 정하는 방법이다.

2.7 등위를 결정하는 방법

n 개의 항목들이 N 명의 전문가들에 의하여 평가를 받는다고 하자. 각 전문가(심판)들은 등위 벡터로 관계를 나타내어야 하는데 각 항목들을 1등급, 2등급, … 등으로 표시한다. 이때 나타난 관계를 등위(ranking)라 부르며 n 개의 항목들이 나타나는 가능한 등위의 가짓수는 $n!$ 이다.

보기 1

네 명의 선수 A, B, C, D가 두 명의 심판으로부터 $\boldsymbol{r}_1 = (3, 1, 2, 4)$, $\boldsymbol{r}_2 = (2, 1, 3, 4)$의 등위를 받았다고 하면, 첫 번째 심판은 C, A, B, D순으로 등급을 매겼다는 것을 의미하며, 두 번째 심판은 B, A, C, D순으로 등급을 매겼다는 것을 의미한다.

등위를 결정하는 방법은 아직도 완벽하지 못하여 계속 연구되고 있다. 여기서는 앞 장에서도 논의하였지만 몇 가지 방법만을 소개하기로 한다.

1. 다수 원리(majority principle)

가장 많은 수의 전문가가 평가한 등위를 그 대상의 등위로 하는 방법

m개 품목의 N등위를 $\boldsymbol{r}_1, \boldsymbol{r}_2, \cdots, \boldsymbol{r}_N$이라 할 때 가장 많은 수의 전문가에 의하여 매겨진 등위를 차지하는 품목을 그 등위로 하는 방법이다.

보기 2

네 개의 항목으로 주어진 대상을 세 명의 전문가에 의하여 매겨진 등위가

$$\boldsymbol{r}_1 = \begin{pmatrix} 1 \\ 2 \\ 3 \\ 4 \end{pmatrix},\ \boldsymbol{r}_2 = \begin{pmatrix} 1 \\ 2 \\ 4 \\ 3 \end{pmatrix},\ \boldsymbol{r}_3 = \begin{pmatrix} 1 \\ 2 \\ 4 \\ 3 \end{pmatrix}$$

이면 다수원리에 의한 등위는 $\bar{\boldsymbol{r}} = \begin{pmatrix} 1 \\ 2 \\ 4 \\ 3 \end{pmatrix}$이다.

(즉, 4명의 선수 A, B, C, D를 3명의 심판이 평가한 등위가 이와 같으면 A가 1등, B가 2등, D가 3등, C가 4등이다.)

이와 같이 다수 원리에 의한 등위 결정 방법은 일찍이 콩도르세와 보르다에 의하여 연구되었지만 다음과 같은 경우에는 결정적인 결점이 노출되었다.

r_1	r_2	r_3	r_4	r_5
2	2	1	3	4
1	1	3	1	1
3	3	4	4	3
4	4	5	5	3
5	5	2	2	2

[표 2.2]

r_1	r_2	r_3	r_4	r_5
2	2	1	1	2
1	1	5	5	1
3	5	2	3	4
4	4	3	4	3
5	3	4	2	5

[표 2.3]

[표 2.2]의 경우를 위와 같은 원리에 의하여 평가하면 B가 1위이다. 이와 같은 경우에 B를 1위로 평가하는 데는 문제점이 없다. 그러나 [표 2.3]을 보면 B를 1위로 평가하는 데는 많은 문제점이 있다. 따라서 이러한 결점들을 보완하기 위하여 콩도르세가 다음과 같은 방법을 제시하였다.

2. 콩도르세가 수정한 다수원리 방법

콩도르세가 등위를 결정하는 최선의 방법이라고 제시한 것으로써 각 전문가(심판)로부터 얻은 등위를 각각 a_i, a_j라 할 때 S_{ij}를 a_j보다 a_i를 더 좋게 평가한 심판의 수로 정의하자.(S_{ji}는 a_i보다 a_j를 더 좋게 평가한 심판의 수) 이때

$S_{ij} > S_{ji}$이면 a_i가 a_j보다 더 높은 등위이고

$S_{ji} > S_{ij}$이면 a_j가 a_i보다 더 높은 등위이다.

그리고 모든 i, j $(i \neq j)$에 대하여 $S_{ij} > S_{ji}$이면 a_i를 최우수 등위 또는 콩도르세 등위라 한다.

보기 3

[보기 2] 에서

$$S_{12}=3,\ S_{21}=0 \quad \therefore\ a_1>a_2 \quad (A\text{가 }B\text{보다 높은 등위})$$

$$S_{23}=3,\ S_{32}=0 \quad \therefore\ a_2>a_3 \quad (B\text{가 }C\text{보다 높은 등위})$$

$$S_{34}=1,\ S_{43}=2 \quad \therefore\ a_3<a_4 \quad (D\text{가 }C\text{보다 높은 등위})$$

$$S_{24}=3,\ S_{42}=0 \quad \therefore\ a_2>a_4 \quad (B\text{가 }D\text{보다 높은 등위})$$

그러므로 콩도르세 등위는 A, B, D, C이다. 그럼에도 불구하고 콩도르세가 제시한 최선의 선택원리에도 다음 보기와 같은 모순이 나타난다. 즉 전이법칙이 성립하지 않는다.

보기 4

$$\boldsymbol{r}_1=\begin{pmatrix}a_1\\a_2\\a_3\end{pmatrix},\qquad \boldsymbol{r}_2=\begin{pmatrix}a_3\\a_1\\a_2\end{pmatrix},\qquad \boldsymbol{r}_3=\begin{pmatrix}a_2\\a_3\\a_1\end{pmatrix}$$

일 때 $S_{12}>S_{21}$, $S_{23}>S_{32}$, $S_{31}>S_{13}$이므로 $a_1>a_2$, $a_2>a_3$, $a_3>a_1$이 되어 모순이 나타난다.(a_1이 a_2보다 높은 등위이고 a_2가 a_3보다 a_3가 a_1보다 더 높은 등위가 되어 모순이다.) 이 모순을 콩도르세의 모순(paradox)이라 한다.

3. 보르다가 제시한 개선된 다수 원칙에 의한 방법

콩도르세의 방법에 모순이 나타나자 보르다는 다음과 같은 방법으로 등위를 결정하는 방법을 제시하였다. 각 심판이 준 점수에 차등을 둔 값(weight), 즉 1등에 최고점(n명의 선수들인 경우 $n-1$점), 2등에 차점($n-2$), ⋯ 꼴등에 0점씩 할당하여 그 합을 S_i라 할 때 $S_{i_1}\le S_{i2}\ge\cdots\ge S_{i_n}$이면 등위는 $\overline{\boldsymbol{r}}=(a_{i1}, a_{i2},\cdots, a_{in})$이다.

보기 5

5개의 대상 a_1, a_2, a_3, a_4, a_5 를 5명의 전문가(심판)들이 평가한 결과다.

$$\boldsymbol{r}_1 = \begin{pmatrix} a_1 \\ a_3 \\ a_2 \\ a_4 \\ a_5 \end{pmatrix}, \boldsymbol{r}_2 = \begin{pmatrix} a_1 \\ a_2 \\ a_4 \\ a_3 \\ a_5 \end{pmatrix}, \boldsymbol{r}_3 = \begin{pmatrix} a_1 \\ a_2 \\ a_5 \\ a_3 \\ a_4 \end{pmatrix}, \boldsymbol{r}_4 = \begin{pmatrix} a_2 \\ a_3 \\ a_1 \\ a_5 \\ a_4 \end{pmatrix}, \boldsymbol{r}_5 = \begin{pmatrix} a_2 \\ a_4 \\ a_3 \\ a_1 \\ a_5 \end{pmatrix}$$

이때 $S_1 < S_2$

$$\begin{pmatrix} S_1 = 4+4+4+2+1 = 15, \\ S_2 = 2+3+3+4+4 = 16 \end{pmatrix}$$

이 되어 a_2가 1등이고 a_1이 2등이다. 그러나 앞의 콩도르세의 방법으로 등위를 비교하면 $S_{12} > S_{21}(S_{12} = 3,\ S_{21} = 2)$이 되어 a_1이 1등이고 a_2가 2등이다.

4. 종합적인 등위 결정 방법

보편적인 등위결정방법: 심판진 구성은 반드시 3명, 5명, 7명 등 홀수수로 하며 심판들은 여러 부분에 각각 할당된 범위에서 점수를 주고 그 점수의 합에 의하여 순위를 결정하고 선수들의 등위는 심판들의 투표에서 다수표에 의하여 결정한다.

보기 6

A, B 두 선수를 아홉 명의 심판이 평가한 결과가 다음과 같았다.

A 1–1–2–2–1–1–1–1–1

B 2–2–1–1–2–2–2–2–2

이때 A는 7명의 심판으로부터 1위, 2명의 심판으로부터 2위, B는 7명의 심판으로부터 2위, 2명의 심판으로부터 1위로 평가받았으므로 A가 1위 B가 2위이다.

보기 7

A, B 두 선수가 9명의 심판으로부터

A 3–3–4–4–3–3–4–2–4
B 4–4–3–3–4–4–3–4–3

의 평점을 얻었을 때 A의 경우 2위일 가능성이 없으므로 2위 평점을 3위로 계산하였을 때 3위로 평정한 심판의 수가 다섯 명이므로 A가 3위, B는 3위로 평정한 심판의 수가 네 명, 4위로 평정한 심판의 수가 다섯 명이므로 4위이다.

정의

(1) 앞의 보기에서와 같이 과반수의 심판이 평정한 등위를 결정된 등위(deciding place)라 한다.
(2) k등 또는 k등보다 더 높은 등위로 평정한 심판의 수가 가장 많은 선수의 등위를 k등(k th place)이라 한다.

보기 8

A, B 두 선수가 7명의 심판들로부터

A 2–1–1–3–2–1–1
B 1–4–3–2–1–4–3

와 같은 평점을 받았을 때 선수 A는 1위이다.(왜?) 선수B가 확보한 등위는 3위이다.(1위 이내 2명, 2위 이내 3명, 3위 이내가 5명으로 과반수이다.)

■ 구체적인 등위결정방법 1

결정된 등위(deciding places)를 약자로 DP라 하고 등위결정의 수(number of deciding places)를 NDP라 한다. 만약 두 명 이상의 선수가 같은 DP를 가졌다면 NDP가 더 높은 선수가 상위등위이다.

보기 9

다섯 명의 심판에 의한 두 선수 A, B의 평점 등위가

A 1−2−3−3−4

B 2−1−4−4−3

일 때 A의 DP=3, B의 DP=3으로 같다. 따라서 DP로 등위를 결정할 수가 없고 NDP를 계산하여 등위를 결정하여야 한다. A의 NDP=4, B의 NDP=3이므로 A가 3위 B가 4위이다.

■ 구체적인 등위결정방법 2

결정된 등위의 수의 합을 SDP(sum of deciding places)라 하고 등위의 합을 SP(sum of places)라 한다. 만약 DP와 NDP가 각각 같으면 SDP에 의하여 등위를 결정하고 SDP까지 같으면 SP가 작은 순서로 등위를 결정한다.

보기 10

다섯 명의 심판에 의한 두 선수 A, B의 평점등위가

A 1−2−3−3−4

B 1–1–3–3–5

일 때 A의 DP = 3, NDP = 4, SDP = 9이고 B의 DP = 3, NDP = 4, SDP = 8이 되어 A는 4위이고 B는 3위이다.

보기 11

A 1–1–2–2–3
B 2–2–1–1–4

의 평점을 받았을 때

A의 DP = 2, NDP = 4, SDP = 6, SP = 9이고
B의 DP = 2, NDP = 4, SDP = 6, SP = 10이 되어

A가 2위, B가 3위이다.

■ 구체적인 등위결정방법 3

평가하는 각 부분에 비중(weight)을 달리하여(가중치를 두어) 할당된 비율만큼 평정등위에 비율을 곱하여 그 합을 비교하여 등위를 결정하는 방법.

보기 12

세 명의 피겨스케이팅 선수 A, B, C가 한 심판으로부터 다음 표와 같은 평점을 받았다.

선수 \ 종목	의무연출	난이도	자유연출
A	1	3	2
B	2	1	3
C	3	2	1

이런 경우 앞의 모든 등위 결정 방법으로는 등위를 결정할 수 없다. 그러나 의무연출 부문에 0.6점, 난이도에 0.4점, 자유연출에 1.0점의 가중치를 다르게 주었다고 하면

$$S(A) = 1 \cdot 0.6 + 3 \cdot 0.4 + 2 \cdot 1.0 = 3.8$$
$$S(B) = 2 \cdot 0.6 + 1 \cdot 0.4 + 3 \cdot 1.0 = 4.6$$
$$S(C) = 3 \cdot 0.6 + 2 \cdot 0.4 + 1 \cdot 1.0 = 3.6$$

이다. 따라서 $S(C) < S(A) < S(B)$가 되어 C가 1위, A가 2위, B가 3위가 된다.

2.8 간단한 선형계획법과 스포츠

1. 농구팀 선수들의 자리(position)를 정하는 문제

경험이 많은 노련한 코치나 감독들이 자기 팀 선수들의 기량을 아무리 잘 알고 있을지라도 선수들의 기량이 서로 비슷하면 효율적으로 팀을 구성한다는 것은 매우 어렵다. 이런 경우, 현명한 코치나 감독들은 수학적인 모델의 도움을 필요로 한다.

농구 경기에서 보통선수들에게는 그들의 능력이 센터, 포드, 가드, 레프트 사이드, 라이트 사이드 중 어느 위치에 가장 알맞은가를 측정하기 위하여 일련의 테스트가 주어진다. 다섯 명의 선수를 A, B, C, D, E라 하고 그들의 실력에 점수를 주기로 하여 점수로 나타난 테스트 결과를 도로 만들어보자.

선수	가드	센터	포워드	레프트사이드	라이트사이드
A	3	4	2	2	1
B	4	5	3	1	3
C	4	3	1	1	1
D	3	1	2	2	2
E	1	3	1	2	1

[표 2.4]

[표 2.4]에 나타난 도표를 행렬 Γ로 바꾸어보자.

$$\Gamma = \begin{pmatrix} 3\,4\,2\,2\,1 \\ 4\,5\,3\,1\,3 \\ 4\,3\,1\,1\,1 \\ 3\,1\,2\,2\,2 \\ 1\,3\,1\,2\,1 \end{pmatrix}$$

코치들에 따르면, 각 선수들의 경기력을 평가한 점수들의 합에 의하여 가장 효과적인 팀을 구성할 수 있다는 가정이 성립함을 알 수 있다.

만약에 가드에 A를, 센터에 B를, 포워드에 C를, 레프트 사이드에 D, 그리고 라이트 사이드에 E를 선정하였다고 가정하자. 이러한 배정을 P라 하고 이때의 팀의 효율성을 $\Phi(P)$라 할 때 $\Phi(P)$는 그 점수들을 합한 식

$$\Phi(P) = 3 + 5 + 1 + 2 + 1 = 12$$

로 나타난다.

한 팀에서 선수들의 위치 배정의 방법은 모두 $5! = 5 \cdot 4 \cdot 3 \cdot 2 \cdot 1 = 120$가지가 있다. 이들 배정표들이 행렬로 나타나고 그 행렬들 중 팀의 전력이 최고가 되는 배정의 행렬인 할당행렬이라는 P^*를 구할 수

있다. 즉, $\Phi(P^*) = \max_P \Phi(P)$이다. 모든 선택의 가능한 방법은 120가지이고 코치들은 모든 경우를 연구 분석하여 하나의 할당행렬 P^*를 다음과 같이 구할 수 있다.

$$P^* = \begin{pmatrix} 0\,1\,0\,0\,0 \\ 0\,0\,0\,0\,1 \\ 1\,0\,0\,0\,0 \\ 0\,0\,1\,0\,0 \\ 0\,0\,0\,1\,0 \end{pmatrix}$$

$$\Phi(P^*) = 4+3+4+2+2=15$$

이 할당행렬에 따르면 A가 센터, B가 라이트 사이드, C가 가드, D가 포워드, E가 레프트 사이드가 될 것이다. 그러나 이것은 최선의 선택은 유일하지 않다. 보조 코치가 만약 같은 효율성을 갖는 또 다른 선수배정을 나타내는 할당행렬 $\widetilde{P}$를 다음과 같이 찾았다면

$$\widetilde{P} = \begin{pmatrix} 0\,0\,1\,0\,0 \\ 0\,1\,0\,0\,0 \\ 1\,0\,0\,0\,0 \\ 0\,0\,0\,0\,1 \\ 0\,0\,0\,1\,0 \end{pmatrix}$$

$$\Phi(\widetilde{P}) = 2+5+4+2+2=15$$

가 되어 $\Phi(P^*) = \Phi(\widetilde{P})$임을 알 수 있다.

만약 10명의 선수를 10개의 위치에 배정한다면 $10! = 3628800 \fallingdotseq 3.6 \cdot 10^6$ 가지의 선택이 있고 각 경우를 알아보는데 너무 많은 시간이 필요하다. 더구나 20개의 위치에 20명의 선수를 배정하는 방법의 수 20!가지 수에 대하여 위와 같은 방법으로 분석하는데 걸리는 시간은 어마어마하다.

2.9 경기는 운용계획이다

여러 종류의 스포츠에서 경기를 주관할 때는 올림픽(Olympic) 방식과 라운드 로빈(round robin) 방식으로 잘 알려진 두 가지 방식의 원리에 입각하여 경기를 운용하고 진행한다.

1. 올림픽 방식

올림픽 방식으로 치른 토너먼트 경기에서는 경기에 참가한 선수나 팀은 첫 번째 경기에서 패하게 되면 탈락한다. 만약 참가선수들의 수가 $n = 2^k$(즉 2의 거듭제곱)이면 모든 선수들은 1회전에서 모두 경기를 갖게 되고 n이 2의 거듭제곱이 아니면 어떤 선수는 2회전에야 첫 경기를 갖게 된다. 2회전에 첫 경기를 하게 되는 선수의 수 m은 2^k(n보다 큰 n에 가장 가까운 2의 거듭제곱)와 n의 차이, 즉 $m = 2^k - n$이다. 그리고 1회전에 참가하는 선수의 수는 $n - 2^{k-1}$이다.

$n = 2^k$인 경우에는 모든 경기를 치르는 데 k회전이 필요하다. $2^{k-1} < n < 2^k$인 경우에는 우승하기 위하여 k번의 경기를 가져야 한다.

실력이 더 좋은 선수가 경기 초반전(round)에서 탈락하는 것을 막기 위하여 대진표를 작성할 때 시드(seed)배정을 한다. 2위권, 4위권, 8위권, 16위권 내에 들어 있는 선수들은 4강전, 8강전, 16강전, 32강전에서 같은 조에 편성하지 않는다. 그들은 대진표에서 준결승전, 4강전, 8강전, 16강전, … 에 각각 시드배정을 받는다. 그러면 시드배정을 하는 방법에 대하여 알아보자.

(1) 참가하는 선수(팀)의 수가 $n = 2^k$(k: 자연수)인 경우

(a) 4명(팀)이 참가하는 경우: {1위, 2위}, {3위, 4위}로 2등분하여 같은 묶음 속에 들어 있는 선수는 준결승전에서는 경기를 갖지 않도록 대진표를 작성한다.

(b) 8명(팀)이 참가하는 경우: {1, 2, 3, 4}, {5, 6, 7, 8}로 2등분하여 같은 묶음 속에 들어 있는 선수들끼리는 4강전에서는 경기를 갖지 않도록 하며 {1, 2}, {3, 4}, {5, 6}, {7, 8}로 4등분하여 같은 묶음 속에 속한 선수들끼리는 8강전에서는 경기를 갖지 않도록 하며 대진표를 작성한다.

(c) 16명(팀)이 참가하는 경우: {1, 2, 3, 4, 5, 6, 7, 8}, {9, 10, 11, 12, 13, 14, 15, 16}으로 2등분하여 16강전에서는 같은 묶음 속에 속한 선수들끼리는 경기를 갖지 않도록 하며 {1, 2, 3, 4}, {5, 6, 7, 8}, {9, 10, 11, 12}, {13, 14, 15, 16}으로 4등분하여 같은 방법으로 8강전에, {1, 2}, {3, 4}, {5, 6}, {7, 8}, {9, 10}, {11, 12}, {13, 14}, {15, 16}으로 8등분하여 16강전에 같은 묶음 속에 속한 선수들끼리의 경기를 제외시키는 방법으로 대진표를 작성한다.

(d) 32명(팀)이 참가하는 경우:
....

위의 경우를 그래프로 나타내어 보면 다음과 같다.

(a′)

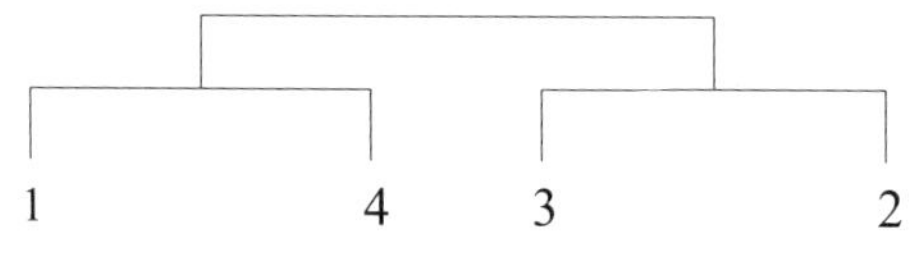

(b′)

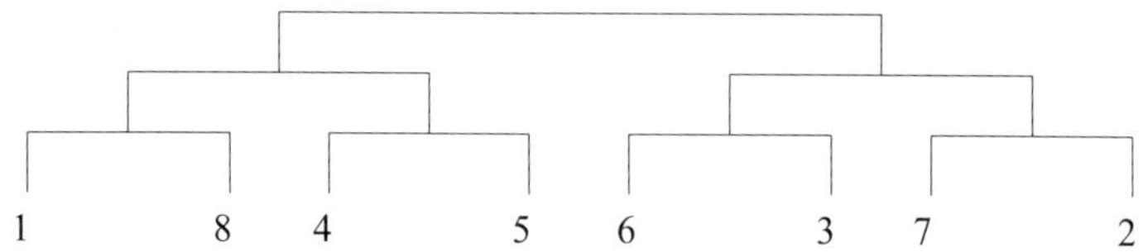

(c′)

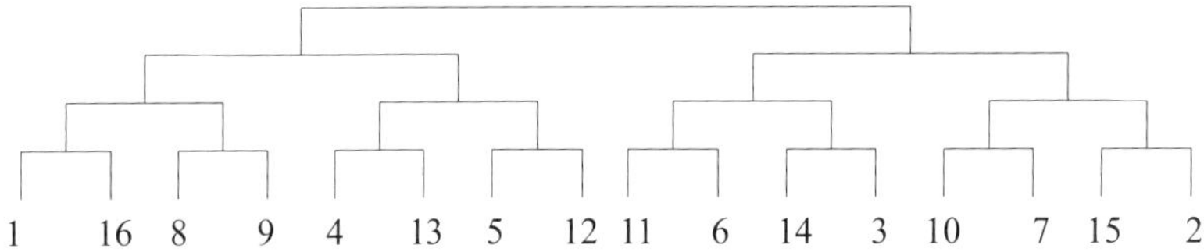

(d′) ....

위의 배정 방법을 좀 더 구체적으로 알아보면

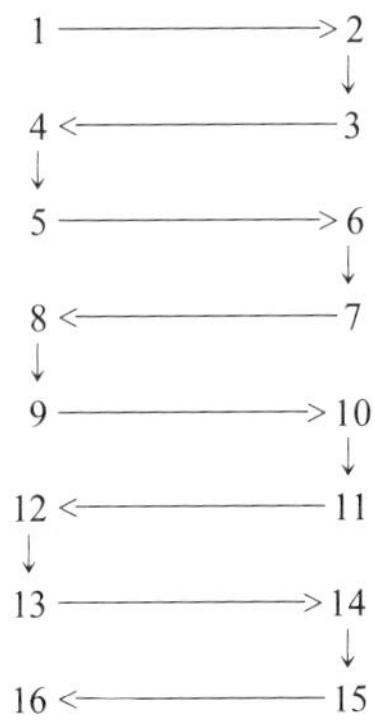

① {1, 4, 5, 8, 9, 12, 13, 16}과
② {2, 3, 6, 7, 10, 11, 14, 15}로 분류하여 준결승전에 오르는 같은 조에 편성시키고

①을

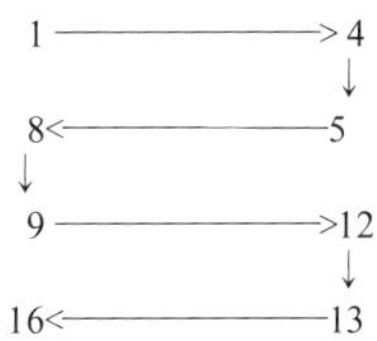

②를

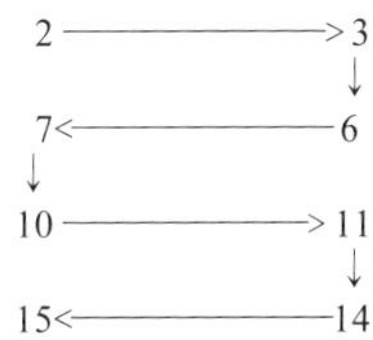

의 방법으로

{1, 8, 9, 16}, {4, 5, 12, 13}, {2, 7, 10, 15}, {3, 6, 11, 14} 네 묶음으로 분류하여 4강전의 각 조에 편성시키고 같은 방법으로 {1, 16}, {8, 9}, {4, 13}, {5, 12}, {2, 15}, {7, 10}, {3, 14}, {6, 11}로 묶어서 8강전의 같은 조에 편성시키는 방법으로 대진표를 작성한다.

(2) 참가하는 선수(팀)의 수가 $n \neq 2^k$ (k: 자연수)인 경우

(a) 3명이 참가한 경우: 3보다 크고 3에 가장 가까운 2의 거듭제곱

은 $2^2 = 4$ 이므로 4명의 선수가 참가한 경우 (1)의 (a)와 같이 하여 4위를 포함시켜 대진표를 만든 후 4위를 제거시키는 방법으로 작성한다.

(b) 5~7명의 선수가 참가하는 경우: 5~7보다 크고 5~7에 가장 가까운 2의 거듭제곱은 $2^3 = 8$ 이므로 8명이 참가했을 때의 경우 (1)의 (b)와 같은 방법으로 대진표를 작성하여 6, 7, 8위(5명인 경우)를 제거한다.

(c) 9~15명의 선수가 참가하는 경우: 9~15보다 크고 9~15에 가장 가까운 2의 거듭제곱은 $2^4 = 16$ 이므로 16명이 참가한 경우 (1)의 (c)와 같은 방법으로 대진표를 작성하여 10, 11, 12, 13, 14, 15, 16위(9명인 경우)를 제거한다.

(d) ……………………………………

위의 경우를 그래프로 나타내어 보면 다음과 같다.

(a') 3명인 경우

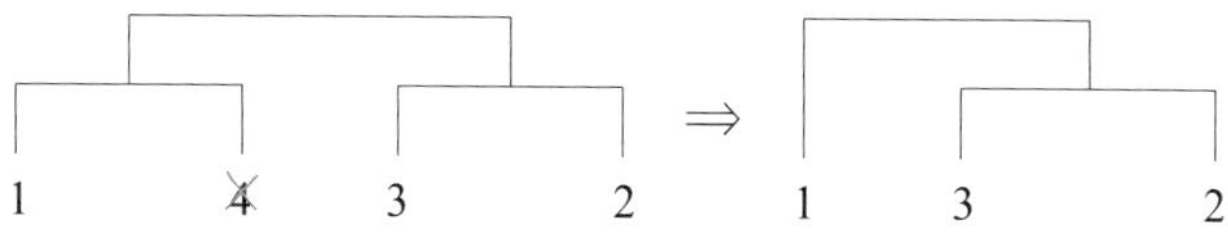

(b') 5명인 경우

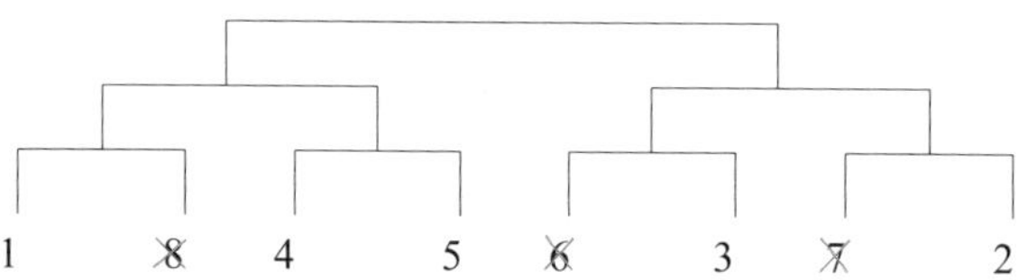

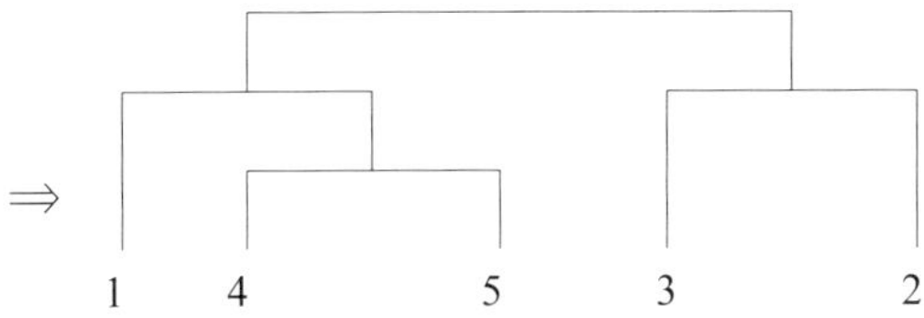

(c') 9명인 경우

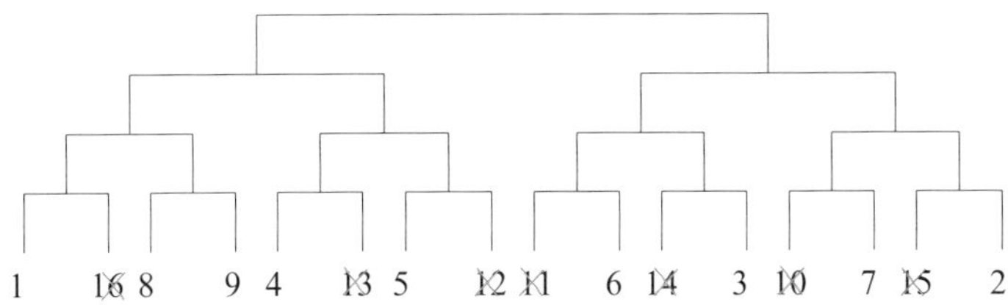

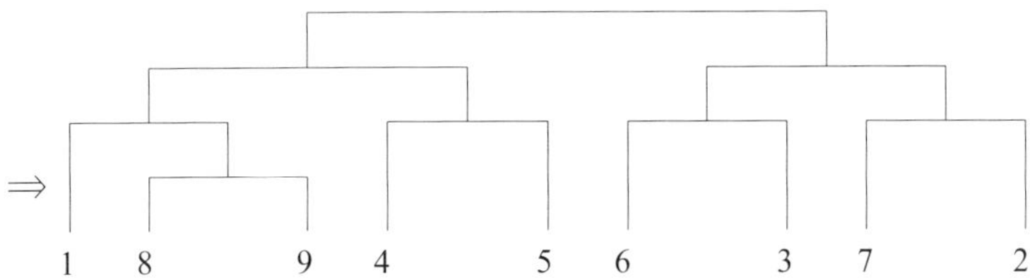

2. 라운드 로빈 방식

(Round robin, 우리는 League전으로 알고 있음)

이 방식은 축구, 하키, 농구, 테니스 등 모든 경기에서 폭넓게 이용하고 있다. 조(組)를 편성하여 2~3회전을 끝낸 후에는 실력의 정확성을 평가할 수 있다. 라운드 로빈 방식으로 치를 경기 결과를 표나 그래프로 나타낼 수 있다.

(a) 3명의 선수(팀)가 참가한 경우

	A	B	C
A	＼	○	○
B	×	＼	○
C	×	×	＼

행과 열이 교차하는 곳에 행의 선수가 열의 선수를 이겼을 때, ○표, 졌을 때 ×표를 하는 방법

(b) 4명의 선수가 같은 조에 참가한 경우

	A	B	C	D
A	＼	○	○	○
B	×	＼	○	○
C	×	×	＼	○
D	×	×	×	＼

3. 각 경우 경기에서 게임의 수

하나의 대회를 치르기 위하여서는 여러 가지를 고려하여야 한다. 그 중에서도 대회를 치르는 일정(시간)과 경기장의 수 등은 매우 중요한 요인이다. n명의 선수(팀)들이 참가한 경기에서 (1)의 올림픽 방식에 의하여 경기를 치르면 게임의 수는 $n-1$이고 (2)의 라운드 로빈 방식에 의한 경기에서 게임의 수는 $\frac{n(n-1)}{2}$이다.

따라서 참가선수가 많은 경우 한정된 일정 안에 대회를 치르기 위하여 올림픽 방식으로 치르는 것이 바람직하며, 참가선수가 많지 않거나, 일정이 여유가 있으면 라운드 로빈 방식으로 대회를 치르는 것이 바람직하다. 그러나 최근에는 이 두 가지 방식의 장점이 도입된 혼합 방식으로 대회를 치르고 있다.

2.10 연습문제

1. 개교기념일에 학과대항 족구대회를 열기로 하였다. 15개학과가 참가신청서를 접수하였다. 한 게임당 30분(휴식시간 포함)이 소요된다. 2시간 내에 시합을 올림픽 방식으로 치러 끝내기 위하여 준비해야 할 경기장의 개수와 전년도 성적(알파벳 순서)을 참고한 시드 배정을 한 대진표, 필요한 심판의 수를 계산하여 종합계획을 세우시오.

2. A 감독은 동계훈련과 지난 시즌 성적을 종합하여 다음과 같은 선수들의 경기력에 대한 결과를 얻었다. 팀의 경기력이 최고가 되도록 스타팅 멤버와 위치(position)를 정하시오.

	가드	센터	포워드	레프트사이드	라이트사이드
A	4	5	3	3	1
B	5	3	4	2	2
C	2	4	5	4	3
D	3	2	1	5	4
E	1	5	2	3	5

3. 등위결정에 대하여 또 다른 더 좋은 합리적인 방법이 있는지 선거제도와 비교하여 논의해 보시오.

무리수를 발견하여 처형된 히파소스

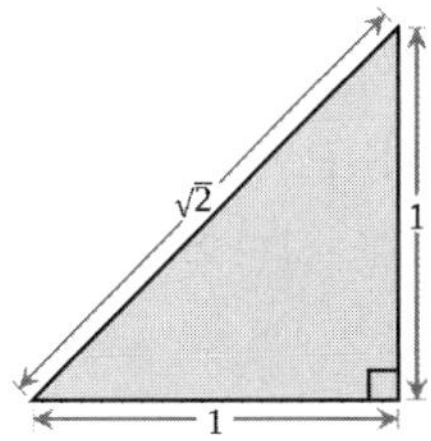

최초로 무리수를 발견한 피타고라스학파의 히파소스는 당시 수로 인정하지 않았던 무리수를 발견(정수의 비로 표현할 수 없는 수)하였다. 그는 한 변의 길이가 1인 정사각형의 대각선 길이($\sqrt{2}=1.414\cdots$)를 절대 정수의 비로 표현할 수는 없지만 측량할 때 사용되는 명확한 수이기 때문에 수로 인정해야 한다고 주장했다. 하지만 피타고라스학파는 인정하지 않는 수가 존재한다는 것을 주장하는 히파소스는 학파의 명예를 깨뜨리는 것이라며 그를 몰아세웠다. 당시의 진리라는 것은 신(神)적인 것으로 받아들여졌기 때문에 진리를 부정하는 히파소스를 처형해야 한다고 주장했다. 그들은 새로운 수의 존재를 인정하였지만 그것을 감추려 한 것이었다. 결국 히파소스는 $\sqrt{2}$ 라는 수의 존재를 폭로하려고 했다는 이유로 물 속에 내던져져 죽임을 당했다.

제 3 장

수(數)와 생활

우리가 아주 어렸을 때부터 최초로 마주했고 성장하면서도 계속하여 사용하고 있는 수들은 소위 “자연수”라고 부르는 “양의 정수” 1, 2, 3, … 이다. 이 수들은 유한개의 물체의 모임을 세는 과정에서 나타나기 시작한 추상적인 개념이다. 물론 엄격하게 수학적인 정의(definition)를 내려서 의미를 파악할 수도 있겠으나 여기에서는 생략하고 수의 확장 과정도 간단히 소개하는 것으로 대신하고자 한다.

물체들의 모임을 세는 개념인 자연수로부터 사람의 인지가 발달함에 따라 연산(셈, operation)을 하게 되는데 자연수를 가지고 더하거나 곱하기를 하여도 그 결과가 자연수가 되나, 자연수끼리 빼기라는 연산을 하게 되면 자연수가 되지 않는다(다행히 큰 수에서 작은 수를 빼게 되는 경우는 제외). 그러나 삶의 현장에서 빼기라는 과정이 필요하여 이를 가능하게 하기 위하여 정수라는 수를 도입하여 수의 영역을 확장한다. 사과 3개를 네 사람에게 나누는 현상에서도 지금까지 나타난 수를 가지고는 해결할 방법이 없다. 그리하여 새로운 개념을 도입하여 확장한 수가 유리수라는 추상적 개념이다. 그로부터 시작하여 무리수, 실수, 허수, 복소수, … 등 우리가 사고하는 범위를 수의 세계에서 계속 확장시켜 나갈 필요가 생겼다. 이 장에서는 수가 생활 속에 얽혀 있는 여러 가지 문제들에 대하여 여러 분야로 나누어 알아본다.

3.1 수의 뜻(意味)

수에는 기수(cardinal number)와 서수(ordinal number)가 있어서 사물의 양, 크기 또는 순서를 나타낼 뿐만 아니라 수 그 자체가 많은 뜻을 지니고 있다. 수가 지니고 있는 뜻은 시대에 따라 다르기도 하고 국가나 종족에 따라 다르기도 한다. 우선 우리 주변에서 많이 접하게 되는 몇 가지 수에 대하여 그 의미를 알아보기로 하자.

■ 0의 의미

0은 무, 비존재를 나타내고 악마의 수라고도 부른다.

■ 1(壹)의 의미

1은 모든 수의 시작을 의미하고 모든 것의 우두머리를 나타내고 최초를 뜻한다. 또한 행복의 수, 축복의 수라고도 한다.

■ 2(貳)의 의미

2는 삼라만상의 화합과 조화를 나타내며 지혜의 수라고도 한다. 이분법적인 관계로써 음과 양, 일월, 천지, 남녀, 부모, 선과 악, 흑과 백 등도 2와 밀접한 관계가 있다. 그래서 2는 대립 또는 반대의 뜻도 있어서 싸움을 의미하기도 한다.

■ 3(參)의 의미

3은 안정과 조화의 수로써 우리나라에서는 가장 좋아하는 수이기도 한다. 3은 정립(定立)이라 하여 삼각대가 만들어지고, 모든 것의 근본을 말하기도 하며 천·지·인, 3원색, 3요소, 삼위일체 등의 뜻이 있다.

■ 4(肆)의 의미

4는 완성, 완전, 인내를 나타내는 수이다. 춘하추동, 동서남북, 사상의학(태양, 태음, 소양, 소음), 4천왕(지국천, 중장천, 광목천, 다문천) 등은 완성을 의미하기도 한다. 그러나 우리나라에서는 死와 동음이라 하여 4호실, 4층 등은 사용하는 것을 기피하고 있다.

■ 5(伍)의 의미

5는 사람의 손가락의 수와 같으며, 모든 것, 많은 것, 전부를 나타내는 수라고 볼 수 있다. 동양에서도 5행(火, 水, 木, 金, 土), 5륜(五倫) 등 모든 것을 나타낸다. 서양에서도 올림픽 5륜 마크, 5성(星) 장군 등 모든 것, 높은 것을 의미하고 있다.

■ 6(陸)의 의미

6은 종교적인 의미를 부여할 수 있고 인간이 손쓰기 이전의 수라고도 하며 우주 만물을 만드는데 6일 걸렸다고도 한다. 또한 수학적으로는 그 약수 1, 2, 3(6은 제외)의 합 1 + 2 + 3 = 6과 같아 완전수라고도 한다. 인간의 미적인 완전을 갖는 것도 6각정, 정6각 기둥, 6법, 6각수 등이 있어서 문화의 수라고도 한다.

■ 7(柒)의 의미

7은 충의(忠義), 명예, 승리, 개선, 행운의 수로 본다. 일주일도 7일이고 러키세븐(lucky seven), 스리 세븐(three seven, 777), 77세 희수(喜壽), 7월 7석, 삼칠일(21일), 칠칠일(49일), 칠칠제(49제), 북두칠성, 무지개 일곱 색깔 등이 우리 주변에서 자주 쓰인다.

■ 8(捌)의 의미

8은 서양에서는 전쟁, 파괴를 나타내어 흉(凶)수로 본다. 그러나 동양에서는 8괘(卦), 8등신 미인, 8자(八字), 팔방미인 등에서 서양과는 다른 의미를 갖는다.

■ 9(玖)의 의미

9는 좋은 것과 나쁜 것이 섞여 있는 수이다. 10진법에서 9는 가장 큰 수이고 또 마지막을 의미하기도 한다. 우리나라에서도 화투놀이에서 9는 귀하게 여기는 수이고 구만리장천(九萬里長天, 아득히 높고 먼 하늘)같이 멀고 긴 뜻도 있으나 아홉수로 29세, 39세, 49세, 59세를 젊음이 무너지는 소리라 하여 기피하고 있다.

■ **10(拾)의 의미**

10은 동서양을 통하여 완성, 만족 같은 것을 의미하며 10간(十干), 십계(十戒), 십계명(十誡命), 십장생(十長生) 등과 같은 곳에서 흔히 사용하고 있다.

3.2 수의 읽기와 쓰기

수에는 양(量)을 나타내는 기수(cardinal numbers)와 순서를 나타내는 서수(ordinal numbers)가 있는데 국가마다 나타내는 법(쓰는 법)과 읽는 법이 각각 다르다. 그러나 모든 나라에서 나타내는 방법은 공통으로 사용하고 있으나, 표현하는 방법이나 읽는 방법은 상당히 다르다는 것을 알 수 있다. 경제 규모가 커진 요즈음 주로 큰 수들은 경제단위, 화폐량, 컴퓨터의 용량, 공업규격, 천문학 등의 크기를 나타내는데 사용하고 있으며, 작은 수들은 정밀도, 오차, 화학약품, 전자부품 등의 단위에 사용하고 있다.

수를 쓰거나 읽을 때에 우리는 흔히 다음과 같은 혼란을 겪게 된다. 가령 수 5123456789를 금전출납부나 은행의 전표에 기록할 때는 3자리씩 콤마(,)를 찍어 5,123,456,789로 기록한다. 그러나 이 수를 읽을 때는 4자리씩 마음속으로 끊어서 51,2345,6789를 51억 2345만 6789라고 읽는다. 차량의 번호판도 미국에서는 세 자리씩으로 구성되어 있고 우리나라는 네 자리로 구성되어 있는 것을 볼 수 있다. 이것은 서양에서 필산이 유행할 무렵 우리나라는 중국으로부터 들어온 여러 가지 산경(算經, 수학책)에서 네 자리씩 끊어 읽는 수사의 영향이 우리에게 뿌리 깊게 박혀 있기 때문이다.

국제화시대에 부응하기 위하여 수사(數詞)에 대하여 몇 가지 소개할까 한다.

(가) 수에 대한 접두어(接頭語)

지금까지 보통 큰 수 단위로 메가(mega), 기가(giga)를 많이 사용하였으나 앞으로는 테라(tera), 페타(peta) 단위로 확대되어 사용될 것이며, 작은 수 단위도 주로 사용하고 있는 마이크로(micro), 나노(nano)로부터 더 작은 단위인 피코(pico), 펨토(femto)로 확대되어 사용하고 있는 추세에 있으므로 기억해 두는 것이 좋다.

10^1	deca(da)	10^{-1}	deci(d)	1	mono-(unit-)
10^2	hecto(h)	10^{-2}	centi(c)	2	di-(bi-), bis-
10^3	kilo(k)	10^{-3}	milli(m)	3	tri-(ter-), tris
10^4	myria	10^{-4}	decimilli	4	tetra-(quater-)
10^6	mega(M)	10^{-5}	centimilli	5	penta-(quinque-)
10^9	giga(G)	10^{-6}	micro(μ)	6	hexa-(sexi-)
10^{12}	tera(T)	10^{-9}	nano(n)	7	hepta-(septi-)
10^{15}	peta(P)	10^{-12}	pico(p)	8	octa-(octi-)
10^{18}	exa(E)	10^{-15}	femto(f)	9	ennea-(nano-, novi-)
		10^{-18}	atto(a)	10	deca-(deci-)
				20	eicosa-
				30	tricosa-
				40	tetraconta-
				50	pentaconta
				60	hexaconta-
				$\frac{1}{2}$	hemi-(semi-)

(나) 미국과 영국의 수사

	미국	영국		미국	영국
ten	10^1	10^1	decillion	10^{33}	10^{60}
hundred	10^2	10^2	undecillion	10^{36}	10^{66}
thousand	10^3	10^3	duodecillion	10^{39}	10^{72}
million	10^6	10^9	tredecillion	10^{42}	10^{78}
billion	10^9	10^{12}	quattuorbecillion	10^{45}	10^{84}
trillion	10^{12}	10^{18}	quindecillion	10^{48}	10^{90}
quadtillion	10^{15}	10^{24}	sexdeceillion	10^{51}	10^{96}
quintillion	10^{18}	10^{30}	septendecillion	10^{54}	10^{102}
sextillion	10^{21}	10^{36}	octodeceillion	10^{57}	10^{108}
septillion	10^{24}	10^{42}	novemdeceillion	10^{60}	10^{114}
octillion	10^{27}	10^{48}	vigintillion	10^{63}	10^{120}
nonillion	10^{30}	10^{54}	centillion	10^{303}	10^{600}

보기 |

789,654,123을 미국에서는 seven hundred and eighty nine million, six hundred and fifty-four thousand, one hundred and twenty-three 로 읽으며, 15.237803을 fifteen decimal two three seven eight naught three로 읽는다.

(다) 한국의 수사

10^{1}	십(十)	10^{1}	량(兩)
10^{2}	백(百)	10^{0}	문(文)
10^{3}	천(千)	10^{-1}	분(分)
10^{4}	만(萬)	10^{-2}	리(厘)
10^{8}	억(億)	10^{-3}	모(毛)
10^{12}	조(兆)	10^{-4}	사(絲)
10^{16}	경(京)	10^{-5}	홀(忽)
10^{20}	해(垓)	10^{-6}	미(微)
10^{24}	서(抒), 자(秭)	10^{-7}	섬(纖)
10^{28}	양(讓)	10^{-8}	사(沙)
10^{32}	구(溝)	10^{-9}	진(塵)
10^{36}	간(澗)	10^{-10}	애(埃)
10^{40}	정(正)	10^{-11}	묘(渺)
10^{44}	재(載)	10^{-12}	막(莫)
10^{48}	극(極)	10^{-13}	모호(模糊)
10^{52}	항하사(恒河沙)	10^{-14}	준순(逡巡)
10^{56}	아승지(阿僧祇)	10^{-15}	수유(須臾)
10^{60}	나유다(那由他)	10^{-16}	순식(瞬息)
10^{64}	불가사의(不可思議)	10^{-17}	탄지(彈指)
10^{68}	무량(無量)	10^{-18}	찰나(刹那)
10^{72}	대수(大數)	10^{-19}	육덕(六德)
		10^{-20}	공허(空虛)
		10^{-21}	청정(淸淨)

(*) 비율을 나타낼 때의 분(分)은 10^{-2} 에 해당된다.

우리나라 1년 총 예산의 단위가 억(億)으로부터 조(兆)단위로 바뀌었으나 몇 년 후에는 경(京)으로 바뀔 것이다.

보기 2

4,123,789,456,012를 한국에서는 4조 1천2백3십7억 8천9백4십5만 6천 십2로 읽고 42.3456을 한국의 수사대로 읽으면 4냥 2문 3푼 4리 5모 6사가 된다.

3.3 수의 크기 개념

지금 우리는 큰 수를 주변에서 자주 접하기는 하지만 그 크기에 대한 대체적인 개념이 확립되어 있지 못하다. 크기에 대한 가늠이 가능하여야만 예측이 가능하다. 그러면 1억, 1조, … 등은 얼마나 큰 수인가? 이러한 수 1, 2, 3, …, 11, 12, …, 21, 22, …, 100, 101, …, 1000, 1001, …을 일, 이, 삼, …, 십일, 십이, …, 백, 백일, …천, 천일, … 이런 방법으로 세어 간다고 할 때 한 글자를 읽는데 0.1초의 시간이 소요된다고 가정하면 100만까지 세는 데에도 한 달 이상 걸린다(하루 8시간씩 셀 때). 그러면 1000만까지는 몇 년 정도 걸릴 것인가? 더구나 억, 조는 평생 셀 수 있는 수인가?

한 모서리가 14km인 바위를 1백 년에 한 번씩 천상에서 내려온 선녀의 옷자락으로 스쳐 바위가 다 닳아져도 겁이 끝나지 않는다고 한다. 또한 천재일우의 기회는 10의 47제곱분의 1밖에 안 되는 희박한 기회이다. 그렇다면 천재일우의 기회를 몇 번쯤 만나야 겁의 시간이 될까? 신문지 한 장의 두께는 0.071mm인데 이 신문을 반씩 접기를 계속하여 30번 접으면 그 두께가 얼마나 될까? 계산해 보면 0.071mm $\times 2^{30} \fallingdotseq 76.23$km가 되어 광주와 목포 사이의 거리와 비슷하게 되고,

신문 한 장의 넓이가 0.427m2이므로 30회 접으면 그 크기는 $0.000398mm^2$가 됨을 알 수 있다.

한 예로, 10^{52} 항하사(恒河沙)는 갠지스 강변의 모래의 개수라 했으니 무한의 개념에 가까운 수라 하겠다. 그러면 구체적으로 수에 나타난 크기의 개념을 알아보기로 하자.

1. 시간에 나타난 수의 개념

우리가 살고 있는 지구가 초속 약 30km(시속 약 108,000km, 소리속도는 시속 약 1,200km)의 속도로 태양 둘레를 돌고 있다. 이 속도는 야구에서 강속구를 자랑하는 투수의 공의 속도인 시속 150km와 비교해 보면 알 수 있듯이 어마어마한 속도이다. 그러나 지구의 공전 속도는 진공상태에서 빛의 속도 약 30만 km/sec [$(2.99777 \pm 0.00007) \times 10^{10}$ cm/sec]와 비교하여 보면 얼마나 느린 속도인가를 알 수 있다.

1초는 1/86400일이고 1분은 60초, 한 시간은 60분, 1일(평균태양일)은 24시간, 1주일은 7일, 1순(旬)은 10일, 1달(朔望月)은 29.5305882일이고 1년은 太陰年인 경우 약 354일이고 太陽年인 경우 약 365.242일이다. 10년을 decade라 하며 100년을 century, 1000년을 millennium, 10억년을 aeon(AE)라 한다.

2. 공간에 나타난 수의 개념

■ 길이

지구 둘레는 약 40,000km이다 지구 둘레의 40,000,000분의 1을 1m로 하여 길이 단위의 기준으로 삼았다(지구 적도의 반지름은 6378.388km). 이 길이를 단위로 할 때 1cm는 1/100m이고 1mm는 1/1000m이고 1μ (micron)은 1/1000mm, 1A(angstrom)은 약 10^{-10} m, 1페르미(fermi)는 10^{-13} cm로 그 크기는 우리들의 보통 개념으로는

감히 상상할 수 없을 만큼 작은 수이다. 반면에 1 mile은 1609.344m, 1 해리는 1,852m. 태양의 반지름은 $(6{,}960 \pm 0.001) \times 10^6$km이고, 지구와 태양의 거리인 천문단위(astro. unit)는 $(1.4960 \pm 0.0003) \times 10^8$km, 빛이 1년 동안 움직인 거리인 1광년(light year)은 9.46702×10^{12}km로써 우리의 상상을 초월한 거리이다. 더구나 지구에서 은하계 속에 있는 별까지의 거리는 몇 억 광년까지 있으니 우주의 크기 또한 상상하기 힘들만큼 크다는 것을 알 수 있다. 장난삼아 1억 원을 만 원권 지폐로 바꾸어서 차곡차곡 쌓으면 한 장의 두께가 약 0.111mm($\pm$0.008 mm의 오차)이므로 그 높이는 111cm가 됨을 알 수 있다.

■ 넓이

국제단위로써 핵물리학 단위인 바른(barn)이 있는데 1barn은 넓이가 10^{-24} cm^2이고 1센타르(centare)는 $1m^2$(기호 1ca), 1아르(are, a)는 $100m^2$, 1헥타르(1 ha)는 100a로서 우리에게 익숙한 평(坪)으로 계산해보면, 약 3,000평(99.174a)이라 한다. 국토가 넓은 미국 같은 나라에서 사용하고 있는 에이커(acre)는 40.46856a로써 1224.2평 정도를 대지(垈地)의 단위로 사용하고 있으니 평(坪)을 단위로 쓰고 있는 우리나라의 대지(垈地)와 비교하여 보면 그 크기를 알 만하다. 우리가 많이 쓰고 있는 단위 평은 36제곱자(平方尺)로 $3.3058m^2$이고 1묘는 30평($99.174m^2$), 1단보(段步)는 300평(9.9174a), 1정보(町步)는 3,000평(99.174a)이다.

■ 부피

기본 단위인 cc는 $1cm^3$(4℃일 때 물의 무게를 1g이라 칭함)이고 1리터(liter)는 1,000cc, 1스테르(stere)는 $1m^3$의 양으로 그 양을 가늠하면 된다. 여러 나라에서 사용하고 있는 몇 가지 단위에 대하여 알아보기로 하자. 미국에서 1액량 쿼트(liquid quart)는 0.946 L (미국산 냉장고 등을 표시하는데 쓰임)이고 1갤런(gallon)은 3.785328 L (주로 유류에서 사용)이고, 석유단위인 1드럼(drum)은 50~55갤런(189~208 L), 1배럴(barrel)은 31.5갤런, 1톤(ton)은 40feet^{3}이다.

■ 무게

무게의 기본 단위 1g의 크기는 섭씨 4℃에서의 순수한 물 1cc의 무게이며 이것을 기준으로 하여 1,000g을 1kg, 1,000kg을 1톤(t)이라 하는데 우리 돈 100원짜리 동전의 무게가 약 5.42g이므로 1억원을 100원짜리 동전으로 바꾸면 5,420kg, 약 5.4톤으로 5톤 트럭 1대가 겨우 실을 수 있는 큰 무게임을 알 수 있다. 만약 1만원권 지폐로 1억원을 바꾸면 1만원권 1장의 무게가 약 1.158g이므로 11.58kg이 되어 보통 성인 한 사람이 겨우 2억을 휴대할 수 있을 정도이다. 우리가 쓰고 있는 다른 단위들과 비교하여 보면, 1돈(屯)은 3.75g이고 1온스(oz)는 28.35g, 1파운드(1b)는 453.6g, 1근(斤)은 600g, 1관(貫)은 3.75kg, 1근은 160돈, 1관은 1,000돈이다. 그리고 우리가 많이 쓰고 있는 보석 1캐럿(carat)은 약 220mg(금의 순도를 나타내기도 한다.)이며 1그레인(grain)은 $\frac{1}{7,000}$ 파운드로써 64.799mg이니 크기들을 짐작해 볼 만하다.

다음에 많이 쓰는 척관법(尺貫法)을 소개한다.

길이	1치 = 10푼	1자 = 10치(≒ 30.3cm)
	1발 = 10자	1간 = 6자
	1정 = 60간	1리 = 36정
넓이	1합 = 10작	1평 = 10합(≒ 3.3m^2)
	1묘 = 30평	1단 = 10묘
	1정 = 10단	

부피	1홉 = 10작	1되 = 10홉(≒ 1.8ℓ)
	1말 = 10되	1섬 = 10말
무게	1돈 = 10푼	1근 = 160돈
	1관 = 1000돈(≒ 3.75kg)	

3. 우리말의 고유 날짜 이름과 각종 단위

우리말에는 1일, 2일, 3일, …, 10일, … 등 중국계의 날짜이름뿐만 아니라 그 이름들에 대응하는 고유한 날짜 이름들이 있다. 이미 알고 있다시피 그 이름들은 하루, 이틀, 사흘, 나흘, 닷새, 엿새, 이레, 여드레, 아흐레, 열흘 등이다.

한자어 날짜 이름들처럼 고유어 날짜 이름들도 기간의 의미와 차례의 의미를 함께 지니고 있다. 곧 이 낱말들은 날 수를 나타내기도 하고 날짜를 나타내기도 한다. 예를 들면 '하루'라는 말은 24시간이라는 시간의 길이를 뜻하기도 하고, 어떤 달의 첫째 날을 뜻하기도 한다. 이 이름들이 차례의 의미를 지니고 쓰일 때는 흔히 뒤에다 '날'이라는 말을 붙여서 하룻날, 이튿날, 사흗날, 나흗날, 닷샛날, 엿샛날, 이렛날, 여드렛날, 아흐렛날, 열흘날이라고 말한다. 또 11일 이후의 날짜를 열하루, 열이틀, 열사흘 등으로 세는 것과 구별하기 위해 특별히 앞에 '초(初)'라는 접두사를 붙여 초하루, 초이틀, 초사흘, …로 말하거나, 초하룻날, 초이튿날, 초사흗날 따위로 말하기도 한다.

마소의 나이를 세는 고유어 명사는 우리말 고유어 수사와 여러 가지 연관을 깃는다. 한 살에서 열 살까지 마소의 나이를 세는 말들을 나열하면, 하릅, 두습(이듭), 세습(사릅), 나릅, 다습, 여습, 이릅, 여듭, 아습(구릅), 열릅(담불)이다.

그리고 우리나라에서 전통적으로 사용하고 있는 각종 단위에 대하여 몇 가지 알아보면 같은 단위라도 농촌과 어촌에서 사용하고 있는 수량이 다르다는 것을 알 수 있다.

- 손: 고등어 한 손 – 2마리(큰 고등어의 배에 작은 것을 끼어 놓은 두 마리)
- 접: 감 한 접 – 100개, 마늘 한 접 – 100개, 낙지 한 접 – 20마리
- 축: 오징어 한 축 – 20마리
- 권: 한지(종이) 한 권 – 20장, 영화필름의 단위 305m
- 두름: 굴비 한 두름 – 20마리
- 제(劑): 한약 한 제 – 20첩
- 톳: 김 한 톳 – 100장, 김 한 톳 – 40장, 김 한 첩 – 10장
- 꾸러미: 달걀 한 꾸러미 – 10개
- 죽: 그릇 한 죽 – 10벌, 버선 한 죽 – 10벌
- 짐: 벼 한 짐 – 열 뭇, 백 줌. 한 뭇 · 속 – 열 줌
- 뭇: 조기 한 뭇 – 열 마리
- 쌈: 바늘 한 쌈 – 24개
- 섬: 열 말
- 골: 만, 골백번 : 백만 번
- 즈믄: 천
- 온: 백

3.4 생활 속에 얽힌 수의 개념

우리는 알게 모르게 수와 밀접한 관계를 맺으며 살아가고 있다. 명절들이 그렇고 우리의 나이에 얽힌 여러 가지 표현 또한 숫자와 뗄 수 없는 관계를 갖고 있다.

논어에 말씀하시기를 30세에 而立, 40세에는 不惑, 50세에 知天命, 60세에 耳順, 70세에 從心이라 하여 인간이 처신하는데 교훈으로 삼게 하였으며 나이를 한자 용어로 다음과 같이 표현하기도 하였다.

2세	주세(周歲)	61세	환갑(還甲)
15세	지학(志學)		회갑(回甲)
16세	이팔(二八)		망칠(望七)
20세	약관(弱冠) 정년(丁年)	62세	진갑(進甲)
21세	삼칠(三七)	70세	고희(古稀) 희수(稀壽) 종심(從心)
30세	이립(而立)		
32세	이모(二毛)	71세	망팔(望八)
40세	불혹(不惑)	77세	희수(喜壽) 산수(傘壽)
48세	상년(桑年)	80세	중수(中壽)
50세	지명(知名) 애년(艾年) 반백(半白)	81세	망구(望九)
		88세	미수(米壽)
		90세	졸수(卒壽)
		91세	망백(望百)
51세	망륙(望六)	99세	백수(白壽)
60세	이순(耳順)	100세	상수(上壽)
	하수(下壽)	108세	다수(茶壽)

■ 결혼기념일에 얽힌 수

다음에 더 세분화된 결혼기념일의 별칭을 소개하기로 하고 우선 우리나라에서 많이 쓰고 있는 몇 가지를 소개한다.

20주년 도혼식　25주년 은혼식　50주년 금혼식
60주년 회혼식 또는 금강석혼　75주년 금강석혼 …

■ 이십사절기

1년 365일, 4계절 24절기에 대하여 알아두면 편리하다.

계절	절기명	절기가 드는 날	황경
봄	입춘(立春)	2월 4일경	315°
	우수(雨水)	2월 19일경	330°
	경칩(驚蟄)	3월 6일경	345°
	춘분(春分)	3월 21일경	0°
	청명(淸明)	4월 5일경	15°
	곡우(穀雨)	4월 20일경	30°
여름	입하(立夏)	5월 6일경	45°
	소만(小滿)	5월 21일경	60°
	망종(亡種)	6월 6일경	75°
	하지(夏至)	6월 21일경	90°
	소서(小暑)	7월 7일경	105°
	대서(大暑)	7월 23일경	120°
가을	입추(立秋)	8월 8일경	135°
	처서(處暑)	8월 23일경	150°
	백로(白露)	9월 8일경	165°
	추분(秋分)	9월 23일경	180°
	한로(寒露)	10월 8일경	195°
	상강(霜降)	10월 23일경	210°
겨울	입동(立冬)	11월 7일경	225°
	소설(小雪)	11월 22일경	240°
	대설(大雪)	12월 7일경	255°
	동지(冬至)	12월 22일경	270°
	소한(小寒)	1월 6일경	285°
	대한(大寒)	1월 21일경	300°

■ 이십사시

이십사시(二十四時)는 하루를 스물넷으로 나누어 각각 24방위의 이름을 붙여 부르는 시간이다.

시	1	2	3	4	5	6	7	8	9	10	11	12
오전	계(癸)	축(丑)	간(艮)	인(寅)	갑(甲)	묘(卯)	을(乙)	진(辰)	손(巽)	사(巳)	병(丙)	오(午)
오후	정(丁)	미(未)	곤(坤)	신(申)	경(庚)	유(酉)	신(辛)	술(戌)	건(乾)	해(亥)	임(壬)	자(子)

■ 육십갑자

육십갑자(六十甲子)는 천간(天干)의 갑(甲), 을(乙), 병(丙), 정(丁), 무(戊), 기(己), 경(庚), 신(辛), 임(壬), 계(癸)와 지지(地支)의 자(子), 축(丑), 인(寅), 묘(卯), 진(辰), 사(巳), 오(午), 미(未), 신(申), 유(酉), 술(戌), 해(亥)를 차례로 조합하여 예순 가지(10간의 10과 12지의 12의 최소공배수)로 늘어놓은 것을 말하며 다음과 같다.

1	갑자	16	기묘	31	갑오	46	기유
2	을축	17	경진	32	을미	47	경술
3	병인	18	신사	33	병신	48	신해
4	정묘	19	임오	34	정유	49	임자
5	무진	20	계미	35	무술	50	계축
6	기사	21	갑신	36	기해	51	갑인
7	경오	22	을유	37	경자	52	을묘
8	신미	23	병술	38	신축	53	병진
9	임신	24	정해	39	임인	54	정사
10	계유	25	무자	40	계묘	55	무오
11	갑술	26	기축	41	갑진	56	기미
12	을해	27	경인	42	을사	57	경신
13	병자	28	신묘	43	병오	58	신유
14	정축	29	임진	44	정미	59	임술
15	무인	30	계사	45	무신	60	계해

이 육십갑자를 잘 활용하면 역사적인 사건들의 연대를 암기하는데 매우 유익하다. 예를 들면, 10간이 같은 두 사건 갑신정변과 갑오경장은 각각 1884년과 1894년에 일어난 사건으로 그 차이는 10의 배수인 10년이고, 12지가 같은 을미사변과 기미삼일운동은 각각 1895년과 1919년에 일어난 사건으로 그 차이는 12의 배수인 24년이 된다.

■ 서양의 결혼기념일(Wedding Anniversary)

		과거	현재
1주년	First	Paper	Clocks
2주년	Second	Cotton	China
3주년	Third	Leather	Crystal/Glass
4주년	Fourth	Fruit/Flowers	Appliances
5주년	Fifth	Wood	Siverware
6주년	Sixth	Iron	Wood
7주년	Seventh	Wool/Copper	Desk sets
8주년	Eighth	Bronze/Pottery	Linen/Laces
9주년	Ninth	Pottery/Willow	Leather
10주년	Tenth	Tin/Aluminum	Diamond Jewellery
11주년	Eleventh	Steel	Fashion Jewellery
12주년	Twelfth	Silk/Linen	Pearls
13주년	Thirteenth	Lace	Text les/Furs
14주년	Fourteenth	Ivory	Gold Jewellery
15주년	Fifteenth	Crystal	Watches
20주년	Twentieth	China	Platinum
25주년	Twenty-fifth	Silver	Silver
30주년	Thirtieth	Pearl	Diamond
35주년	Thirty-fifth	Coral	Jade
40주년	Fortieth	Ruby	Ruby
45주년	Forty-fifth	Sapphire	Sapphire
50주년	Fiftieth	Gold	Gold
55주년	Fifty-fifth	Emerald	Emerald
60주년	Sixtieth	Diamond	Diamond
65주년	Seventy-fifth	Diamond	Diamond

■ 생일달에 얽힌 보석(탄생석)과 꽃

보통 여성에게 최고의 선물은 꽃과 보석이다. 생일 달 등을 고려하여 선물하는 것도 선물하는 하나의 좋은 방법이라 하겠다.

월	탄생석	꽃
1월	석류석(石榴石, garnet)	카네이션(Carnation)
2월	자수정(紫水晶, amethyst)	제비꽃((VIolet)
3월	남옥(藍玉, aquqmarine)	장수화(Jonquil)
4월	금강석(diamond)	사향연리초(Sweet pea)
5월	취옥(翠玉, Emerald)	백합(Lily of the vally)
6월	진주(Pearl)	장미(Rose)
7월	홍옥(紅玉, Ruby)	참제비고깔(Larkspur)
8월	감람석(橄欖石)	글라디올라(Gladiola)
9월	청옥(靑玉, sapphire)	과꽃(Aster)
10월	단백석(蛋白石, opal)	금잔화(Calendula)
11월	황옥(黃玉, topaz)	국화(Chryanthemum)
12월	터어키옥(turquoise)	포인세티아(Poinsettia)

3.5 바코드(Barcode)와 수

1. 바코드란?

백화점이나 슈퍼마켓에 진열되어 있는 상품을 보면 [그림 3.1]과 같이 거의 모든 상품에 가늘기도 하고 굵기도 한 검은 막대들이 섞여 그려져 있고 그 밑에 숫자가 쓰여 있는 것을 볼 수 있는데 이것이 바코드이다.

바코드(Barcode)는 바(bar, 검은색 막대)와 공백(space, 흰색 막대)을 특정한 형태로 조합하여 문자와 숫자 및 기호 등을 표현한 것으로 그 아래에 적여 있는 숫자를 스캐너로 빨리 읽을 수 있도록 고안해 놓은 것이다. 바코드 자체에는 가격, 크기, 무게 등의 상품 정보가 들어 있는 것이 아니고 상품 코드 번호만 들어 있다.

ISBN 0-8218-0603-3

9 780821 806036

[그림 3.1]

예를 들어, 주민등록증, 사원증 등의 신분증에서 그 사람의 사번(회사에서 부여한 번호)만 넣으면 그 사람의 신상명세가 나오도록 프로그램되어 있는 컴퓨터에서 숫자로 된 사번을 키보드가 아닌 바코드로 이용할 수 있는 것이다. 슈퍼마켓에서도 코드 번호만 읽으면 자동으로 계산이 되도록 미리 프로그램이 되어 있다. 코드 번호를 바코드 스캐너로 읽어서 자동으로 계산이 되도록 하려면 상품 번호와 가격 등의 정보를 미리 등록하여 데이터베이스화시켜 놓아야 자동으로 계산해 낼 수 있는 것이다.

지금, 바코드는 판매 및 재고관리 업무 분야 등의 유통 업무 외에도 병원, 도서관, 철도나 항공의 여객 및 화물관리, 공장자동화, 사무자동화 등 대량의 데이터를 신속하고 정확하게 처리하기 위해 사용된다.

2. 바코드 심벌로지와 심벌

정보를 바코드로 표시하는 방법에는 여러 가지가 있는데 이를 정한 규칙을 바코드 심벌로지(symbology)라 한다. 바코드 심벌로지는 수십 종이 있으며 같은 데이터라도 여러 종류의 바코드 심벌로 표현할 수가 있다. 바코드를 언어와 비교하면, 심벌로지는 국어와 대응하고 심벌은 단어와 대응되는 개념이다. 즉, 바코드 심벌은 의미(정보)를 지닌 바코드의 단어이다.

3. 바코드 심벌의 구조

바코드 심벌의 구성 요소에는 표현하고자 하는 데이터, 데이터를 바코드로 나타내는 규칙인 심벌로지, 바코드 패턴을 인쇄하기 위한 잉크, 바코드 패턴이 기록될 인쇄용지가 포함된다. 이 심벌은 바코드 판독기에 의해 읽혀 컴퓨터로 입력된다. 바코드 심벌을 만드는 최소단위는 모듈(module : x 디멘전이라고도 함)로써 1비트(bit)의 값을 가진다. 바코드 심벌을 구성하는 몇 가지 용어를 소개한다.

■ 여백(quiet zone)

바코드의 시작과 끝에는 여백이 있는데 이 여백을 'quiet zone'이라 하며 가장 좁은 디멘전의 10배 이상으로 지정되어 있고 시작문자의 앞과 멈춤 문자의 뒤에 있는 공백 부분을 가리키며 바코드의 시작 및 끝은 명확하게 하기 위하여 필수적인 요소이다. 심벌의 좌측여백을 전방여백, 우측의 여백을 후방여백이라 한다.

■ 시작/멈춤문자(start/stop character)

시작 문자는 심벌의 맨 앞부분에 기록된 문자로 데이터의 입력방향과 바코드의 종류를 바코드 스캐너에 알려주는 역할을 한다. 멈춤문자는 바코드의 심벌이 끝났다는 것을 알려주어 스캐너가 양쪽 어느 방향에서든지 데이터를 읽을 수 있도록 해준다.

■ 검증코드(check digit)

검사문자는 메시지가 정확하게 읽혔는지 검사하는 것으로 판독 오류를 방지하기 위하여 사용된다. 이 검증코드를 만드는 방법을 알아보면

① (짝수 번째 자리의 수의 합) × 3＝A

② (끝자리를 제외한 홀수 자릿수의 합)＝B

③ A+B의 일의 자릿수를 10에서 뺀 수 : 체크 디지트

이다. 예를 들어 [그림 3.1]의 바코드 심벌에서 체크 디지트를 구하면

① (7+0+2+8+6+3) × 3=78

② (9+8+8+1+0+0)=26

③ 78+26=104의 일의 자릿수 4

그러므로 체크 디지트는 10−4=6이다.

■ 식별선(interpretation line)

사람의 육안으로 식별 가능한 정보(숫자, 문자, 기호)가 있는 윗부분 또는 아랫부분을 말한다.

■ 막대/공백(bar/space)

바코드는 단순한 막대와 공백으로 구성되어 있으며 이들 중 가장 좁은 막대/공백을 'X' 디메전이라 부른다. 'X' 디메전이 바코드의 구조상 최소단위를 이루는 것이면 모듈이라고 한다. 좁은 바/스페이스와 넓은 바/스페이스는 1:2 또는 1:3, 1:4 비율을 이룬다.

■ 사이간격(intercharacter gaps)

문자들 간의 공간을 말한다.

4. 바코드 종류

■ 1차원(선형) 바코드

① UPC

② EAN

③ CODE 39

④ CODABER

⑤ INTERLEAVED 2 of 5

⑥ CODE 93

⑦ CODE 128

■ 2차원(2D) 바코드

① CODE 49
② CODE 16K
③ PDF-417
④ CODEABLOCK-2D
⑤ CODE 1
⑥ VERICODE
⑦ SOFTSTRIP

5. 미국산업계의 표준규격

산업계	관련기관/단체	사용코드	비고
자동차	Automotive Industry Group	CODE 39	
포스(POS)	Uniform Code Council	UPC	유럽 : EAN
국방	Department of Defence	CODE 39	
의료	Heath Industry BarCode Council	CODE 39	
혈액	American Blood Commission	CODABAR	
항공	International Air Transport Association	CODE 39 12 OF 5	화물티켓
공조	Air Conditioning and Refrigeration Institute	CODE 39	
제지	Graphic Communication Association	CODE 39	
알루미늄	Aluminum Association	CODE 39	
수하물	American National Standard Institute	CODE 39 CODABAR 12 OF 5	
의류	Voluntary Interindustry Communication Standards Committee	CODE 128	

6. 바코드의 기본형

바코드 심벌을 주의 깊게 살펴보면 막대 밑에 쓰인 숫자의 개수가 여러 종류가 있다. 이들을 분류하면 다음과 같다

■ EAN 표준형(13자리)과 단축형(8자리)

1) 표준형(13자리)

F1 F2 F3	M1 M2 M3 M4	I1 I2 I3 I4 I5	C/D (체크 디지트)
········	···············	············	···············
국가식별코드	제조업체코드	상품품목코드	검증코드

2) 단축형(8자리)

F1 F2 F3	M1 M2 M3	I	C/D (체크 디지트)
··········	············	············	··············
국가식별코드	제조업체코드	상품품목코드	검증코드

9 788973 541409　　8800 0831

[그림 3.2]　　[그림 3.3]

■ UPC 표준형(12자리)과 단축형(6자리)

1) Version A (표준형 : 12자리)

C	M1 M2 M3 M4 M5	I1 I2 I3 I4 I5	C/D (체크 디지트)
········	················	············	············
상품분류	제조업체코드	상품품목코드	검증코드 체계번호

2) Version E (단축형 : 6자) : 상품분류체계번호가 0인 상품

M1 M2 M3	I1 I2	C/D (체크 디지트)
....	......	....
제조업체코드	상품품목코드	검증코드

국가식별코드는 프리픽스라고도 하며 보통 2~3자리로 구성되어 있는데 처음에는 2자리를 사용하다가 1982년 이후에 가입한 국가부터는 3자리를 부여받아 사용하고 있다. EAN 국가번호는 아래 표와 같다.

■ **EAN 국가번호**

국가번호	국 가	국가번호	국 가	국가번호	국 가
00-09	미국, 캐나다	590	폴란드	80-83	이탈리아
20-29	인스토어 번호	599	헝가리	84	스페인
20-37	프랑스	600-601	남아프리카 공화국	850	쿠바
40-43	서독	64	핀란드	859	체코슬로바키아
440	동독	70	노르웨이	869	터키
460-469	소련	729	이스라엘	87	네덜란드
471	대만	73	스웨덴	880	한국
489	홍콩	750	멕시코	885	태국
49	일본	759	베네수엘라	888	싱가포르
50	영국, 아일랜드	76	스위스	90-91	오스트리아
520	그리스	770	콜롬비아	93	오스트레일리아
529	키프로스	773	우루과이	94	뉴질랜드
54	벨기에, 룩셈부르크	775	페루	955	말레이시아
560	포르투갈	779	아르헨티나	959	파푸아 뉴기니
569	아이슬란드	780	칠레	977	정기간행물
57	덴마크	789	브라질	978-979	서적(ISBN)
				98-99	쿠폰 번호

- 제조업체 코드는 상품제조업체 또는 판매원을 나타내는 코드로서 각국의 코드 관리기관에서 부여한다.
- 상품 품목코드는 제조업체 코드를 부여받은 업체에서 자유롭게 부여한다.
- 검증코드(체크 디지트)는 앞에서 설명한 것과 같은 방법으로 만든 코드이다.
- 상품분류체계번호(number system digit)는 1자리로 상품종류를 나타내는데 0은 식료품 잡화, 2는 고기, 청과물 등 불규칙 중량상품 3은 의약 의료상품, 4는 인스토아 마킹, 5는 쿠폰을 나타내며 1, 6, 7, 8, 9는 유보된 번호이다.

7. 바코드의 구성

바코드를 판독하는 스캐너는 빛을 쪼여 빛이 바코드를 지날 때 검은 바와 흰 바의 반사율의 차이를 전기신호로 바꾸어 측정하여 판독한다. 아날로그인 전기 신호의 폭을 디지털인 0과 1로 나타내어 그 조합에 해당하는 숫자를 판별한다. 이때 각 숫자를 나타내는 막대들을 구성하는 방법에 대하여 알아보기로 하자.

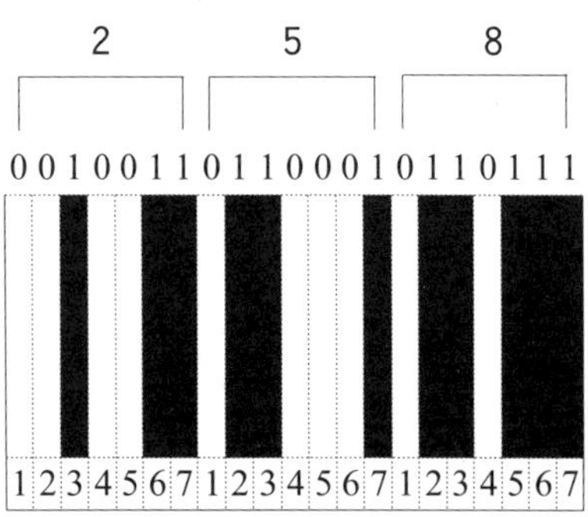

[그림 3.4]

0	3:2:1:1	1:1:2:3	3:2:1:1
1	2:2:2:1	1:2:2:2	2:2:2:1
2	2:1:2:2	2:2:1:2	2:1:2:2
3	1:4:1:1	1:1:4:1	1:4:1:1
4	1:1:3:2	2:3:1:1	1:1:3:2
5	1:2:3:1	1:3:2:1	1:2:3:1
6	1:1:1:4	4:1:1:1	1:1:1:4
7	1:3:1:2	2:1:3:1	1:3:1:2
8	1:2:1:3	3:1:2:1	1:2:1:3
9	3:1:1:2	2:1:1:3	3:1:1:2

[그림 3.5]

지금 0~9까지의 숫자를 코드화하여 보자.

하나의 숫자는 [그림 3.4]에서 나타나 있듯이 7피치(pitch)로 구성되어 있다. [그림 3.1]의 왼쪽 2번째부터 6자리의 메이커 코드는 이 피치들이 '백흑 백흑' 순서로 나타낸다. [그림 3.1]의 바코드를 살펴보면 다른 것보다 긴 바가 있는데 이것은 양끝을 나타내고 왼쪽과 오른쪽을 구분하는 선이다. 7피치(pitch)를 적당히 배열하여 0~9까지 숫자를 만드는 방법은 [그림 3.5]와 같다.

8. 바코드의 사용 효과

- 정보처리가 정확하다.
- 데이터 입력이 신속하다.
- 작업장의 제한을 받지 않는다.
- 기존 시스템의 변형이 필요 없다.
- 인건비와 관리비 등의 유지비가 필요 없다.
- 운영에 숙련이 불필요하다.

9. 주민등록번호의 구성

상품의 바코드시스템과 유사한 방법으로 주민등록번호도 구성되는데 대한민국 국민이라면 누구나 13자리 숫자로 구성된 주민등록번호를 갖는다. 이 번호는 두 부분으로 구성되며 앞부분 6자리 숫자는 자신의 생년월일을 나타내고 뒷부분 7자리 숫자는 다음과 같이 구성된다.

- 첫 자리: 성별구분번호로서 1800년대 출생자는 남자가 9, 여자는 0이며, 1900년대 출생자는 남자가 1, 여자는 2이고, 2000년대 출생자는 남자가 3이고, 여자는 4이다.
- 다음 4자리: 주민등록신청 지역번호(시도, 군구, 읍면동 등)
- 여섯째 자리: 주민등록 신청 당일 등록순서
- 마지막 자리: 체크숫자

체크숫자를 계산하는 방법 : 마지막 숫자를 제외한 12자리 숫자에 첫 자리 숫자부터 차례로 2, 3, 4, 5, 6, 7, 8, 9, 2, 3, 4, 5를 각각 곱하여 모두 더한 다음 그 합으로부터 11의 배수를 만들기 위하여 더해야 할 가장 작은 음이 아닌 숫자를 체크숫자라 한다. 이때 체크숫자가 10인 경우는 체크숫자를 0으로 한다.

8 0	0 9	0 5	-	2	6 4 4 5	1	9
생년	월	일		성별	지역번호	등록순서	체크숫자

예를 들어 주민등록번호가 800905-2644519라고 하면

$$8\times2+0\times3+0\times4+9\times5+0\times6+5\times7+2\times8+6\times9+4\times2+4\times3+5\times4+1\times5=211$$

이므로, 이 경우의 체크숫자는 211로부터 11의 배수를 만들기 위하여 더해야 할 음이 아닌 가장 작은 수인 9이다. 즉,

$$211+9=220=11\times20$$

체크숫자로 0을 사용하는 경우 이 숫자로는 개별입력오류가 식별되지 않는다. 예를 들어, 주민등록번호가 850803-1056740인 경우를 350803-1056740으로 입력하여도 체크숫자가 동일하게 0이 되어 오류가 식별되지 않는다.

보기 3

여러분의 주민등록번호를 보고 체크숫자가 올바른지 확인해보라.

미친 척했던 수학자 알하젠

알하젠(Alhazen, 965~1039)은 광학 분야에서의 업적으로 오늘날 널리 알려져 있다. 그가 이집트의 카이로로 이사를 한 첫 해에 나일 강의 범람을 목격하였고, 이를 계기로 강의 힘을 통제할 수 있는 수력 체계를 고안해야겠다고 느꼈다. 그는 나일 강의 근원이나 지형학에 대한 연구도 없이 기이한 주장을 한 것이다. 알하젠의 이러한 주장을 들은 이집트의 칼리프 왕은 뛸 듯이 기뻐하며 알하젠에게 나일 강의 근원을 찾아 높은 지역으로 원정 탐험을 떠나라고 명령하였고, 알하젠은 곧 출발하였다. 하지만 그러한 계획이 불가능하다는 것을 느낀 알하젠은 칼리프에게 자신의 잘못을 인정하고 직위해제당하였다. 칼리프가 우롱당한 것에 대한 복수를 할까봐 겁을 먹은 알하젠은 공포에 사로잡혀 미친 척하기로 결심했다. 그는 1021년 칼리프 왕이 죽을 때까지 미친 척하면서 보냈다. 그러다가 그가 정신이상을 가장할 필요가 없었을 때부터 그는 뛰어난 수학적인 발견을 하였다.

제 4 장

신비스런 수의 배열

4.1 마방진(Magic Squares)

마방진 이야기는 약 4천 년 전 중국에서 시작되었다. 하(夏) 나라 우왕(禹王)이 중국의 낙수(洛水: 황하의 옛말)가 범람했을 때, 토목공사를 감독하고 있었는데 강 속에서 큰 거북이가 나타났다. 그런데 이상하게도 그 거북이의 등에 [그림 4.1]과 같은 점들이 새겨 있었다. 보통사람들 같으면 그냥 지나칠 일인데 우왕의 관찰력은 달랐다. 거북이 등에 나타난 점들의 개수를 숫자로 고친 것이 그 옆의 표이고 이 점들의 개수 사이에 신비스러운 관계가 있음을 알았다.

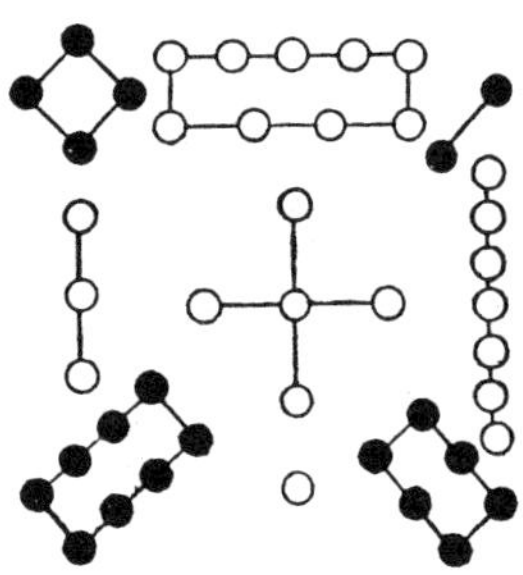

[그림 4.1]

4	9	2
3	5	7
8	1	6

[표 4.1]

이 표의 가로 세로 대각선의 수를 각각 더하면 모두 그 합이 15가 된다. 그는 이 불가사의한 거북이를 하늘에서 내린 것으로 믿었다. 이 거북이 덕분에 우(禹)는 하(夏) 나라의 황제가 되었다는 이야기가 《서경(書經)》에 실려 있다.

중국인들이 그것을 낙서라고 부르는데 낙서란 "낙수에서 나온 거북 등에 쓰여 있는 글"이라는 의미에서 유래된 것이다. 이 그림은 머리에 9가 있고 꼬리에 1이 있으며 왼쪽에 3, 오른쪽에 7이 있다. 이와 같이 수가 나열되어 있는 것이 신비스럽다 하여 마술의 사각형(magic square)이라 불렀고 마방진(魔方陣)은 영어를 한자로 번역한 것이다.

점쟁이가 사람의 생년월일을 가지고 점을 칠 때, 1 흰색, 2 검은색, 3 푸른색, 4 녹색, 5 황색, 6 흰색, 7 빨간색, 8 흰색, 9 보라색 등 아홉 개의 별을 만들어 길흉의 판단에 사용하고 있는데 그 9성(九星)이라는 것도 이 낙서로부터 시작되었다고 할 수 있다.

이와 같이 중국에서는 이미 오래 전부터 마방진이 알려져 있었는데, 이것은 단지 1부터 9까지를 사용한 마방진의 한 종류에 불과한 것이다. 이후 여러 가지 마방진에 대한 연구가 발달하였다.

4.2 마방진 만드는 방법

1. 홀수차 마방진 만드는 방법

(1) 바쉐(Bachet)의 방법

■ **3차 마방진**

[그림 4.2]의 왼쪽처럼 3×3정사각형을 만든 후 바깥쪽에 점선으로 작은 정사각형을 만들어 비스듬히 1~9까지 숫자를 써넣은 후에 바깥에 배치된 숫자는 그 줄에서 제일 먼 빈칸에 옮긴다. 1은 9 바로 위에, 3은 7 바로 옆에, 7은 3 바로 옆에, 9는 5 위에 쓴다.

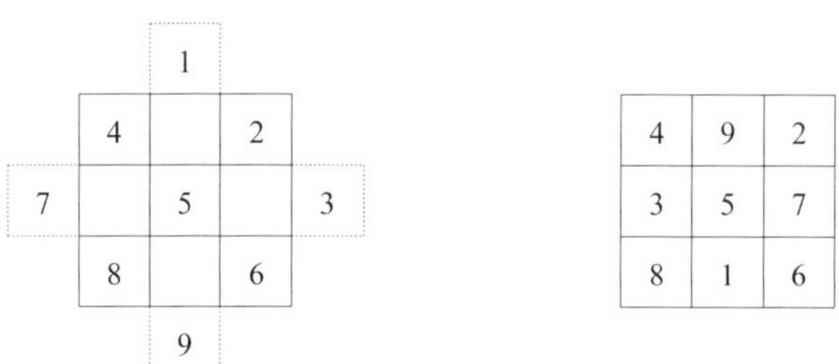

[그림 4.2]

■ 5차 마방진

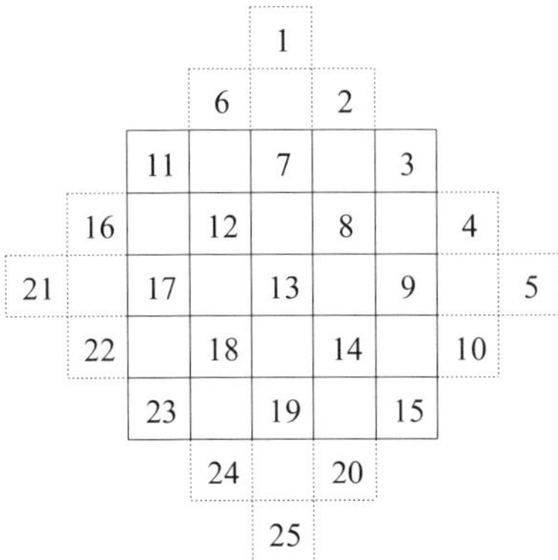

11	24	7	20	3
4	12	25	8	16
17	5	13	21	9
10	18	1	14	22
23	6	19	2	15

[그림 4.3]

(2) 샴(Siam)의 방법

홀수차 방진의 윗면 중앙에 1을 놓는다. 이후에 오른쪽 사선 위의 빈칸에 2, 3, …의 순서로 해서 방진의 테두리 밖으로 나오면 그 행의 왼쪽 끝 또는 그 열의 하단의 칸에 수를 넣는다. 만약에 오른쪽 사선 위에 이미 수가 들어 있으면 그 밑 칸에 수를 넣는다. 오른쪽 상단 구석에 왔을 때도 이에 준하여 그 밑 칸에 다음 수를 넣는다. 이와 같이 해서 방진의 칸이 전부 채워지면 마방진이 완성된다.

	9	2	
8	1	6	8
3	5	7	3
4	9	2	

	18	25	2	9	
17	24	1	8	15	17
23	5	7	14	16	23
4	6	13	20	22	4
10	12	19	21	3	10
11	18	25	2	9	

[그림 4.4]

(3) 드라히레(De la Hire)의 방법

홀수차(n 차) 법진의 각 행, 각 열에 n 개의 1을 다음의 요령으로 넣는다. 왼쪽 위 구석(1행 1열)에 1을 넣고 장기에서 말(馬)이 움직이는 모양처럼 (2행 3열), (3행 5열), …에 1을 넣는다. 다음에 1의 오른쪽에 순서대로 2, 3, 4, 5를 넣는다. 이렇게 해서 보조 방진 A를 만든다. 다음에 보조 방진 B를 다음과 같은 방법으로 만든다.

①	2	3	4	5
4	5	①	2	3
2	3	4	5	①
5	①	2	3	4
3	4	5	①	2

보조 방진 A

0	15	5	20	10
5	20	10	0	15
10	0	15	5	20
15	5	20	10	0
20	10	0	15	5

보조 방진 B

1	17	8	24	15
9	25	11	2	18
12	3	19	10	21
20	6	22	13	4
23	14	5	16	7

5차 마방진

[그림 4.5]

왼쪽 위의 구석 (1행 1열)에 0을 넣고 위와 비슷한 방법으로 (2행 4열), (3행 2열), (4행 5열), (5행 3열)에 0을 넣는다. 이 0의 밑 칸부터 시작하여 5, 10, 15, 20을 채워 넣는다. 이와 같이 하여 2개의 보조 방진 A와 B를 만들고 두 보조 방진 A와 B의 대응하는 각 칸의 수를 더하면 마방진이 만들어진다.

2. 짝수차 마방진 만드는 법

(1) 방법 1

2차 마방진은 만들 수 없으므로 4차 마방진 만드는 방법부터 알아보자. [그림 4.6]의 A와 같이 1부터 순서대로 16까지 채워 넣는다. 그리고 대각선상의 수는 그대로 두고 그 외의 수는 방진의 중심에 대해 대칭인 위치의 수와 교환한다.

1	2	3	4
5	6	7	8
9	10	11	12
13	14	15	16

A

1	15	14	4
12	6	7	9
8	10	11	5
13	3	2	16

4차 마방진

○	*	◉	○
□	○	○	△
△	○	○	□
○	◉	*	○

B

[그림 4.6]

[그림 4.6] B의 ○의 곳은 바꾸지 않는다. □, △, *, ◉의 곳의 수는 중심에 대해 점대칭 위치로 옮긴다.

다음은 6차 마방진을 만들어보자. 4차 때와 마찬가지로 1에서 36까지 수를 순서대로 채워 넣는다. 위에서와 같은 방법을 참고하여 [그림 4.7]에서와 같이 고쳐 쓰기를 해서 6차 마방진을 만든다.

[그림 4.7]의 B는 ○의 칸은 바꾸지 않는다. \, / 의 칸의 수는 중심에 대칭인 칸으로 옮기고, | 의 칸의 수는 수평선에 대칭인 칸으로 옮기고 —의 칸의 수는 수직선에 대해 대칭인 칸으로 옮긴다.

1	2	3	4	5	6
7	8	9	10	11	12
13	14	15	16	17	18
19	20	21	22	23	24
25	26	27	28	29	30
31	32	33	34	35	36

A

<table>
<tr><td>○</td><td>\</td><td>|</td><td>○</td><td>/</td><td>○</td></tr>
<tr><td>\</td><td>○</td><td>\</td><td>/</td><td>○</td><td>—</td></tr>
<tr><td>—</td><td>\</td><td>\</td><td>/</td><td>—</td><td>—</td></tr>
<tr><td>○</td><td>/</td><td>/</td><td>\</td><td>—</td><td>○</td></tr>
<tr><td>/</td><td>○</td><td>|</td><td>|</td><td>○</td><td>—</td></tr>
<tr><td>○</td><td>|</td><td>|</td><td>○</td><td>|</td><td>○</td></tr>
</table>

B

1	32	33	4	35	6
12	8	27	28	11	25
18	17	22	21	20	13
19	23	16	15	14	24
30	26	10	9	29	7
31	5	3	34	2	36

6차 마방진

[그림 4.7]

일반적으로 짝수 차(n 차)일 때를 생각해 보자. 지금까지의 방법과 마찬가지로 1에서 n^2 까지의 수를 차례로 써넣는다. 이 표를 가지고 고쳐 쓰기를 [그림 4.8]과 같이 하지만 한가운데 4행 4열 부분은 $4m$ 차일 때는 [그림 4.8]의 B와 같이 하고, $4m+2$ 차일 때는 [그림 4.8]의 C와 같이 한다.

<table>
<tr><td>○</td><td>\</td><td>—</td><td>\</td><td>—</td><td>\</td><td>—</td><td>\</td><td>—</td><td>\</td><td>/</td><td>—</td><td>/</td><td>—</td><td>/</td><td>—</td><td>/</td><td>—</td><td>/</td><td>○</td></tr>
<tr><td>\</td><td>○</td><td>\</td><td>—</td><td>\</td><td>—</td><td>\</td><td>—</td><td>\</td><td>—</td><td>○</td><td>/</td><td>—</td><td>/</td><td>—</td><td>/</td><td>—</td><td>/</td><td>○</td><td>—</td></tr>
<tr><td>|</td><td>\</td><td>○</td><td>\</td><td>—</td><td>\</td><td>—</td><td>\</td><td>—</td><td>\</td><td>/</td><td>—</td><td>/</td><td>—</td><td>/</td><td>—</td><td>/</td><td>○</td><td>—</td><td>○</td></tr>
<tr><td>\</td><td>|</td><td>\</td><td>○</td><td>\</td><td>—</td><td>\</td><td>—</td><td>\</td><td>—</td><td>○</td><td>/</td><td>—</td><td>/</td><td>—</td><td>/</td><td>○</td><td>—</td><td>○</td><td>—</td></tr>
<tr><td>|</td><td>\</td><td>|</td><td>\</td><td>○</td><td>\</td><td>—</td><td>\</td><td>—</td><td>\</td><td>/</td><td>—</td><td>/</td><td>—</td><td>/</td><td>○</td><td>—</td><td>○</td><td>—</td><td>○</td></tr>
<tr><td>\</td><td>|</td><td>\</td><td>|</td><td>\</td><td>○</td><td>\</td><td>—</td><td>\</td><td>—</td><td>○</td><td>/</td><td>—</td><td>/</td><td>○</td><td>—</td><td>○</td><td>—</td><td>○</td><td>—</td></tr>
<tr><td>|</td><td>\</td><td>|</td><td>\</td><td>|</td><td>\</td><td>○</td><td>\</td><td>—</td><td>\</td><td>/</td><td>—</td><td>/</td><td>○</td><td>—</td><td>○</td><td>—</td><td>○</td><td>—</td><td>○</td></tr>
<tr><td>\</td><td>|</td><td>\</td><td>|</td><td>\</td><td>|</td><td>\</td><td>○</td><td>\</td><td>/</td><td>○</td><td>/</td><td>○</td><td>—</td><td>○</td><td>—</td><td>○</td><td>—</td><td>○</td><td>—</td></tr>
<tr><td>|</td><td>\</td><td>|</td><td>\</td><td>|</td><td>\</td><td>|</td><td>\</td><td></td><td></td><td></td><td></td><td>—</td><td>○</td><td>—</td><td>○</td><td>—</td><td>○</td><td>—</td><td>○</td></tr>
<tr><td>\</td><td>—</td><td>\</td><td>—</td><td>\</td><td>—</td><td>\</td><td>—</td><td></td><td></td><td></td><td></td><td>—</td><td>/</td><td>—</td><td>/</td><td>—</td><td>/</td><td>—</td><td>/</td></tr>
<tr><td>/</td><td>○</td><td>/</td><td>○</td><td>/</td><td>○</td><td>/</td><td>○</td><td></td><td></td><td></td><td></td><td>○</td><td>\</td><td>○</td><td>\</td><td>○</td><td>\</td><td>○</td><td>\</td></tr>
<tr><td>|</td><td>/</td><td>|</td><td>/</td><td>|</td><td>/</td><td>|</td><td>/</td><td></td><td></td><td></td><td></td><td>—</td><td>○</td><td>—</td><td>○</td><td>—</td><td>○</td><td>—</td><td>○</td></tr>
<tr><td>/</td><td>|</td><td>/</td><td>|</td><td>/</td><td>|</td><td>/</td><td>○</td><td>|</td><td>|</td><td>○</td><td>|</td><td>○</td><td>—</td><td>○</td><td>—</td><td>○</td><td>—</td><td>○</td><td>—</td></tr>
<tr><td>|</td><td>/</td><td>|</td><td>/</td><td>|</td><td>/</td><td>○</td><td>|</td><td>○</td><td>/</td><td>\</td><td>○</td><td>|</td><td>○</td><td>—</td><td>○</td><td>—</td><td>○</td><td>—</td><td>○</td></tr>
<tr><td>/</td><td>|</td><td>/</td><td>|</td><td>/</td><td>○</td><td>|</td><td>○</td><td>|</td><td>|</td><td>○</td><td>|</td><td>○</td><td>|</td><td>○</td><td>—</td><td>○</td><td>—</td><td>○</td><td>—</td></tr>
<tr><td>|</td><td>/</td><td>|</td><td>/</td><td>○</td><td>|</td><td>○</td><td>|</td><td>○</td><td>/</td><td>\</td><td>○</td><td>|</td><td>○</td><td>|</td><td>○</td><td>—</td><td>○</td><td>—</td><td>○</td></tr>
<tr><td>/</td><td>|</td><td>/</td><td>○</td><td>|</td><td>○</td><td>|</td><td>○</td><td>|</td><td>|</td><td>○</td><td>|</td><td>○</td><td>|</td><td>○</td><td>|</td><td>○</td><td>—</td><td>○</td><td>—</td></tr>
<tr><td>|</td><td>/</td><td>○</td><td>|</td><td>○</td><td>|</td><td>○</td><td>|</td><td>○</td><td>/</td><td>\</td><td>○</td><td>|</td><td>○</td><td>|</td><td>○</td><td>|</td><td>○</td><td>—</td><td>○</td></tr>
<tr><td>/</td><td>○</td><td>|</td><td>○</td><td>|</td><td>○</td><td>|</td><td>○</td><td>|</td><td>|</td><td>○</td><td>|</td><td>○</td><td>|</td><td>○</td><td>|</td><td>○</td><td>|</td><td>○</td><td>—</td></tr>
<tr><td>○</td><td>|</td><td>○</td><td>|</td><td>○</td><td>|</td><td>○</td><td>|</td><td>○</td><td>/</td><td>\</td><td>○</td><td>|</td><td>○</td><td>|</td><td>○</td><td>|</td><td>○</td><td>|</td><td>○</td></tr>
</table>

(A)

<table>
<tr><td>○</td><td>\</td><td>/</td><td>○</td></tr>
<tr><td>\</td><td>○</td><td>○</td><td>/</td></tr>
<tr><td>/</td><td>○</td><td>○</td><td>\</td></tr>
<tr><td>○</td><td>/</td><td>\</td><td>○</td></tr>
</table>

(B) $4m$차

<table>
<tr><td>○</td><td>\</td><td>/</td><td>○</td></tr>
<tr><td>\</td><td>\</td><td>/</td><td>—</td></tr>
<tr><td>/</td><td>/</td><td>\</td><td>—</td></tr>
<tr><td>○</td><td>|</td><td>|</td><td>○</td></tr>
</table>

(C) $4m+2$차

[그림 4.8]

(2) 방법 2

15세기 모스코프로스가 제안한 것처럼 4차의 범마방진 만드는 방법을 알아보자. 0에서 15까지의 수 a를 2진법으로 표시하자.

$$a = a_3 \cdot 2^3 + a_2 \cdot 2^2 + a_1 \cdot 2^1 + a_0 \cdot 2^0$$

이들 a_3, a_2, a_1, a_0 중에서 하나만 일치하고 나머지 3개가 다른 수를 모두 인접수라 할 때 각 수에 대하여 인접수가 3개이므로 그것을 표시해 둔다.

수	0	1	2	3	4	5	6	7	8	9	10	11	12	13	14	15
a_0	0	1	0	1	0	1	0	1	0	1	0	1	0	1	0	1
a_1	0	0	1	1	0	0	1	1	0	0	1	1	0	0	1	1
a_2	0	0	0	0	1	1	1	1	0	0	0	0	1	1	1	1
a_3	0	0	0	0	0	0	0	0	1	1	1	1	1	1	1	1

위의 표로부터 다음 표를 구할 수 있다.

	0	1	2	3	4	5	6	7	8	9	10	11	12	13	14	15
인접수	7	6	5	4	3	2	1	0	3	2	1	0	1	0	0	1
	11	10	9	8	9	8	8	9	5	4	4	5	2	3	3	2
	13	12	12	13	10	11	11	10	6	7	7	6	7	6	5	4
	14	15	15	14	15	14	13	12	15	14	13	12	11	10	9	8

[표 4.2]

0의 인접수 7, 11, 13, 14를 0의 상하좌우에 배치하는데 3가지 방법이 있다.(회전하거나 뒤집어서 일치하는 것은 동일한 것으로 본다.)

이 중에서 최초의 것을 예로 설명하자. 7과 13의 공통인 인접수 10을 왼쪽 위에 써넣는다. 마찬가지 방법으로 7과 14의 공통인 인접수 9를 오른쪽 위에 써넣는다. 이 작업을 되풀이하면 평면상의 모든 칸이 채워진다. 그 중 어느 곳에서나 4×4를 잘라내면 4차 마방진이 된다.

	7	
13	0	14
	11	

	7	
11	0	14
	13	

	7	
11	0	13
	14	

1	12	2	15	1	12	2
10	7	9	4	10	7	9
13	0	14	3	13	0	14
6	11	5	8	6	11	5
1	12	2	15	1	12	2
10	7	9	4	10	7	9
13	0	14	3	13	0	14

[그림 4.9]

(3) 방법 3

두 개의 보조 방진을 이용해서 짝수차(n차) 마방진을 만드는 방법을 알아보자.

■ $n = 4m$(4의 배수)일 때

처음 1부터 4까지를 제1행에 쓰고 제2행째는 반대순서로 1~4까지 쓴다. 제3행째는 역순으로, 제4행째는 순서대로 열거하여 되풀이한다. 이렇게 해서 만들어진 보조 방진 A의 행과 열을 바꾼 다음 각 수 i를 $n(i-1)$로 변환한 보조 방진 B를 만든다. 각 칸마다 보조 방진 A의 수와 보조 방진 B의 수를 합친 방진을 만든다. 이것이 구하는 4차 방진이다.

1	2	3	4
4	3	2	1
4	3	2	1
1	2	3	4

보조 방진 A

0	12	12	0
4	8	8	4
8	4	4	8
12	0	0	12

보조 방진 B

1	14	15	4
8	11	10	5
12	7	6	9
13	2	3	16

4차 마방진

■ $n=4m+2$일 때

1	2	3	4	5	6
6	5	4	3	2	1
1	2	3	4	5	6
1	2	3	4	5	6
6	5	4	3	2	1
1	2	3	4	5	6

A

1	⑤	3	4	②	6
6	5	4	3	2	1
⑥	2	④	③	5	①
1	2	④	③	5	6
6	5	③	④	2	1
1	2	3	4	5	6

B

0	30	0	30	30	0
6	24	6	6	24	24
12	12	18	18	18	12
18	18	12	12	12	18
24	6	24	24	6	6
30	0	30	0	0	30

C

1	35	3	34	32	6
12	29	10	9	26	25
18	14	22	21	23	13
19	20	16	15	17	24
30	11	27	28	8	7
31	2	33	4	5	36

6차 마방진

제1행에 1부터 n까지의 수를 순서대로 열거한다. 제2행은 역순으로 열거해서 이를 되풀이한다. 절반의 행($2m+1$ 행)까지 채웠을 때 그 이후는 이와 같이 대칭으로 채워 나간다. 이렇게 해서 만든 보조방진은 열의 합이 일정하지 않으므로 몇 개의 행에서 합이 $4m+3$이 되는 두 수를 적당히 교환해서 보조 방진 B를 만든다. 다음은 앞에서와 마찬가지 방법으로 보조 방진 C를 만들어 2개의 보조 방진 B, C의 칸의 수를 더해서 마방진을 구한다.

4.3 여러 종류의 마방진

■ 행과 열들의 곱이 같은 마방진

우선 합이 일정한 3차 마방진을 구한다. 그런 다음에 이들 각 숫자들을 2나 3의 지수로 바꾼다. 이렇게 하면 곱이 일정한 마방진이 만들어진다.

7	0	5
2	4	6
3	8	1

2^7	2^0	2^5
2^2	2^4	2^6
2^3	2^8	2^1

128	1	32
4	16	64
8	256	2

■ 입체 마방진(magic cubic)

이 마방진은 정육면체의 가로, 세로, 높이를 모두 삼등분하여 상하좌우로 회전할 수 있도록 만들었으며 각각 다른 색을 칠하였다.

10	24	8
23	7	12
9	11	22

(A)

26	1	15
3	14	25
13	27	2

(B)

6	17	19
16	21	5
20	4	18

(C)

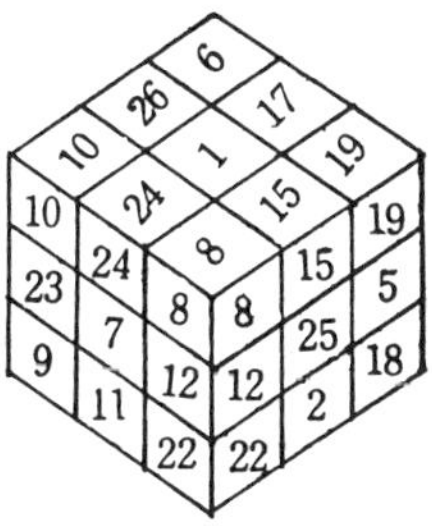

[매직 큐빅]

■ 동심원 마방진

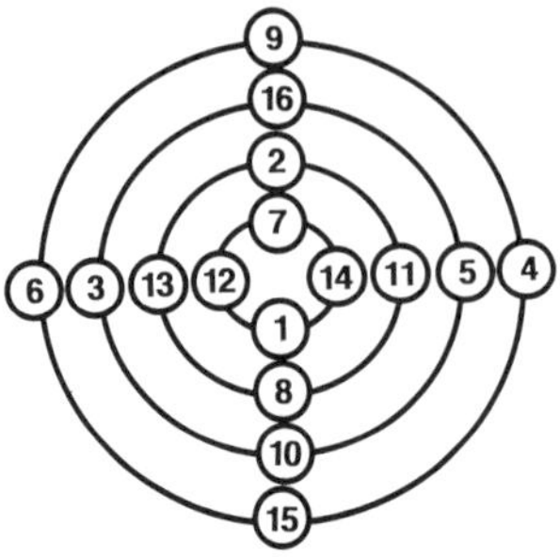
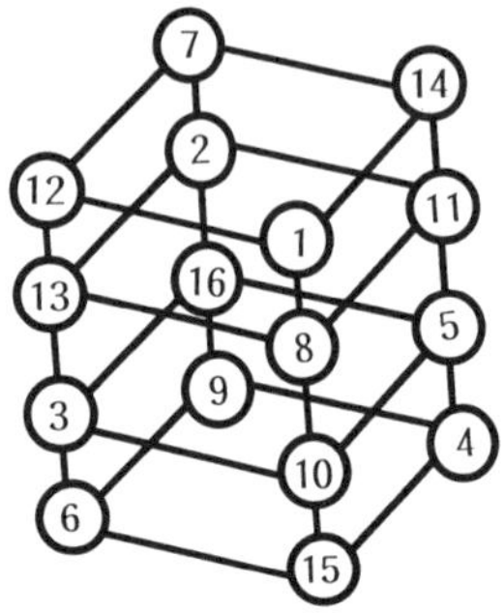

■ 별 마방진

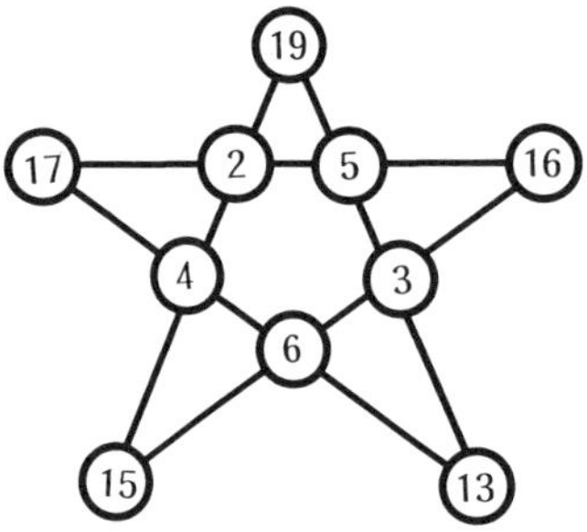
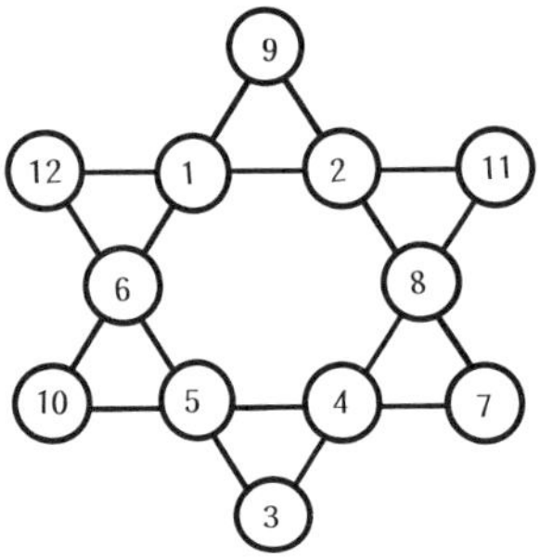

■ 반사 대칭인 마방진

가로, 세로, 대각선, 거울에 비쳐도 그 합이 같은 마방진

8818	1111	8188	1881
8181	1888	8811	1118
1811	8118	1181	8888
1188	8881	1818	8111

96	11	89	68
88	69	91	16
61	86	18	99
19	98	66	81

■ 조선시대의 마방진

조선시대 숙종 때 영의정을 지낸 최석정(崔錫鼎, 1646~1717)은 지금까지 세계에서 유래를 찾아 볼 수 없는 절묘한 마방진을 창안하였다. [그림 4.10]의 마방진은 1부터 81까지의 수를 중복 없이 배열한 것으로 큰 사각형 전체로도 마방진이 될 뿐만 아니라 그 안의 아홉 개의 정사각형도 모두 마방진이 된다. 즉 큰 정사각형의 가로, 세로, 대각선의 수를 각각 모두 합한 수가 각각 369이고 작은 정사각형의 가로, 세로, 대각선의 각각 합은 123이다. 그리고 [그림 4.11]은 1부터 30까지의 정수를 중복 없이 배열하여 6각형을 이루고 있는데 6각형의 수의 합이 각각 93이다.

50	18	55	70	5	48	3	76	44
66	31	26	29	81	13	52	11	60
7	74	42	24	37	62	68	36	19
54	67	2	65	25	33	28	23	72
59	21	43	9	41	73	15	61	47
10	35	78	49	57	17	80	39	4
79	6	38	20	69	34	32	64	27
30	71	22	45	1	77	16	51	56
14	46	63	58	53	12	75	8	40

[그림 4.10]

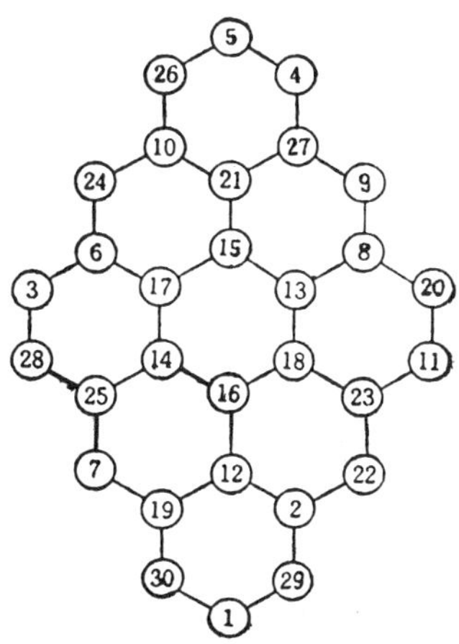

[그림 4.11]

이와 같은 최석정의 마방진은 그가 쓴 수학책《구수략(九數略)》속에 실려 있다. 최석정이 당대 으뜸가는 수학자였다는 사실로 미루어 보아도 이 절묘한 마방진을 만드는데 최소한 등차수열, 정수론 등에 관한 수학적인 지식이 상당히 활용되었던 것으로 믿어진다. 다만 아쉬운 것은 답만 기재되어 있고 풀이과정이 없으므로 최석정이 어떤 방법으로 마방진을 만들었는지 알 수가 없다.

4.4 과학에 이용되는 마방진

마방진은 오늘날 단지 흥미 거리로서만 아니라 과학에서도 중요한 역할을 담당하고 있다. 라틴 마방진이라는 이름의 마방진을 사용하여 농업에서 생산성을 조사하는데 적지 않은 효과를 본 적이 있다. 그것은 영국의 피셔(Ronald A. Fisher, 1890~1962)라는 학자가 이용한 재미있고 편리한 방법이다.

[그림 4.12]의 (a), (b)는 2개의 라틴 마방진이다. 즉 (a), (b) 2개의 마방진은 1부터 4까지의 숫자를 이용해서 가로, 세로가 10이 되게 만들어져 있다. [그림 4.12]와 같은 것을 특히 그리스-라틴 마방진이라고 하는데 이것은 [그림 4.12]의 2개의 라틴 마방진 (a)와 (b)를 결합한 점이 특징이다.

1	2	3	4
2	1	4	3
3	4	1	2
4	3	2	1

(a)

1	2	3	4
3	4	1	2
4	3	2	1
2	1	4	3

(b)

11	22	33	44
23	14	41	32
34	43	12	21
42	31	24	13

[그림 4.12]

다시 말해서 이들 2개의 마방진의 같은 자리에 들어 있는 숫자끼리 묶어서 새로운 마방진을 만든 것이다. 가령 23이라는 숫자는 (a)의 2와 (b)의 3을 배열한 것이다. 피셔는 토질이 일정하지 않는 밭에다 4종류의 밀 1, 2, 3, 4를 뿌리고, 여기에 4종류의 비료 1, 2, 3, 4를 (b)표에 따라 주도록 했다. 이 방법은 토질이 일정하지 않은 땅에서 4종류의 밀이 서로 다른 4종류의 비료를 주었을 때 어떻게 자라는가를 통계 분석하는 이상적인 방법이 된 것이다. 예를 들어 23이라는 숫자는 2라는 밀에다 3이라는 비료를 준 것을 의미한다. 즉 어느 샘플에 번호를 부여하는데 긴요하게 쓰인다.

이런 것 외에도 요즈음은 원자로에서 조사하는 원료를 마방진에 따라 배열해서 실험 결과를 관찰하고 있다. 또한 오늘날 이 마방진은 여러 가지 결합 방법을 조사하기 위해서 크게 이용되고 있다. 시장조사, 심리테스트 등 앞으로 이용도가 더욱 많아질 것이다.

이와 같이 마방진이 처음에는 미신으로 출발하여 나중에는 유희의 일종이 되었다가 지금은 과학에도 유용한 구실을 하고 있다. 이처럼 수리적인 지식은 처음에는 별로 의미가 없는 것처럼 보이기도 하지만 언젠가는 반드시 그 쓰임새가 생기기 마련이다.

문제 1 다음 빈칸의 한 행이나 한 열에 1부터 9까지를 단 한 번씩만 사용하여 채우는데 각 행과 각 열의 합(1+2+⋯+9)이 같고 또 작은 9개의 정사각형(3×3)들도 마방진이 되도록 하여라.

	6		1		4		5	
		8	3		5	6		
2								1
8			4		7			6
		6				3		
7			9		1			4
5								2
		7	2		6	9		
	4		5		8		7	

[그림 4.13]

4.5 아름다운 수의 배열

피타고라스는 1은 점, 2는 선, 3은 면(삼각형), 4는 입체(사면체)를 나타내고 이들을 종합으로 아름다운 정삼각형 모양의 수 10이 우주를 표현하고 있다고 생각했다. 이렇게 수를 배열하는데 모양에 따라 이름을 달리 삼각수, 사각수, 오각수, 육각수 등으로 부르기도 하였으며 삼각추수, 사각추수 등 여러 가지 이름의 수 배열도 있다. 여기에서는 간단히 몇 가지에 대하여 소개만 하고 그 규칙성 등에 대하여는 각자 공부하기로 하자.

1. 도형수

(1) 삼각수

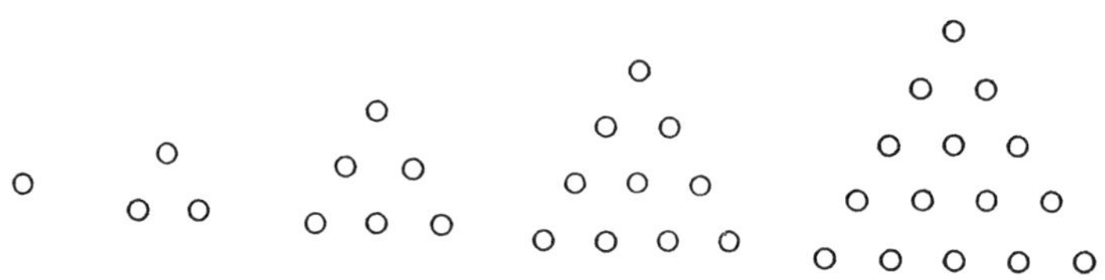

1 3 6 10 15

(2) 사각수

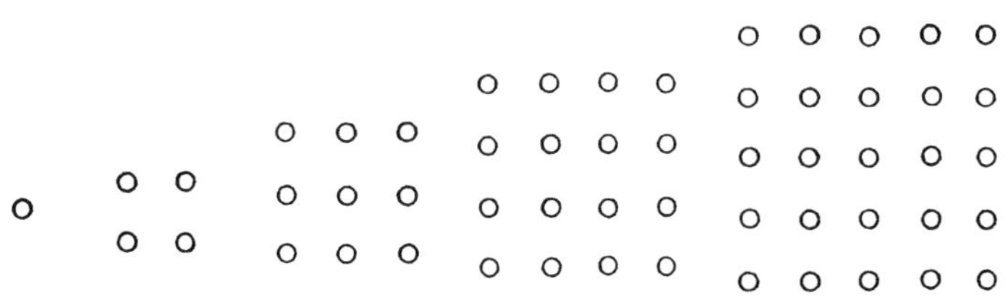

1 4 9 16 25

(3) 직사각수

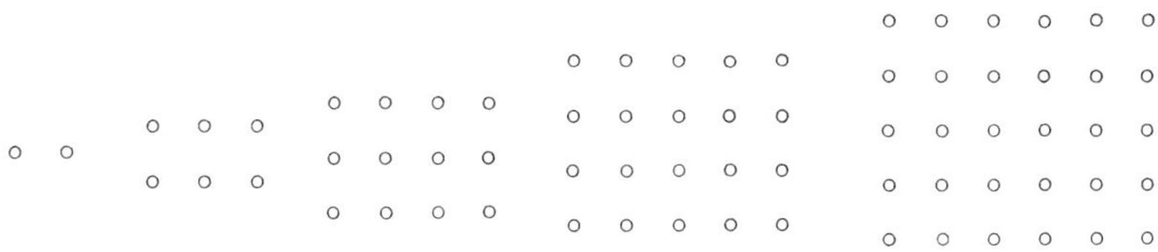

2　　6　　12　　20　　30

(4) 오각수

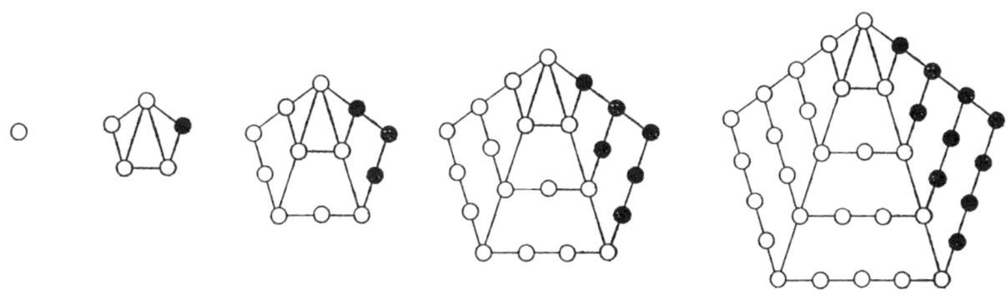

1　　5　　12　　22　　35

(5) 육각수

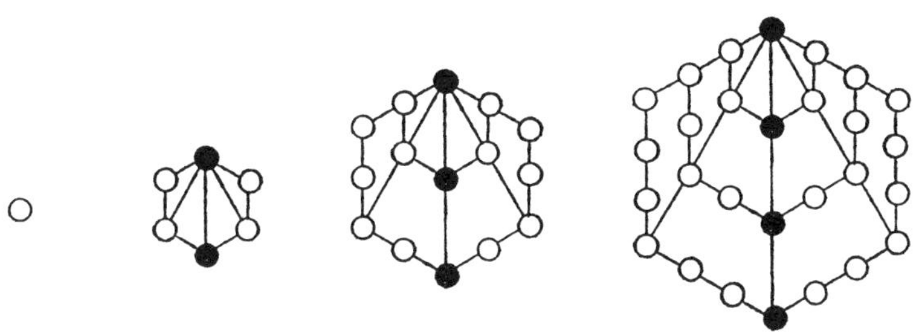

1　　6　　28　　45

(6) 삼각추수

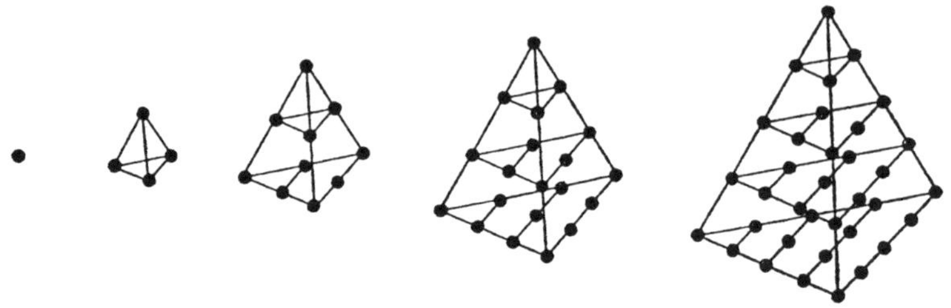

1 4 10 20 35

(7) 사각추수

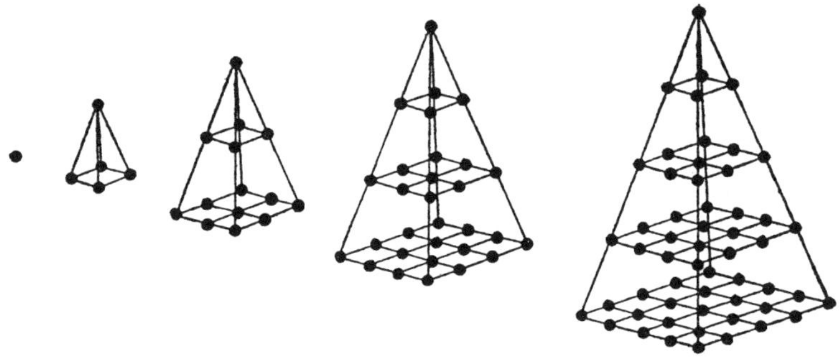

1 5 14 30 55

2. 숫자 디자인

수를 잘 배열하고 여러 가지 방법으로 더하고 곱하여 몇 가지 아름다운 모양을 만들어보자.

디자인 1.

$$
\begin{array}{rcl}
1 \times 1 & = & 1 \\
11 \times 11 & = & 121 \\
111 \times 111 & = & 12321 \\
1111 \times 1111 & = & 1234321 \\
11111 \times 11111 & = & 123454321 \\
111111 \times 111111 & = & 12345654321 \\
1111111 \times 1111111 & = & 1234567654321 \\
11111111 \times 11111111 & = & 123456787654321 \\
111111111 \times 111111111 & = & 12345678987654321
\end{array}
$$

디자인 2.

$$
\begin{array}{r}
0 \times 9 + 1 = 1 \\
1 \times 9 + 2 = 11 \\
12 \times 9 + 3 = 111 \\
123 \times 9 + 4 = 1111 \\
1234 \times 9 + 5 = 11111 \\
12345 \times 9 + 6 = 111111 \\
123456 \times 9 + 7 = 1111111 \\
1234567 \times 9 + 8 = 11111111 \\
12345678 \times 9 + 9 = 111111111 \\
123456789 \times 9 + 10 = 1111111111
\end{array}
$$

$$
\begin{array}{r}
9 \times 9 + 7 = 88 \\
98 \times 9 + 6 = 888 \\
987 \times 9 + 5 = 8888 \\
9876 \times 9 + 4 = 88888 \\
98765 \times 9 + 3 = 888888 \\
987654 \times 9 + 2 = 8888888 \\
9876543 \times 9 + 1 = 88888888 \\
98765432 \times 9 + 0 = 888888888
\end{array}
$$

$$
\begin{array}{l}
123456789 \times 1 \times 9 + 10 = 1111111111 \\
123456789 \times 2 \times 9 + 20 = 2222222222 \\
123456789 \times 3 \times 9 + 30 = 3333333333 \\
123456789 \times 4 \times 9 + 40 = 4444444444 \\
123456789 \times 5 \times 9 + 50 = 5555555555 \\
123456789 \times 6 \times 9 + 60 = 6666666666 \\
123456789 \times 7 \times 9 + 70 = 7777777777 \\
123456789 \times 8 \times 9 + 80 = 8888888888 \\
123456789 \times 9 \times 9 + 90 = 9999999999
\end{array}
$$

$$
\begin{array}{r}
1 \times 9 + 1 \times 2 = 11 \\
12 \times 18 + 2 \times 3 = 222 \\
123 \times 27 + 3 \times 4 = 3333 \\
1234 \times 36 + 4 \times 5 = 44444 \\
12345 \times 45 + 5 \times 6 = 555555 \\
123456 \times 54 + 6 \times 7 = 6666666 \\
1234567 \times 63 + 7 \times 8 = 77777777 \\
12345678 \times 72 + 8 \times 9 = 888888888 \\
123456789 \times 81 + 9 \times 10 = 9999999999
\end{array}
$$

디자인 3.

1에서 9까지의 수를 작은 것 또는 큰 것부터 차례로 나열하여 적당한 구간에 +, −의 기호를 넣어 그 계산 결과가 꼭 100이 되게 해보자.

$123-45-67+89=100$

$123+4-5+67-89=100$

$123+45-67+8-9=100$

$123-4-5-6-7+8-9=100$

$12-3-4+5-6+7+89=100$

$12+3+4+5-6-7+89=100$

$98-76+54+3+21=100$

$98-7-6-5-4+3+21=100$

$98-7+6+5+4-3-2-1=100$

$98+7-6+5-4+3-2-1=100$

$98+7+6-5-4-3+2-1=100$

$98+7-6+5-4-3+2+1=100$

$98-7+6+5-4+3-2+1=100$

$98-7+6-5+4+3+2-1=100$

$98+7-6-5+4+3-2+1=100$

$12+3-4+5+67+8+9=100$

$1+23-4+5+6+78-9=100$

$1+2+34-5+67-8+9=100$

$1+23-4+56+7+8+9=100$

$1+2+3-4+5+6+78+9=100$

$-1+2-3+4+5+6+78+9=100$

$98-7-6+5+4+3+2+1=100$

$9-8+76+54-32+1=100$

$9-8+7+65-4+32-1=100$

$9-8+76-5+4+3+21=100$

$9+8+76+5-4-3+2-1=100$

$9+8+76+5-4+3+2+1=100$

$-9+8+76+5-4+3-21=100$

$-9+8+7+65-4+32+1=100$

$-9+8+76-5+43+2+1=100$

1에서 9까지의 수를 한 번씩 사용하여 100이 되는 대분수를 만드는데 숫자 나열의 순서는 아무래도 좋다. 옛날부터 많은 사람들이 이 문제에 도전했지만 지금까지 다음 11종류만이 성공하였다.

$$96\frac{2148}{537} \quad 96\frac{1752}{438} \quad 96\frac{1428}{357} \quad 91\frac{5742}{638} \quad 82\frac{3546}{197} \quad 81\frac{7524}{396}$$

$$94\frac{1578}{263} \quad 91\frac{7524}{836} \quad 91\frac{5823}{647} \quad 81\frac{5643}{297} \quad 3\frac{69258}{714}$$

다음 몇 가지 아름다운 수의 피라미드를 소개한다.

$$\begin{aligned}
1 &= 1\times1\\
1+2+1 &= 2\times2\\
1+2+3+2+1 &= 3\times3\\
1+2+3+4+3+2+1 &= 4\times4\\
1+2+3+4+5+4+3+2+1 &= 5\times5\\
1+2+3+4+5+6+5+4+3+2+1 &= 6\times6\\
1+2+3+4+5+6+7+6+5+4+3+2+1 &= 7\times7\\
1+2+3+4+5+6+7+8+7+6+5+4+3+2+1 &= 8\times8\\
1+2+3+4+5+6+7+8+9+8+7+6+5+4+3+2+1 &= 9\times9
\end{aligned}$$

$$\begin{aligned}
1 \times 8 + 1 &= 9 \\
12 \times 8 + 2 &= 98 \\
123 \times 8 + 3 &= 987 \\
1234 \times 8 + 4 &= 9876 \\
12345 \times 8 + 5 &= 98765 \\
123456 \times 8 + 6 &= 987654 \\
1234567 \times 8 + 7 &= 9876543 \\
12345678 \times 8 + 8 &= 98765432 \\
123456789 \times 8 + 9 &= 987654321
\end{aligned}$$

$$\begin{aligned}
1 = 1 &= 1^2 \\
1+3 = 4 &= 2^2 \\
1+3+5 = 9 &= 3^2 \\
1+3+5+7 = 16 &= 4^2 \\
1+3+5+7+9 = 25 &= 5^2 \\
1+3+5+7+9+11 = 36 &= 6^2 \\
1+3+5+7+9+11+13 = 49 &= 7^2 \\
1+3+5+7+9+11+13+15 = 64 &= 8^2 \\
1+3+5+7+9+11+13+15+17 = 81 &= 9^2
\end{aligned}$$

3으로 하는 계산

$$\begin{aligned}
3 \times 9 + 6 &= 33 \\
33 \times 99 + 66 &= 3333 \\
333 \times 999 + 666 &= 333333 \\
3333 \times 9999 + 6666 &= 33333333 \\
33333 \times 99999 + 66666 &= 3333333333
\end{aligned}$$

보기 1

다음은 3이 4개씩 나열되어 있다. □에 +, −, ×, ÷의 기호를 적당히 넣어 다음이 성립하도록 하여라.

3 □ 3 □ 3 □ 3 = 1　　3 □ 3 □ 3 □ 3 = 2

3 □ 3 □ 3 □ 3 = 3　　3 □ 3 □ 3 □ 3 = 4

3 □ 3 □ 3 □ 3 = 5　　3 □ 3 □ 3 □ 3 = 6

$3 \square 3 \square 3 \square 3 = 7 \qquad 3 \square 3 \square 3 \square 3 = 8$

$3 \square 3 \square 3 \square 3 = 9 \qquad 3 \square 3 \square 3 \square 3 = 10$

보기 2

자동차의 번호판 네 자리 숫자 2348을 +, −, ×, ÷, ( ), 순서 바꿈을 사용하여 1부터 10까지의 수를 만들어보자.

4.6 수학이론을 응용한 미

1. 수의 배열에서 찾아 본 미

눈에 보이지는 않지만 수의 어떤 배열은 아름다움을 내포하고 있다. 수의 배열 261.6, 293.7, 329.6, 349.2, 392.0, 440.0, 493.9, 523.3은 그 차이를 계산하여 보면 32.1, 35.9, 19.6, 42.8, 48.0, 53.9, 29.4도 아무런 규칙성을 발견할 수가 없다. 그러나 각 수들의 비를 계산하여 보면

$$\frac{293.7}{261.6} \fallingdotseq 1.122, \quad \frac{329.6}{293.7} \fallingdotseq 1.122, \quad \frac{349.2}{329.6} \fallingdotseq 1.059, \quad \frac{392.0}{349.2} \fallingdotseq 1.122,$$

$$\frac{440.0}{392.0} \fallingdotseq 1.122, \quad \frac{493.9}{444.0} \fallingdotseq 1.122, \quad \frac{523.3}{493.9} \fallingdotseq 1.059$$

으로 $a = 261.6$, $r = 1.059$라 놓으면 위의 수의 배열은 a, ar^2, ar^4, ar^5, ar^7, ar^9, ar^{11}, ar^{12}이 됨을 알 수 있다.

그런데 이 수의 배열은 음악에서 나오는 음정 도, 레, 미, 파, 솔, 라, 시, 도의 4 옥타브 주파수를 나타내고 있음을 알 수 있고, 이 음정의 주파수는 등비수열을 이룸을 알 수 있다.

2. 음계와 수학이론

피타고라스가 대장간 앞을 지나다가 쇠를 치는 소리를 들었다. 그는 무심히 지나치지 않고 쇠를 치는 소리와 공기의 진동수와의 사이에 깊은 관계가 있음을 알게 되었고 이것을 근거로 하여 '음(音)과 수(數)' 사이의 관계를 연구하게 되었다.

그 당시 가장 중요한 악기인 하프의 줄을 튕겨보고 처음 튕긴 줄의 길이를 $\frac{2}{3}$로 줄인 다음 튕겼을 때의 소리는 처음 경우보다 4음 높은 소리가 나온다는 것을 알게 되었다. 즉, 처음 소리가 '도'의 소리였다면 $\frac{2}{3}$로 줄인 후의 소리는 '도'음보다 4음 높은 '솔'의 소리가 나게 되고 '도'와 '솔'은 잘 어울리는 조화음이라는 것을 알게 되었다. 역으로 현의 길이를 $\frac{3}{2}$으로 늘이면 4음 낮은 음을 얻을 수 있음을 알게 되었다. 그는 또 '도'의 음을 내는 현의 길이를 $\frac{1}{2}$로 줄였을 때 '도'보다 한 옥타브 높은 '도'의 소리가 나고 역의 경우 현의 길이를 2배로 하면 한 옥타브 낮은 '도'의 소리를 얻게 된다는 사실을 알게 되었다.

이와 같은 사실을 건반 위에 나타내 보면 다음과 같다.

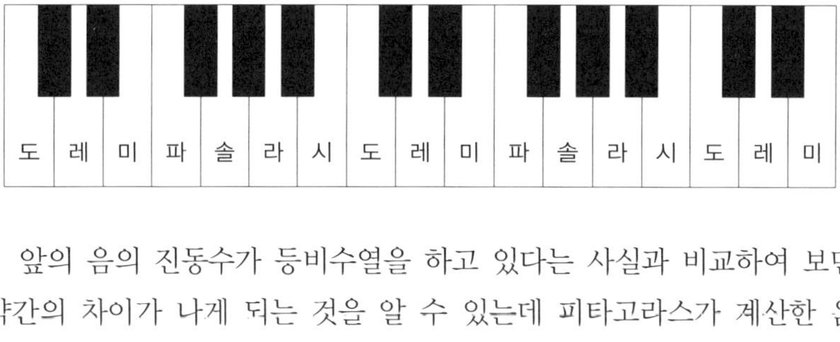

앞의 음의 진동수가 등비수열을 하고 있다는 사실과 비교하여 보면 약간의 차이가 나게 되는 것을 알 수 있는데 피타고라스가 계산한 음계의 진동수는 유리수 값으로 표시되어 있으나 사실은 무리수 값임을 알 수 있다. 왜냐하면 바흐가 만든 음계의 평균율이란 1옥타브 낮은 '도'와 높은 '도' 사이를 12개의 반음으로 나누고, 낮은 '도'의 진동수

를 1이라 할 때, 그 값에 일정한 수의 제곱을 하여 ‘레’를 얻고, 또 ‘레’의 진동수에 그 수의 제곱을 곱하여 ‘미’를 얻고, ‘미’와 ‘파’는 반음 사이이므로 ‘미’의 값에 그 수를 곱하여 ‘파’를 얻고 …, 높은 ‘도’는 낮은 도의 값에 일정한 그 수의 12제곱을 곱하여 얻게 된다. 수학적으로 낮은 ‘도’의 진동수를 1이라 하면 높은 ‘도’의 진동수는 $1 \cdot x^{12}$식으로부터 약 1.059인 공비를 얻는다.

3. 황금비와 버르토크 음악

황금비나 황금분할에 대하여는 다음에 공부할 것이다. 헝가리 음악가 버르토크(Bartók, 1881~1945)는 악곡의 클라이맥스를 곡의 황금분할 지점에 위치하도록 작곡함으로써 황금분할의 원리를 음악에 응용하였다. 그리고 황금분할은 리듬결합에서도 찾아볼 수 있는데, 4/4박자 한 마디가 4개의 8분 음표로 분할되는 2-2-2-2의 정상적인 분할 대신 3-2-3, 2-3-3, 3-3-2 등으로 분할한 것이다.

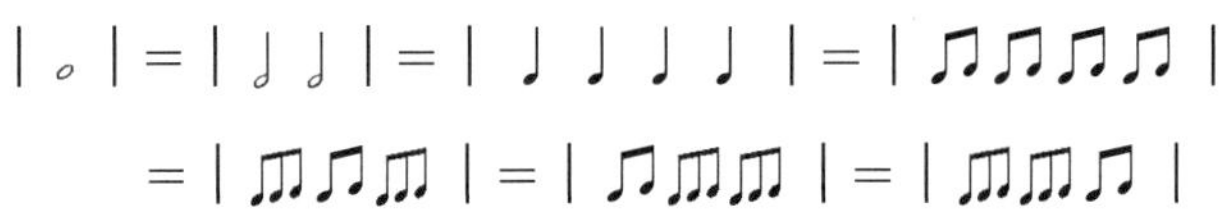

황금비 0.618…은 대략 $\frac{2}{3}$, $\frac{3}{5}$, $\frac{5}{8}$ 등의 비 값으로도 표현될 수 있는데 버르토크의 리듬 결합에서 쉽게 찾아볼 수 있다.

위대한 수학자 아르키메데스

로마 장군 마르켈루스(Marcellus)가 시러큐스를 공격했을 때 아르키메데스(Archimedes, 287~ 212 B.C.)는 시러큐스의 방어를 위하여 고안한 여러 가지 훌륭한 장치를 고려하였다. 그 중 하나는 적의 배가 도시 성곽에 가까이 접근했을 때 배에 무거운 돌을 던지는 투석기인데 그것은 사정거리를 조정할 수도 있고 이동 발사장치도 갖고 있었다. 또 그는 적의 배를 물에서 끌어올리게 할 수 있는 기중기도 만들었으며 적의 배를 불태우기 위해 커다란 볼록렌즈를 사용했다는 이야기도 있다. 한편 많은 사람들이 달라붙어야 간신히 끌어올릴 수 있는 커다란 배를 합성 도르래 장치를 이용하여 혼자서 간단히 끌어올린 후 다음과 같이 외쳤다고 한다.

"나에게 서 있을 자리를 다오. 그러면 지구를 움직여 보일 것이다."

아르키메데스는 집중력이 너무 대단하여 한 문제에 몰두하면 주위에 대하여 망각했다는 이야기도 있다. 한 예로 히에론 왕의 왕관과 수상쩍은 금세공에 대한 유명한 일화가 있다. 그 이야기는 다음과 같다. 히에론 왕이 금세공인에게 명령해서 금으로 왕관을 만들게 했는데 금세공인이 왕관을 만들어 가져왔을 때 히에론 왕은 그가 다소의 금을 빼돌리고 대신 은을 사용하여 왕관을 만들지 않았을까 의심하였다. 그래서 그는 아르키메데스와 이 문제를 상의하고 아르키메데스는 이 문제를 골똘히 생각하다. 어느 날 공중목욕탕에서 정수역학의 제1법칙(부력에 관한 법칙: 한 물체가 어떤 액체 속에 잠길 때 그것은 흘러나온 액체의 무게와 똑같은 힘으로 떠오른다)을 생각해냈다. 아르키메데스는 이것을 발견하고 너무나 흥분한 나머지 자신이 발가벗었다는 것도 잊은 채 "Eureka, eureka!(알아냈다, 알아냈어!)"라고 외치면서 거리를 달렸다고 한다. 그 즉시 그는 저울의 한쪽 접시 위에서 왕관을 놓고 또 다른 접시 위에서 똑같은 무게의 금을 얹어놓은 다음 물속으로 집어넣었다. 그러자 왕관을 담은 접시가 위로 떠올랐고 그래서 왕관 속에 금보다 밀도가 작은 어떤 이물질이 들어있다는 것을 보였다고 한다.

아르키메데스는 기하학을 연구할 때 대부분의 그림을 난로의 재나 목욕 후에 바르는 기름을 자기의 몸에 바른 후 그 위에다가 그렸다고 한다. 그의 최후는 로마가 시러큐스를 약탈하고 있을 때 맞이하게 된다. 그가 모래쟁반에 그림을 그려놓고 몰두하고 있었을 때 한 로마병사가 그의 앞으로 다가왔다. 그러자 아르키메데스가 병사에게 "나의 그림을 밟지 마오!"라고 외쳤는데, 이에 격분한 병사가 이 위대한 노인을 창으로 찌르고 말았다고 한다.

제 5 장

자연 속 아름다운 수학

5.1 피보나치 수열

이탈리아의 수학자 피보나치가 남긴 책에는 다음과 같은 문제가 나온다. 만일 한 쌍의 토끼가 매달 한 쌍씩의 새끼를 낳고 태어난 한 쌍의 토끼는 다음다음 달, 즉 생후 2개월째부터 한 쌍씩의 새끼를 낳는다고 하면 한 쌍의 토끼로부터 1년(12개월) 후에는 합계 몇 쌍의 토끼가 될까? 단, 태어난 모든 한 쌍의 토끼는 생후 2개월이 되면 한 쌍의 새끼를 낳고 계속해서 매달 한 쌍씩의 새끼를 낳으며 토끼는 죽지 않은 것으로 한다.

매달 토끼의 쌍을 구하면,

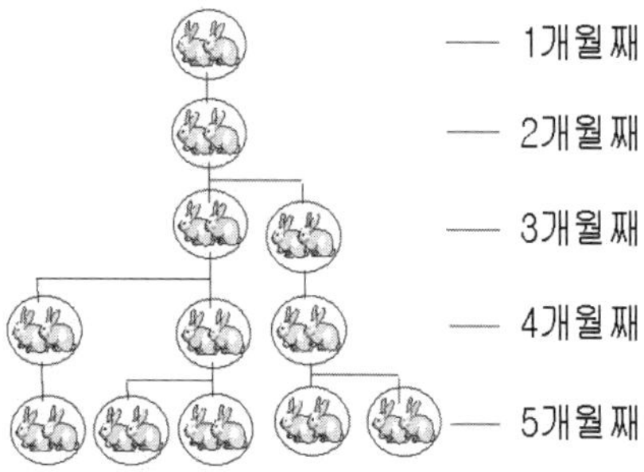

1, 1, 2, 3, 5, 8, 13, 21, 34, 55, ···

와 같이 되는데 이를 피보나치수열이라 한다. 이 수열(數列)에는 연속한 두 항의 합이 다음 항이 되는 규칙이 있는데 이 피보나치수열의 일반항을 a_n이라고 하면

$$a_n + a_{n+1} = a_{n+2} \quad (n = 0, 1, 2, 3, \cdots)$$

와 같이 쓸 수 있다. 이 식으로부터 일반항 a_n을 구하는 문제는 생략한다. 이것은 아마도 미래의 인구수를 추정하기 위하여 피보나치가 고

안한 문제일 것이다. 이 피보나치수열의 이웃한 두 항의 수의 비는 황금비로 수렴한다.

우리의 생활 주변을 살펴보면 여러 가지 현상에서 신비스러운 규칙성을 보게 된다. 피아노 건반은 하얀 건반 8개와 검은 건반 5개로 기본 13옥타브로 구성되어 있다. 건반들은 2개, 3개가 나란히 붙어 있고 배열은 2, 3, 5, 8, 13 등 피보나치수열을 이루고 있음을 알 수 있다. 그리고 피보나치 수 1, 1, 2, 3, 5, 8, 13, … 등을 한 변으로 하는 정사각형을 그린 다음 곡선으로 연결하면 [그림 5.1]과 같은 나선형 곡선을 얻을 수 있다.

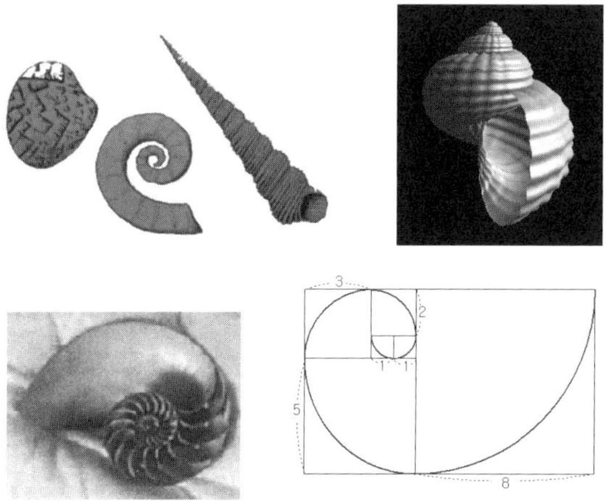

[그림 5.1]

1. 잎차례와 피보나치수열

나무줄기에서 돋아나는 잎의 배열방식을 잎차례(葉序, Phyllotaxis)라고도 한다. 잎차례는 크게 두 가지 형태가 있는데 하나는 어긋나기(互生)이며, 다른 하나는 돌려나기(輪生)로서 특히 2장씩 나는 돌려나기를 마주나기(對生)라 한다. 어긋나기는 줄기의 각 마디에 잎이 한 장씩 나선형으로 돋기 때문에 '나선잎차례'라 하며 마주나기는 2장씩 잎이 돌려나는 십자 마주나기, 3장씩 돌려나는 3돌려나기, 4장씩 나는 4돌려나기, 여러 돌려나기 등이 있다.

이런 잎차례들의 규칙을 수학적으로 고찰해보면 흥미로운 결과를 얻을 수 있다. 어긋나기의 나선잎차례에서 계속해서 난 2장의 잎들은 일정한 각도를 이루는데 이 각도를 개도(開度)라 한다. 나선잎차례에서는 아래서부터 각 잎이 나는 부착점들을 차례로 연결하면 나선이 그려지는데 이 나선을 기초나선이라 한다. 첫째 잎부터 a번 회전하는 기초나선 위에 n장의 잎이 같은 간격으로 더 나 있어서 $n+1$번째 잎이 첫째 잎 바로 위에 나 있으면 나선잎차례를 a/n 잎차례라 하며 이 경우 개도는 $360a/n$이다. 예를 들어보면 장미속(束)식물에서는 2번 도는 기초나선 위에 5장의 잎이 더 나 있으므로 잎차례는 2/5잎차례이고 개도는 360×2/5=144도이다.

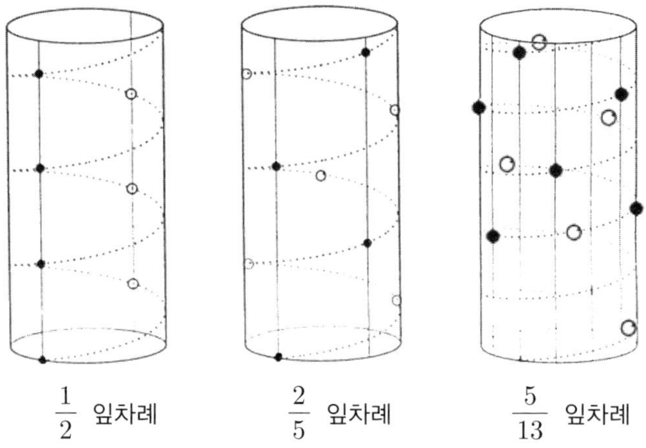

$\frac{1}{2}$ 잎차례 $\frac{2}{5}$ 잎차례 $\frac{5}{13}$ 잎차례

[그림 5.2] 나선 잎차례

보기 |

다음 그림에 나타난 식물들의 잎차례와 개도를 구하시오.

[그림 5.3]

그런데 자연 속에서는 일반적으로 어떠한 잎차례라도 모두 허용하지 않고 다음과 같은 형태만 존재함을 알 수 있다. 나선잎차례에는 이 수열의 각 항에 $n=2$인 경우에 해당하는 수열, 즉 1/2, 1/3, 2/5, 3/8, …인 것이 가장 흔하다. 이 수열을 살펴보면 앞의 두 항의 분모의 합을 분모로 하고, 분자의 합을 분자로 하는 피보나치수열과 유사한 관계가 성립하며 개도를 계산하여 보면 극한 개도 137도 30분에 가까워진다. 황금비 ϕ 값 0.618034…을 각도로 바꾸면 $0.618034\times360=222.92\cdots$도인데 시계반대방향의 각이라면 시계방향의 각 137.0776 $(360-222.92)$과 같다. 즉, 시계반대방향으로 222.92도마다 잎이 난다는 것과 시계방향으로 137.0776도마다 잎이 난다는 말은 같은 말이다.

지금 피보나치수열과 나선잎차례를 구체적으로 비교하여 보자.

나선잎차례　1/2, 1/3, 2/5, 3/8, 5/13, …
피보나치 수　1/1, 1/2, 2/3, 3/5, 5/8, 8/13, …

1/1을 빼고 두 수열을 비교하여보면 각 대응하는 항들의 두 수의 합이 1이라는 것을 알 수 있다. 이것은 137도와 222도가 서로 보각 관계에 있는 것과 같은 다른 표현이다. 나선잎차례의 방향을 바꾸면 피보나치수열과 같다. 즉, 피보나치수열을 자연에 적용하는 하나의 예이다.

보기 2

다음 그림의 식물들에 대한 개도를 나타낸 것이다.

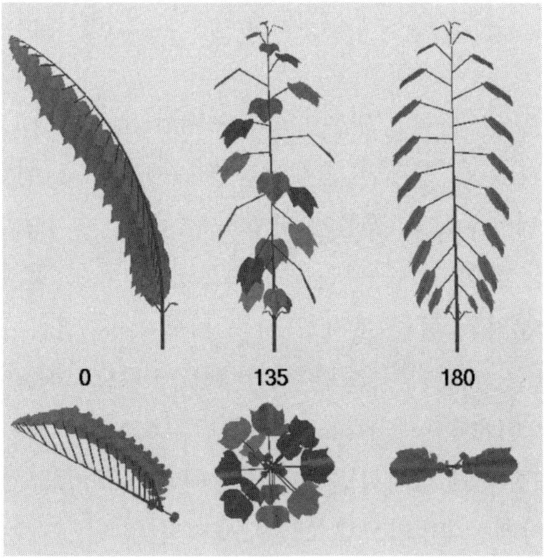

[그림 5.4]

5.2 잎차례는 왜 피보나치수열을 하고 있을까?

그렇다면 왜 잎차례는 피보나치수열을 하고 있을까? 라는 의문이 생긴다. 만약 a/n(a 회 회전당 n 장의 잎이 돋음)이 1/2(0.5)이라 하면 세 번째 잎의 위치는 첫 번째 잎의 위치와 정사영이 같다. 이렇게 되면 상단의 잎의 그늘이 하단의 잎을 가려 많은 햇볕을 받아야 하는 식물에게는 비효율적이다. 그러면 잎차례의 값이 0.6인 경우를 살펴보자. 0.6=3/5이고 여섯 번째 잎이 처음 잎의 위치와 정사영이 같아진다. 그러므로 앞의 0.5보다는 조금 더 효율적이지만 최적상태는 아니다. 이와 같이 잎차례의 값을 여러 가지로 바꿔 효율성을 높일 수 있다. 그러나 이 값이 유리수(분수)이면 최대공약수가 존재하고 그 값에서 원위치와 겹친다. 따라서 잎차례를 유리수로 나타낼 수 없는 수, 즉 무리수의 값을 갖는 것이 가장 효율적인 배치이다. 결론부터 말하자면 그 무리수가 황금비 값인 ϕ (0.6180⋯)이다. 그 수학적인 이유에 대하여는 너무 수학적이므로 여기서는 생략한다.

다음은 식물과 잎차례에 관하여 관심이 많은 분들을 위하여 잎차례에 따라 몇 가지 식물을 분류해본 것이다.

잎차례	해당식물
2/3	초본과 식물(곡류, 갈대, 대나무, 등), 느릅나무
1/3	초본과 식물, 검은 딸기, 너도밤나무, 개암나무
2/5	겨자, 개쑥갓, 장미과 식물, 오크, 후추, 포플라, 사과, 가시나무, 자두, 체리, 살구
3/8	등대풀, 수양버들, 배나무, 개아카시아
5/13	쇠뜨기, 갯버들, 아몬드

5.3 꽃차례와 피보나치수열

해바라기 꽃 내의 씨앗[큰 꽃 안에 많은 작은 꽃들이 모여서 만들어지는데 이런 종류를 두상화(composite flower)라 하고 이 작은 꽃들의 배열을 꽃차례(inflorescences)라 한다.]은 매우 독특한 방식으로 피보나치수열과 같은 배열을 하고 있다. 해바라기 꽃 내부를 자세히 들여다보면 그 안의 씨앗들의 배열이 두 가지로 달리하고 있음을 알 수 있다. 하나는 시계방향으로 배열되어 있고 다른 하나는 시계반대방향으로 배열되어 있다. 그 배열의 수가 각각 21, 34인 경우가 있는데 두 수의 비는 21/34=0.618이고, 종류에 따라 55, 89, 심지어 89, 144인 경우도 있다. 그러나 두 수가 피보나치수열의 인근 값들임을 알면 매우 흥미롭다.(그림 5.5 참조)

[그림 5.5]

이런 현상은 데이지 꽃에서도 볼 수 있다. 그렇다면 왜 해바라기씨앗들이 피보나치수열을 하고 있을까? 결론부터 말하자면 공간 사용 효용성의 극대화 때문이다. 그 이유를 알아보자.

이것은 동일한 공간에 어떻게 하면 최대의 씨앗을 밀식(密植)시킬 수 있을 것인가 하는 방법에 대한 답이다. 좀 더 살펴보면, 만약 그 비율이 0.618…(무리수)이 아니고 0.5(유리수)라고 하면 1/2가 되어 0.5회전마다 씨앗이 하나(1회전마다 2개)씩 박히게 되어 결국 씨앗이 직선상의 두 방향으로 뻗어가는 결과가 되어 공간 이용상 비효율적이다. 이보다 더 좋은 방식은 나선형으로 뻗어가는 방식으로 씨앗을 더 밀식시킬 수 있고 바람에도 더 잘 견딜 수 있는 형태이다.

0.48인 경우 0.48회전마다 씨앗 하나씩 즉 48/100=12/25이므로 12회전마다 25개의 씨앗을 배열하고 있다. 이 값은 0.5보다 약간 작으므로 지선에서 약간 벗어나 팔랑개비와 같은 나선상의 회돌이가 만들어진다. 그러나 13회전에서는 출발점의 씨앗과 같은 직선상에 놓일 것이다. 이 값보다 약간 작은 0.43의 경우 밀식에는 더 효율적이다.(13은 소수임) 이것은 43회전에서 원점과 동일 직선상으로 놓이기 때문에 앞의 경우보다 더 효율적으로 씨앗을 심을 수 있다.

여기에서도 무리수가 가지는 중요성은 잎차례에서와 같다. 즉, 모든 씨앗이 약간씩 어긋나게 배열되면 그만큼 공간 사용의 효율성을 극대화 할 수 있다. 그러나 실제 자연은 단위(개)로 전개되므로 자연수의 꼴로 나타나면서 무리수의 형태로 접근해 가는 수의 배열이 가장 좋다. 그 수 배열이 바로 무리수 ϕ를 생성하는 피보나치수열밖에 없다. 씨앗의 배열이 바로 피보나치수열을 취하는 이유이다.

5.4 열매에 나타난 피보나치수열

솔방울의 포(苞)는 잎들이 좁은 공간 안에 압축되어 변형된 것이다. 잎이 줄기 주위에 나선을 그리듯이 포는 나선을 그리며 배열되어 솔방울을 이루고 있다. 이 솔방울도 자세히 살펴보면 두 종류의 나선배열이 있는데 하나는 우측 하단에서 출발하여 좌측으로 대각선 방향으로 진행하며, 다른 하나는 좌측에서 출발하여 우측으로 진행하는데 둘 중 하나는 성장이 느리고(둔각나선) 다른 하나는 성장이 더 빠르다(예각나선) (그림 5.6 참조).

[그림 5.6]

위 그림을 위에서 바로 보면 두 방향의 나선이 달리고 있음을 알 수 있다(그림 5.7 참조).

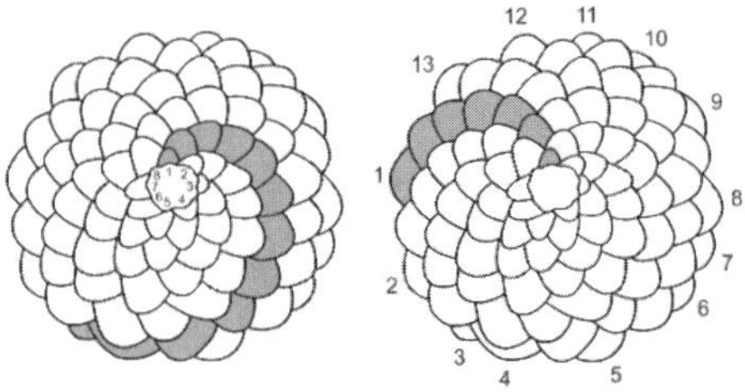

[그림 5.7]

식물에 따라 둔각나선과 예각나선의 수가 다른데 어떤 것은 둔각나선 3, 예각나선 5, 또 어떤 것은 둔각나선 5, 예각나선 8, 또 다른 것은 둔각나선 8, 예각나선 13([그림 5.7])으로 되어 있다. 살펴보면 나선의 형태는 다르지만 두 수의 짝이 모두 피보나치수열에서 인근 두 수들과 동일함을 알 수 있다. 이와 비슷한 예로 파인애플의 표면은 육각형 모양의 비늘들로 덮여 있는데 이 비늘들의 배열에서도 피보나치수열을 찾아볼 수 있다(그림 5.8). 이 표면은 3중 나선이 8, 13, 21의 수로 서로 얽혀 있다. 나선의 수가 많을수록 비늘 사이의 빈틈을 줄일 수 있고 비늘로 완전히 외피를 덮는 방법은 어려운 수학적 계산을 통하여 최적값을 구할 수 있다.

[그림 5.8]

보기 3

씨앗, 꽃의 배열, 꽃잎의 수에 나타난 피보나치수열의 예

꽃잎 수	해당식물
1	하얀물토란(white calla lily)
2	등대풀속, 가지속식물(nightshade)
3	연령초속(trillium), 백합, 붓꽃(iris)
5	양상추, 미나리아제비(buttercup), 장미, 참매발톱꽃, 참제비고깔속(larkspur)
8	코스모스, 양귀비과식물(bloodroot)
13	노랑데이지, 금붂초(ragwort), 금잔화, 국화과식물
21	샤스타데이지, aster(탱알,해국,등), 꽃상추(chicory)
34	데이지(field daisy), 질경이, 제충국(pyrethrum)
55	아프리카데이지(african daisy),
89	미켈마데이지(michaelmas daisy)

꽃잎이 피보나치수열을 하고 있는 이유도 같다. 꽃이 개화하기 전에는 꽃의 내부를 완전히 덮어 내부를 보호하기 위하여 촘촘히 덮는 방법으로 솔방울의 포의 배열과 같은 피보나치수열의 배열을 하고 있다.

5.5 나무줄기의 가지치기에서 나타난 피보나치수열

나무의 가지치기에도 피보나치수열은 나타난다. [그림 5.9]에서 볼 수 있듯이 처음 한 줄기에서 하나의 가지에서 하나의 가지가 돋아 2개의 가지가 되고 늦게 나온 새 가지가 성장하는 동안 큰 가지는 또 하나의 가지를 치고 하나가 분지(가지치기)를 하는 동안 성장을 하고 성장을 하면 또 분지를 하고, … 이 과정을 되풀이하면 가지 수는 피보나치수열을 이루는 가지치기를 한다. 이렇게 가지치기를 하는 이유도 분명한데 아래 가지에 그늘이 생기는 것을 최소화시키기 위해서이다.(잎차례의 문제와 유사함) 자연의 아름다움은 조건에 맞는 최적의 해를 찾아 그것에 맞게 설계되어 있다는 것이다. "자연은 신이 쓴 수학책"이라고 갈릴레오는 말했는데 분명한 사실이다.

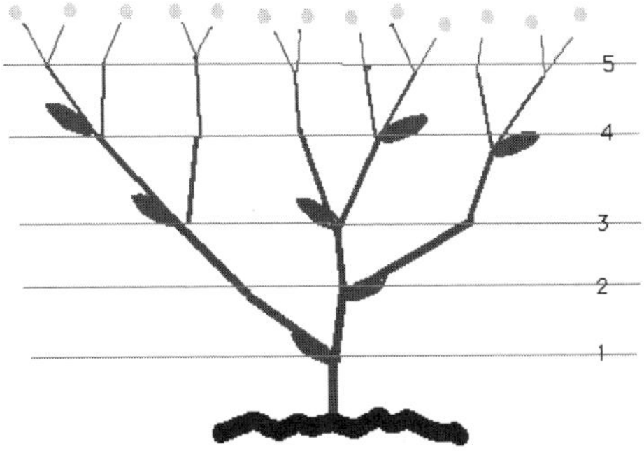

[그림 5.9]

5.6 아름다운 모습의 프랙털 이론

수학에서 프랙털(fractal)은 고정된 이미지(images)를 기하학적으로 연구하는 분야로 1970년대 중반 맨 처음 프랑스의 망델브로(Mandelbrot)가 영국 해안선의 길이 측정 문제를 다루면서 만든 말로 라틴어의 fractus(부서진)에서 유래하였다. 1975년 〈프랙털한 대상 모양, 우연, 차원〉이라는 논문에서 자연을 모델링하는 새로운 도구로 프랙털을 소개하였는데 구름은 구의 일부가 아니고, 산은 원뿔 모양이 아니며, 해안선은 원의 일부가 아닌 것처럼 자연의 패턴은 불규칙적이며 매우 복잡한데 복잡한 정도도 모두 다르다고 했다.

프랙털을 수학적으로 정의하면, 프랙털이란 부분 구조가 전체 구조와 유사한 형태를 가지면서 끝없이 되풀이되는 "자기유사성(self-similarity)과 순환성(recursiveness)"의 속성을 기하학적으로 나타낸 말로 단순한 구조가 끊임없이 반복되면서 복잡하고 묘한 전체 구조를 만든다. 프랙털 구조를 바라보면 아름다움과 황홀감을 느낄 수 있다. 프랙털 기하는 고전적인 유클리드 기하보다 자연현상을 더 잘 표현할 수 있다.

[그림 5.10]

5.7 자기닮음

도형의 각 부분들이 전체와 닮은 성질로서 자기닮음이 있다고 해서 반드시 프랙털은 아니다. 자기닮음의 성질을 알아보기 위하여 무한단계 도형에서 유한단계의 근삿값을 다룰 필요가 있다. 유한단계의 도형을 다양한 크기의 격자로 측정하여 무한 단계를 표현한다. 다른 관점에서 살펴보면 투명한 정사각형 격자나 칸을 주어진 단계의 그림 위에 올려놓았다고 가정하자. 그림의 일부분이라도 포함하는 칸이 있다면 색을 칠하고 색이 그 칸의 수를 센다. 적절하게 확대된 그림 위에 격자를 놓고 그림의 일부분이라도 포함되면 색을 칠하고 그 칸의 수를 센다. 계속해서 다음 단계의 그림을 가지고 같은 과정을 되풀이한다. 자기닮음의 도형이면 사용한 격자의 크기에 관계없이 색칠한 칸 수와 나타나는 패턴이 같은 관계가 있어야 한다.

■ 시어핀스키 삼각형(the Sierpinski triangle)

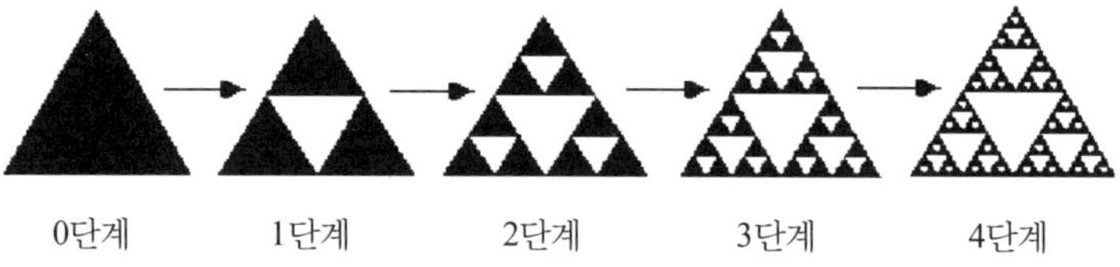

[그림 5.11]

위 그림은 시어핀스키 삼각형 또는 시어핀스키 개스킷(gasket)이라 불리는 프랙털 그림이다. 1917년경 폴란드의 수학자 바츨라프 시어핀스키가 제시하여 이름을 딴 것이다. 시어핀스키 삼각형은 다음과 같은 규칙적인 알고리즘을 갖고 있다.

1. 하나의 정삼각형에서 시작한다.
2. 주어진 삼각형의 세 변의 중점을 꼭짓점으로 하는 정삼각형을 그려

합동인 4개의 정삼각형을 만든다.
3. 가운데 있는 작은 정삼각형을 제거하고 3개의 정삼각형만 남긴다. 제거한 정삼각형의 한 변의 길이는 처음 삼각형의 1/2이고 넓이는 1/4이다.
4. 남아 있는 3개의 정삼각형을 색칠하고 위의 과정을 되풀이한다.
5. 이런 과정을 무한히 되풀이하면 평면상에 점들의 집합이 나타나는데 이것을 시어핀스키 삼각형이라 한다.

이 과정에서 단계별로 생기는 삼각형의 수는 0단계에서는 1개, 1단계에서는 3개, 2단계에서는 9개, 3단계에서는 27개, …, n 번 반복하면 3^n 개의 작은 삼각형들이 생긴다. 이때 생기는 삼각형들의 한 변의 길이는 처음 삼각형의 한 변의 길이의 $1/2^n$ 이다.

시어핀스키 삼각형의 특징은 엄밀한 자기닮음이다. 완성된 시어핀스키 삼각형은 위에 1개, 아래에 2개인 3개의 작은 삼각형 부분으로 분해할 수 있다. 각 부분은 원래의 전체 모습과 똑같은 닮은꼴이며, 각 부분은 다시 3개의 더 작은 삼각형으로 분해할 수 있다.

■ 파스칼 삼각형

파스칼 삼각형은 n 이 증가할 때 이항식 $(x+y)^n$ 을 전개할 때 나타나는 계수들의 삼각형 배열을 말한다. 이 파스칼 삼각형에서 수 배열을 만든 알고리즘은 바로 그 위 단계의 두 수를 더한 것이다(구체적인 전개과정은 생략). 파스칼 삼각형의 수의 크기에 상관없이 수의 짝수 홀수에 따라 색칠하기를 도입할 수 있다. 짝수에는 0, 홀수에는 1을 쓰자. 다음 단계의 새로운 항은 짝수와 홀수의 합의 결과에 따라 결정된다.

짝수 + 짝수 = 짝수 $0+0=0 \pmod 2$

짝수 + 홀수 = 홀수 $0+1=1 \pmod 2$

$$\text{홀수} + \text{짝수} = \text{홀수} \quad 1 + 0 = 1 \pmod 2$$
$$\text{홀수} + \text{홀수} = \text{짝수} \quad 1 + 1 = 0 \pmod 2$$

색칠하기의 규칙은 위의 덧셈과 같이 칸이 0이면 흰색을, 1이면 검은색을 칠한다. 새로운 행의 각 칸에 이 규칙을 확장하기 위하여 바로 위의 두 칸의 색을 보고 네 가지 중에서 알맞은 규칙을 적용하여 다음과 같이 일반화한다.

바로 위쪽의 두 칸이 같은 색이면 아래 같은 흰색을 칠하고 다른 색이면 아래 같은 검은색을 칠한다. 이와 같이 색칠하기를 계속하면 시어핀스키와 같은 유형의 검은 점들의 배열이 삼각형에 나타난다. 파스칼 삼각형에 행을 추가할수록 생성되는 도형에서 시어핀스키 규칙을 볼 수 있다.

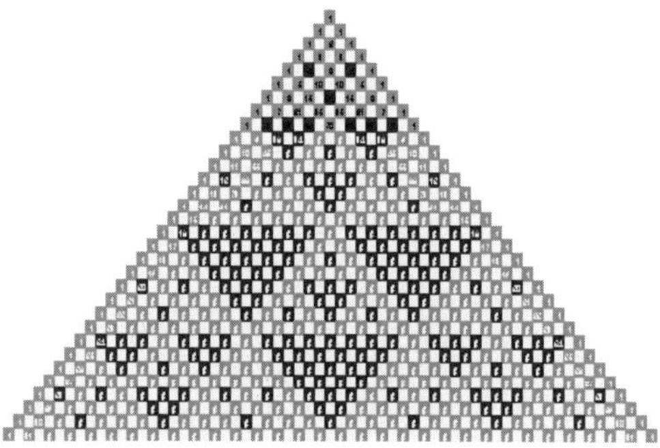

[그림 5.12]

5.8 프랙털의 구조

프랙털 차원이란 여러 가지 양의 크기를 나타내는 측도(1차원 도형의 측도는 길이이고, 2차원 도형의 측도는 넓이)를 도형을 확대하는 확대율로 나눈 값이다. 차원에 따라 도형의 측도는 달라지며 도형을 확대할 때 측도가 달라진다. 프랙털 차원의 종류는 여러 가지가 있으나 여기서는 생략한다.

보통의 프랙털 도형은 대역적인 차원과 대역적인 차원이 일치하나 멀티프랙털은 대역적인 차원과 국소적인 차원이 다르다. 우리 주변의 자연에서 보통 나타나는 형태는 대부분 멀티프랙털 구조를 갖는데 번개의 전파, 강줄기, 구름, 동물의 뇌 등이 이런 구조를 갖는다. 번개는 습도, 기압, 온도, 이혼화의 경향 등 여러 가지 조건들이 복잡하게 얽혀서 그 경로가 결정되기 때문에 일직선이 아니고 꾸불꾸불 진행하며 가지치기를 한다. 그 모습은 불규칙하지만 전체 모습과 가지들이 비슷한 구조를 하고 있다. 강은 큰 강줄기나 그 지류들이 비슷한 분기상태를 하고 있다. 구름의 모양은 다양하지만 공통적으로 프랙털 구조(통계적)를 갖는다. 실제 차원을 계산해 보면 대략 1.35 정도이다. 뇌를 자세히 살펴보면 커다란 주름에 더 작은 주름이 계속되어 간다. 뇌가 프랙털 구조를 갖는 이유는 좁은 공간에 가능한 많은 뇌 세포를 배치하기 위해서이다. 뇌의 구조의 차원은 2.72~2.79이다. 밤하늘의 별들의 분포도 프랙털 구조를 가지고 있다. 별들의 군(群)은 여기저기 흩어져 있지만 그 별군을 확대해 보면 그와 유사한 구조의 별군들이 나타난다.

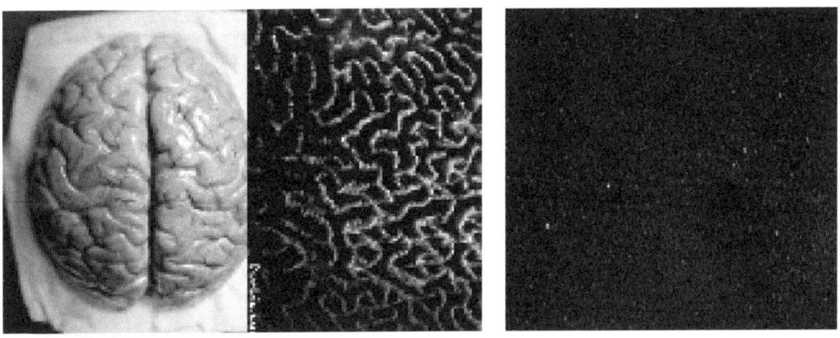

[그림 5.13]

■ 주가변동그래프

주가의 변동을 하루 단위 또는 1개월 단위로 그린 그래프를 그려보면 어떤 규칙을 가지면서 복잡한 모양으로 변화한다. 이것은 시간을 확대하거나 축소해 보아도 변화의 상태가 같은데 주가의 변동이 시간에 관해서 프랙털적임을 뜻한다. 하루 동안의 주가변동과 한 달 동안의 주가변동을 그래프로 나타내보면 닮은꼴이다. 따라서 내일의 주가를 예측하는 것과 1개월 후의 주가를 예측하는 것은 비슷하다.

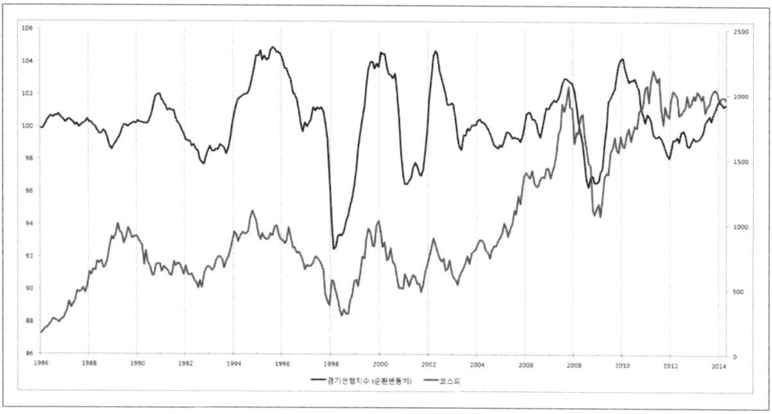

[그림 5.14]

5.9 프랙털 도형 그리기

프랙털 도형을 그릴 때는 처음으로 사용하는 최초의 직선이나 도형이라고 하는 창시자(initiator)가 필요하며 창시자에 프랙털 도형을 만드는 규칙이 주어져서 생긴 도형인 생성자가 있다. 생성자를 반복시키는 방법에 따라 조금씩 다른 프랙털 도형이 얻어진다.

■ 코흐(Koch) 곡선

코흐곡선의 창시자는 선분이다. 이 선분을 삼등분해서 가운데 부분을 위로 구부려 올린다. 이렇게 하면 새로운 생성자는 원래 선분의 1/3인 4개의 선분이 생긴다. 이 생성자를 계속 축소해 가면서 새로 생긴 4개의 선분과 바꾸어 간다. 이 과정을 무한히 반복해 가면 코흐곡선을 얻을 수 있다.

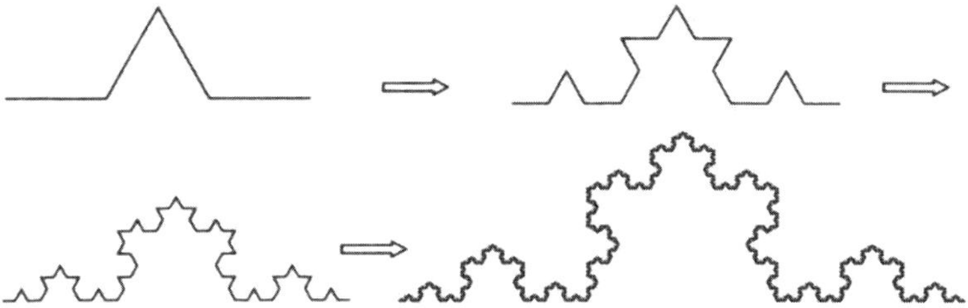

[그림 5.15]

위의 코흐곡선은 선분을 삼등분하여 가운데 부분을 위로 꺾어서 솟아오르게 하였는데 위로만 솟게 하지 않고 무작위로 위아래로 번갈아 가며 이와 같은 작업을 계속하면 아주 다른 모습이 나타난다. 이 곡선은 어느 해안선의 모습과 같은 곡선으로 이러한 곡선을 랜덤(random) 코흐곡선이라 부른다.(그림 5.16 참조)

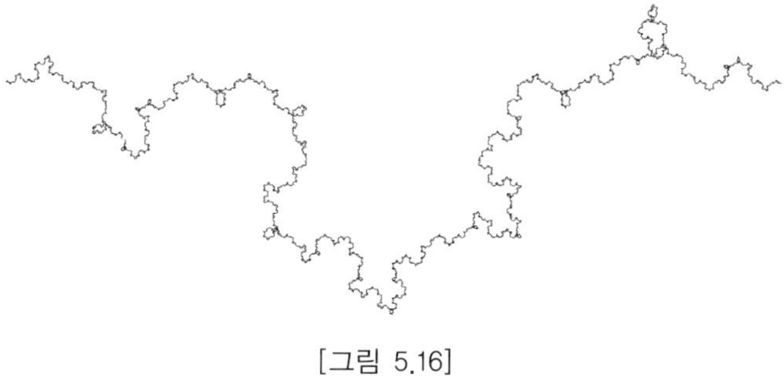

[그림 5.16]

■ **꽃양배추(모란채)**

꽃양배추곡선의 창시자는 수직선분이다. 그리고 생성자는 창시자의 꼭대기 끝점에서 창시자 길이의 1/2의 길이를 가진 2개의 가지(선분)가 좌우 30도씩(사이각은 60도) 벌어진 Y자형을 이룬다.

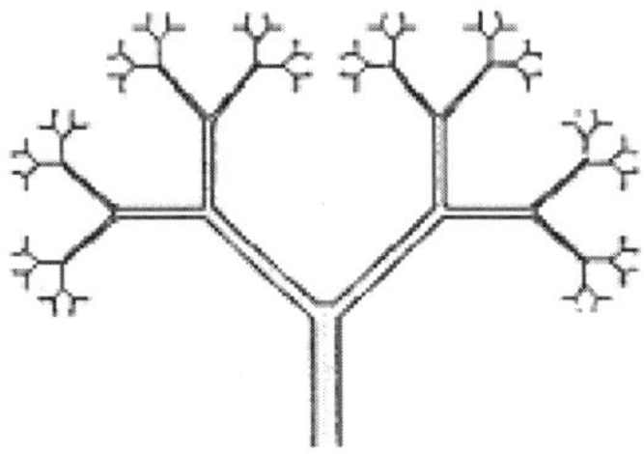

여러 가지 나무의 모습은 가지가 벌어지는 각도와 가지의 위치, 가지의 길이에 의하여 결정된다는 것을 알 수 있다.

■ **칸토어 먼지**

칸토어 먼지를 만드는 방법은 다음과 같다. 길이가 1인 선분을 삼등분하여 그 중간의 1/3부분을 제거하고 양쪽 구간 [0, 1/3], [2/3, 1] 부분은 그대로 남긴다. 이와 같은 과정을 되풀이하여 반복하면 아래와 같은 그림이 생긴다. 이렇게 만들어진 점들을 칸토어 먼지라고 하는데 이 먼지의 개수(농도)는 자연수 전체의 집합보다 그 개수(농도)가 더 큰 비가부번 농도를 갖는다.(자연수 개수를 가부번 농도라 함)

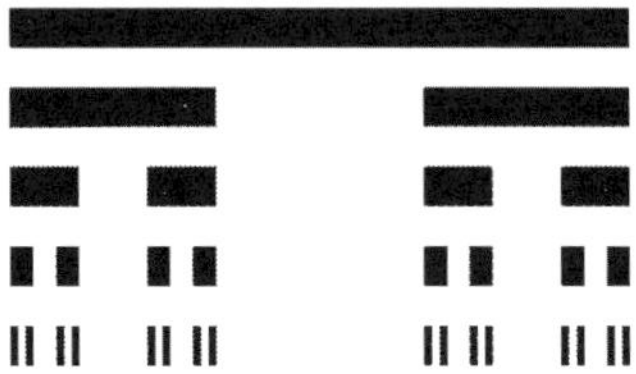

[그림 5.17]

프랙털 도형에 대하여 대체적으로 살펴보았는데 프랙털 도형에는 다음과 같은 특징이 있다.

첫째, 정수 차원을 갖지 않고 프랙털 차원을 가진다.
둘째, 도형의 어느 한 부분을 확대하여도 전체의 모습을 볼 수 있는 자기닮음 구조를 가진다.
셋째, 자기닮음 구조에서 알 수 있듯이 그 길이가 무한대이다.

특히, 코흐곡선은 생성자를 반복해서 조작해 나가면 길이가 무한대로 발산한다.

가우스(Carl Friedrich Gauss, 1777-1855)

가우스는 어렸을 때부터 수학 신동의 모습을 보였다. 세 살 때 아버지의 부기장부에 있는 계산착오를 지적했고 열 살 때 선생님은 학생들을 조용히 하게 하려고 1부터 100까지 더하도록 시켰는데 가우스는 거의 즉시 답을 제출하였다. 마침내 모든 학생이 답을 제출하였을 때 선생님은 가우스 혼자만이 아무런 계산도 없이 5050을 정확하게 답했다는 것을 알고 놀랐다. 가우스는 등차수열의 합 1 + 2 + 3+ … + 98 + 99 + 100을 단지 100 + 1=101, 99 + 2=101, 98 + 3=101 …으로 계산하면 50개의 쌍이 나오므로 답은 50×101, 즉 5050이라고 암산하였던 것이다.

말년에 가우스는 자기는 말보다 계산을 먼저 배웠다고 농담을 하곤 했다. 가우스는 열아홉의 나이로 자와 컴퍼스를 가지고 정 17각형을 작도할 수 있음을 발견했는데 이것이 바로 일생을 수학에 바치게 된 계기가 되었다고 전해진다. "수학은 과학의 여왕이고 정수론은 수학의 여왕이다."라는 유명한 얘기는 가우스가 한 말이다. 가우스는 1855년 2월 23일 괴팅겐 천문대 사택에서 세상을 떠났는데, 그 직후 하노버의 왕은 가우스에 경의를 표하는 기념 메달을 만들도록 하였다. 이 70mm 메달은 오래지 않아 (1877년) 하노버의 유명한 조각가이며 메달 제작자인 브레머에 의하여 완성되었다. 거기에 다음과 같이 새겨져 있다.

하노버의 왕 조지 5세가
수학의 왕에게

이후부터 가우스는 '수학의 왕'으로 일컬어진다.

제 6 장

생활 속 도형이론

우리는 일상생활 속의 모든 분야에서 직간접적으로 도형과 밀접한 관계를 맺으며 살아가고 있다. 기계, 건축, 토목, 포장, 도안, 의상, 디자인, 공작, … 등 여러 분야에서 도형의 문제는 우리의 일상생활에 깊숙이 자리잡고 있다.

도형에 대한 수학적인 연구는 범위가 넓고 깊어서 이 책에서 다루기에는 적절하지 못하다. 따라서 상식적이고 직관적인 지식의 범위 내에서 몇 가지 흥미 있는 분야로 한정하여 기술한다.

6.1 간단한 도형 그리기 문제

작도(作圖, construction)라 함은 자와 컴퍼스만을 유한 번 사용하여 필요한 도형을 구하는 것이다. 좀 더 구체적으로 이야기하면, 자는 직선을 나타낼 수 있는 기구이며, 컴퍼스는 원을 그릴 수 있는 도구이다. 그래서 어떤 도형을 그린다는 것은 직선과 직선의 유한개의 교점, 직선과 원의 유한개의 교점, 서로 다른 두 원의 유한개의 교점을 구함으로써 이런 점을 이용하여 필요한 도형을 그리는 것이다. 좀 더 수학적으로 이야기하면, 어떤 실수 $u \in \boldsymbol{R}$가 작도 가능하다는 것은 점 $(u, 0)$과 점$(0, u)$가 평면 좌표 위에 작도 가능(그릴 수 있음)하다는 것과 같다.

1. 작도 가능

u, v가 작도 가능한 실수이면 $u+v$, $u-v$, uv, $\frac{u}{v}(v \neq 0)$, $\sqrt{u}$ $(u \geq 0)$도 작도 가능함을 다음에서 알 수 있다.

(1) uv 작도

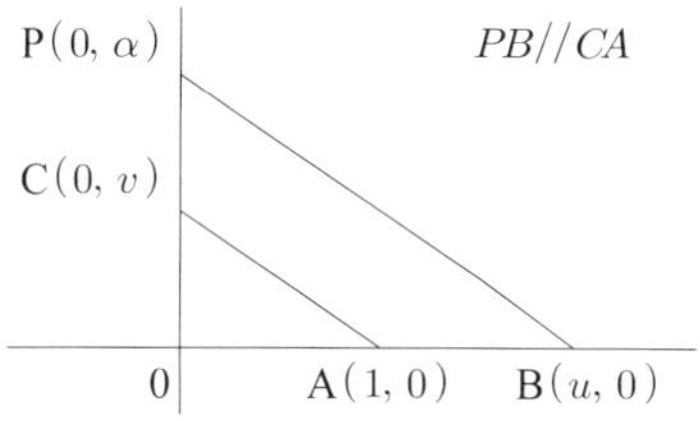

$$1 : u = v : \alpha$$
$$\therefore \alpha = uv$$

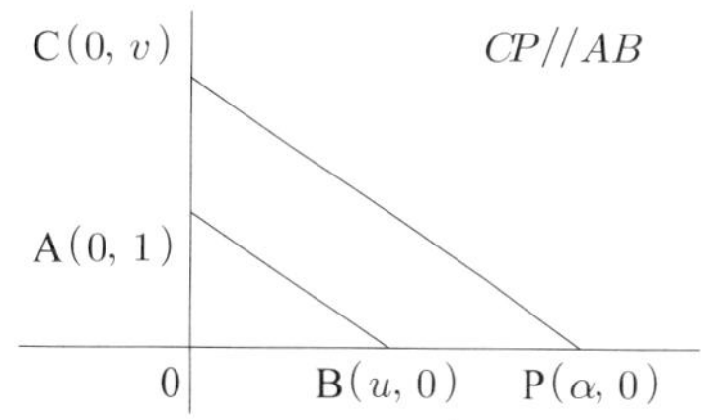

$$1 : v = u : \alpha$$
$$\therefore \alpha = uv$$

(2) $\frac{u}{v}$ 작도

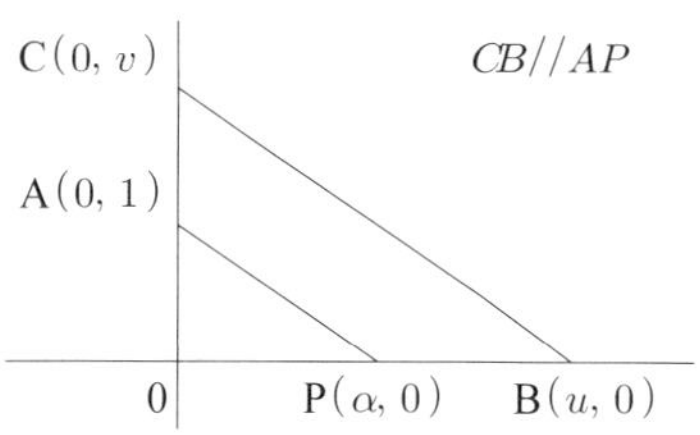

$$u : \alpha = v : 1$$
$$\alpha v = u$$
$$\therefore \alpha = \frac{u}{v}$$

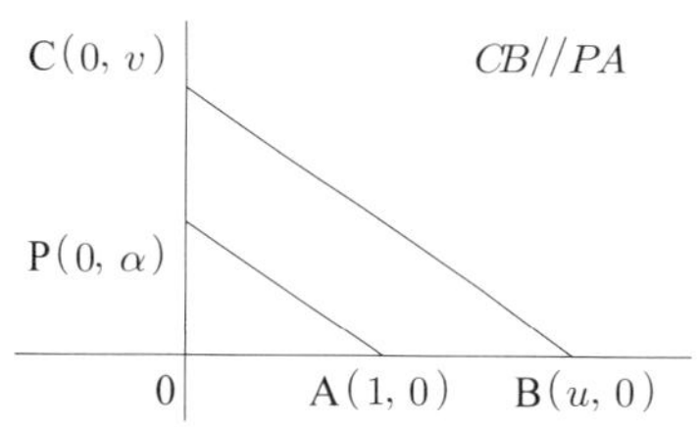

$$u : 1 = v : \alpha$$
$$\alpha = \frac{v}{u}$$

(3) $\sqrt{u}\,(u \geq 0)$ 작도

$C\left(\frac{u+1}{2}, 0\right)$는 원의 중심.

반지름의 길이는 $\frac{u+1}{2}$.

$\triangle OAP \backsim \triangle PAB$

이때 $1 : \beta = \beta : u$

$\therefore u = \beta^2$, 즉 $\beta = \sqrt{u}$

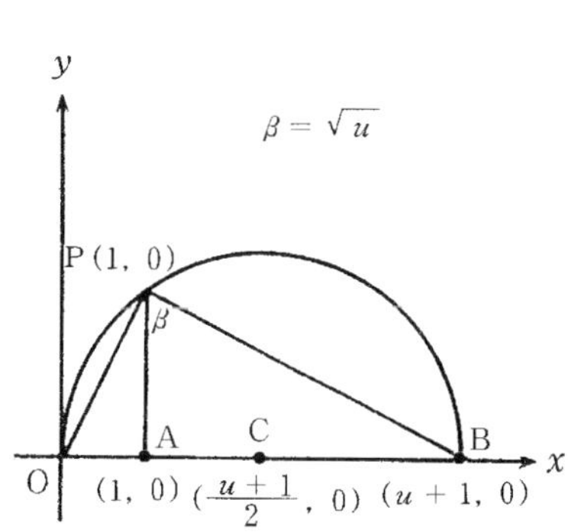

2. 간단한 도형의 작도

(1) 정삼각형

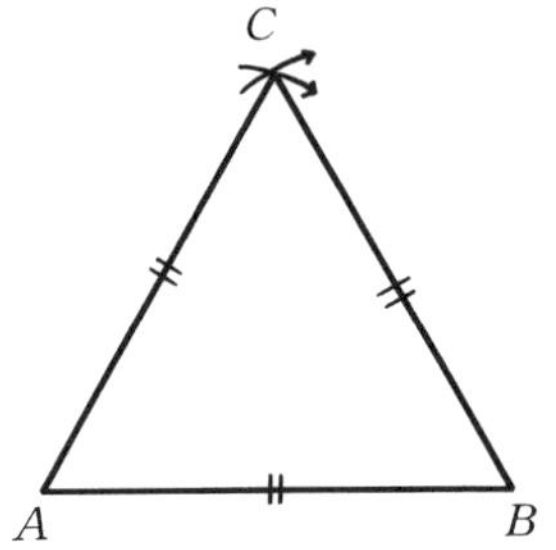

주어진 선분 AB를 한 변으로 하는 정삼각형의 작도는 선분 AB를 반지름으로 하고 점 A, 점 B를 중심으로 하는 원을 그려 그 교점을 C라 하고 AC, BC를 연결하면 구하는 정삼각형 ABC를 얻는다.

(2) 정사각형

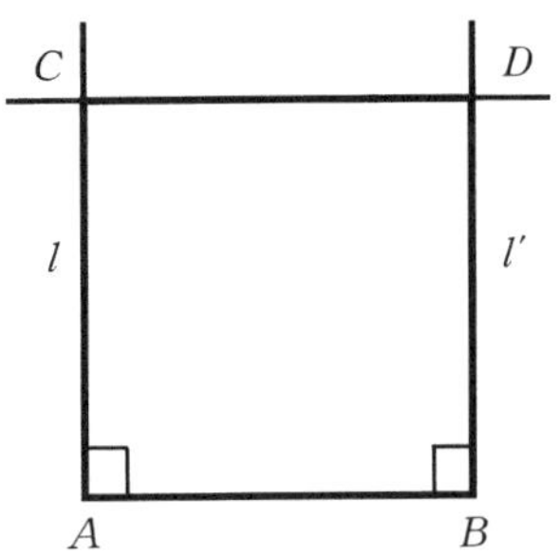

주어진 선분 AB를 한 변으로 하는 정사각형의 작도는, 점 A를 지나 선분 AB에 수직인 직선 l과 점 B를 지나고 선분 AB에 수직인 직선 l'를 구하고 반지름 AB, 중심을 각각 A, B로 하여 원을 그려 직선 l, l'와 만나는 점을 각각 C, D라 하며 A, B, C, D를 이으면 구하는 정사각형 $ABCD$를 얻는다.

(3) 정오각형

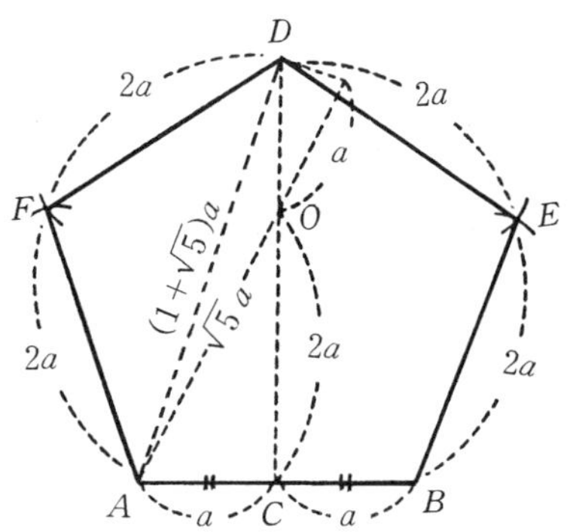

주어진 길이 $2a$인 선분 AB를 한 변으로 하는 정오각형의 작도는 선분 AB의 중점 C를 구하여 C를 지나 AB에 수직이고 길이 $2a$인 점을 O라 하면 AO의 길이는 $\sqrt{5}\,a$이고 AO의 연장선 위에 길이 $(1+\sqrt{5})a$을 구

하고 A를 중심으로 하고 반지름 $(1+\sqrt{5})a$인 원과 선분 OC의 연장선과 만나는 점을 D라 하고 반지름 $2a$로 하고, 중심이 A, D인 두 원의 교점을 F, 중심이 B, D인 두 원의 교점을 E라 할 때 A, B, E, D, F, A를 차례로 이으면 구하는 정5각형 $ABEDF$를 얻을 수 있다.

(4) $\sqrt{2}$; $\sqrt{3}$, $\sqrt{5}$, $\sqrt{6}$, $\sqrt{7}$, … 작도

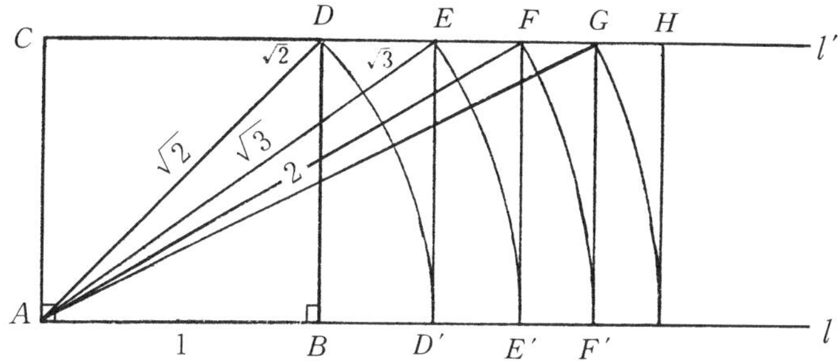

길이가 1인 선분 AB를 잡고 AB를 한 변으로 하는 정사각형 $ABCD$를 작도하여 AB의 연장선 l, CD의 연장선 l'을 구한다. 이때 AD의 길이가 $\sqrt{2}$ 이고 AD를 반지름, A를 중심으로 하여 l 위에 D'을 구하고, D'을 지나 l에 수직인 직선과 l'가 만나는 점을 E라 하면 AE의 길이는 $\sqrt{3}$ 이다. 이와 같은 방법을 되풀이하면 $\sqrt{5}$, $\sqrt{6}$, $\sqrt{7}$, … 을 구할 수 있다.

3. 3대 작도 불능 문제

2천 년 동안이나 그리스의 대수학자들이 해결하지 못했던 세 가지의 기하학상의 어려운 문제가 있었다. 그 당시 사람들은 세상에서 가장 정확한 것은 수학이라 생각하였고(지금도 마찬가지) 그 중에서도 특히 기하학이라 생각했다. 신은 언제나 옳고 정확한 일만을 한다고 믿었기

때문에 그리스의 신들은 수학을 좋아한다고 생각했다. 또 그들은 기하학적인 도형에서 가장 아름답고, 기본적인 것은 직선과 원이며, 따라서 기하학에서는 직선을 그리는 자와 원을 그리는 컴퍼스만을 사용하여 도형을 그려야 한다고 생각했다. 이렇게 도구를 제한해 놓고 보니 문제를 푸는 데 여러 가지 어려움이 생겼는데 그 중에서도 첫째, 정육면체의 부피를 두 배로 늘리는 문제(부피가 두 배가 되는 정육면체) 둘째, 어떤 각을 삼등분하는 문제 셋째, 원의 넓이와 같은 넓이의 정사각형을 그리는 문제 등 세 가지였는데 이것을 그리스 수학의 3대 난문제라 하였고, 그 후에도 계속해서 수학자들을 괴롭혀 왔다.

이러한 문제는 건축물을 설계하고, 도시 계획을 세우고, 토지를 측량하는 데 꼭 필요한 내용들이다. 이런 문제를 진지하게 다루었다는 것은, 고대 그리스 사회가 그 당시 대규모 토목, 건축사업을 벌이고 있었다는 것을 알 수 있다. 오늘날과 같이 과학기술이 발달하지 못하고 정밀한 기구도 없었던 시대였으므로 문제 해결방법이 실제로 간단하지 않으면 아무 쓸모가 없었다. 그래서 자와 컴퍼스만으로 문제를 해결하려고 노력해 보았지만 안타깝게도 이 세 가지 문제는 자와 컴퍼스만으로는 해결할 수 없었다. 이 사실(해결 불가능)이 18세기에 와서야 비로소 독일의 수학자 람베르트(J.H. Lambert; 1728~77)의 힘으로 증명되기까지 무려 2천 년 동안 많은 사람들의 정력과 시간을 소모하게 하였다.(지금도 일부 사람들은 헛수고를 하고 있다.)

(1) 정육면체의 부피를 두 배로 늘리는 문제

기원전 400년에 아테네에 전염병이 퍼져서 수많은 시민이 죽었다. 아테네 시민들은 평소 숭배하는 신전 앞에 공물을 바치면서 기도를 올리고 병마를 쫓아낼 것을 빌었다. 이에 신은 많은 공물을 탐내서인지 더 큰 제단을 원했고 "정육면체의 제단을 두 배의 부피가 되도록 만들면 병마를 깨끗이 쫓아주겠다."라고 했다. 이에 시민들은 바로 석공을 시켜 그 제단의 각 모서리의 길이를 두 배로 늘여서 새로 제단을 만들어 신전에 바쳤다. 그 후 신통력에 의하여 유행병이 곧 나을 줄 알았는데 유행병은 더욱 많이 퍼졌다. 화가 난 시민들이 신에게 항의하니 신은 꾸중하기를 “내가 언제 여덟 배나 되는 신전을 원했는가? 두 배가 되는 것을 만들어 달라 했지!” 그때서야 시민들은 새 제단의 부피가 여덟 배로 늘어난 것을 알았다.

$$V = a^3,\ V' = (2a)^3 = 8a^3,\ \frac{V'}{V} = \frac{8a^3}{a^3} = 8$$

이 이야기는 대수학자이자 시인인 에라토스테네스(Eratosthenes ; 284 ~ 204 B.C.)가 남긴 이야기인데 대개 신은 까다롭고 변덕스러운 모습으로 나타내는 것 같다. 아직까지도 이 세상에 병이 없어지지 않는 것을 보면 이 문제가 풀리지 않고 있는 모양이다.(자세한 내용은 대수학 책 참고)

(2) 임의 각의 삼등분

그리스 사람들의 중요한 또 하나의 문제는 임의의 각을 삼등분하는 문제이다. 물론 자와 컴퍼스만을 사용한다는 조건이 있다. 각을 이등분하는 것은 기하학 중에서도 가장 초보적인 작도이다. 각의 삼등분도 직각의 경우에는 쉽게 할 수 있다. 그래서 직각이 아닌 각의 삼등분도 쉽다고 생각해서 착수하여 보았지만 생각보다는 너무 어려워 실패하고 말았다.

그러나 ‘자와 컴퍼스’라는 제한이 없든가 유한 번 사용이라는 제한이 없으면 간단히 해결할 수 있다.[이 방법은 히피아스(Hippias, B.C. 460 ~ ?)라는 수학자에 의해서 고안되었으며 그리 어렵지 않으나 여기서는 생략한다.]

(3) 원의 넓이와 같은 넓이의 정사각형

임의의 원의 넓이와 같은 넓이를 갖는 정사각형을 구하는 문제가 처음 탄생한 것은 곡선으로 되어 있는 논과 밭을 직선 도형으로 쉽게 고칠 수 있게 하기 위한 것이었다. 그래서 이 문제는 인간이 기하학을 생각하기 시작한 초기에 탄생한 문제로 생각된다. 기록상으로는 지금부터 약 4000년 전의 기록인 '린드 파피루스'에서 최초의 답을 찾아볼 수 있다.

파피루스에는 반지름이 1인 원에서 반지름의 $\frac{16}{9}$배인 $\frac{16}{9}$을 한 변으로 하는 정사각형을 만들면 된다고 답이 나와 있다.

이것을 계산하면, 원의 넓이는 $\pi \times 1^2$이고 정사각형의 넓이는 $\left(\frac{16}{9}\right)^2$이므로 $\pi = \left(\frac{16}{9}\right)^2$이고, $\left(\frac{16}{9}\right)^2 = 3.1604938\cdots$이므로 $\pi = 3.1415926\cdots$과 비교할 때 그 당시 수준으로는 놀랄 만큼 정밀한 값이다.

원을 정사각형화하는 문제는 결국 몇 각형이건 원의 넓이와 같은 다각형을 작도하면 되는 것이다. 왜냐하면 임의의 다각형은 같은 넓이의 삼각형으로 변형할 수 있으며, 모든 삼각형은 같은 넓이의 직사각형으로 변형할 수 있고, 또 모든 직사각형은 그것과 같은 넓이의 직사각형으로 변형할 수 있고, 또 모든 직사각형은 그것과 같은 넓이의 정사각형으로 작도할 수 있기 때문이다(다음 그림 참고).

■ 다각형 → 삼각형

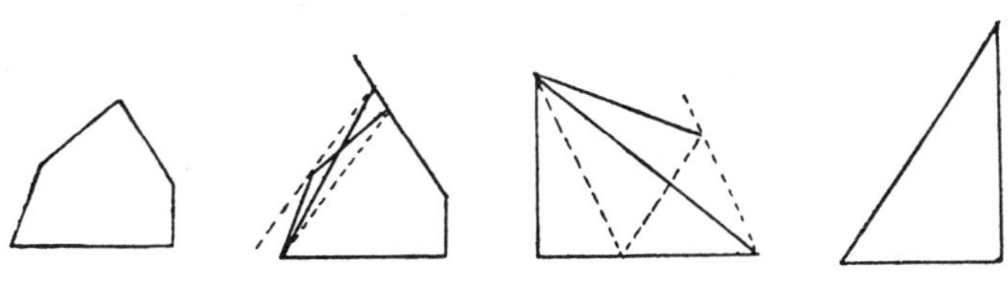

[그림 6.1]

■ **삼각형 → 직사각형**

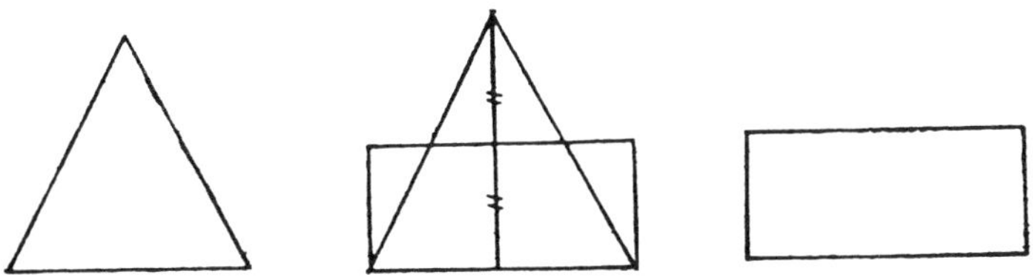

[그림 6.2]

■ **직사각형 → 정사각형**

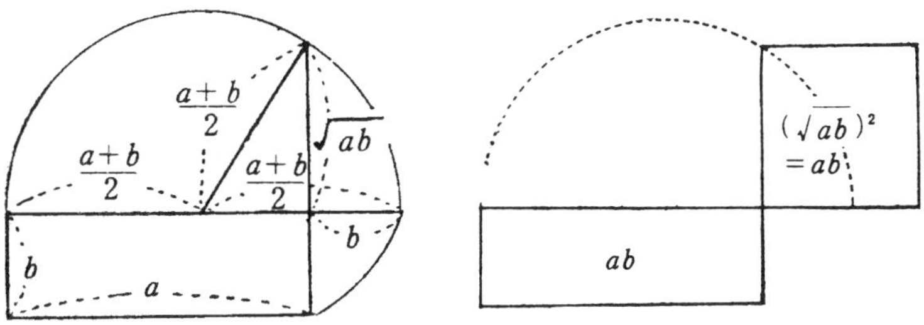

[그림 6.3]

6.2 도형의 미(美)

예술의 본질은 표현에 있다. 표현이 없는 예술이란 있을 수 없다. 한편 수학은 대상을 인식하는 것이 중요하다. 또한 수학은 하나의 카테고리에서 보편적인 법칙을 찾는다. 미술이 현재의 눈을 믿고 오늘의 감흥에서 의의를 발견한 것과는 대조적이다. 이와 같이 전혀 별개의 목표를 지니면서도 수학과 미술은 한결같이 외계에 대한 해석이라는 공동 목표를 지닌다. 특히 공간과 현상을 대상으로 삼으며, 인간의 근원적인 문제를 안고 서로 교착(交錯)한다. 어떤 대상은 인간에게 강한 감흥을 일으키고 미를 느끼게 한다. 따라서 이러한 미의 법칙성에 관한 문제가 제기된다. 13세기 아퀴나스(Thomas Aquinas, 1225 ~ 1275)는 미학의 기본에 관해 “균형이 있는 것을 볼 때, 사람은 기쁨을 느낀다”고 했지만, 실제로 아름다움과 균형의 관계에서 우리는 미와 수학의 관계를 감지할 수 있다.

눈으로만 보고 느끼는 시각적인 아름다움에도 불변의 법칙이 있다. 그것은 수학의 틀에서 표현할 수 있기도 하지만 수학자가 연구하는 최첨단의 이론이 그대로 미술계에 응용될 수는 없다.

수학은 주로 이성을 대상으로 하며, 논리를 생명으로 한다. 한편 예술활동의 기본은 직관이고 그 활동은 주로 정서에 의존한다. 따라서 수학과 예술의 두 분야에 걸친 정신적 영역은 ‘논리와 정서’라는 대립적인 개념을 포괄적으로 수용하는 정신 활동 속에서 이루어진다. 인간성의 밑바닥에 깔려 있는 중요한 정신성이 무시된 사유(思惟)나 기교(技巧)만을 일삼는 수학과 미술활동에는 의의가 없다.

미술에서 수학의 수법을 받아들여 적극적으로 수학이론을 응용하는 실용적인 입장을 취할 수는 있다. 예를 들면 다빈치의 ‘최후의 만찬’과 같은 그림에서 사용하였던 원근법(遠近法)의 수법에서도 볼 수 있다.

1. 황금비와 미(美)

피타고라스학파에 의하여 발견된 황금비는 미적으로 가장 아름다운 비율을 이룬다고 전해 온다. 그들은 정오각형 안에 황금비가 들어 있는 것을 발견하고, 자와 컴퍼스만을 사용하여 정오각형을 심벌마크로 만들어 가슴에 달았고, 피타고라스도 모자에 이 마크를 달고 강단에 섰다고 한다.

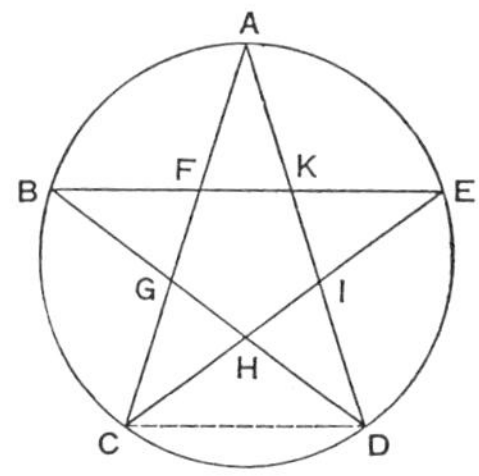

[그림 6.4]

내접 5각형에 숨어 있는 황금비율

$$\triangle AFK \backsim \triangle ACD \backsim \triangle CDI$$
$$AF/FK = AC/CD = CD/DI = \phi$$

은 균형의 아름다움, 즉 비례의 조화이다. 조화에 대한 첫 인식은 음악의 경우와 마찬가지로 피타고라스까지 거슬러 올라간다. 자연현상에는 합리적인 배열이 있고, 그 배열은 연속적으로 이어져 있어서 법칙화가 되고 관계를 양(量) 또는 수(數)로 표시할 수 있다. 조화의 근본은 아름다움이다. 악기에서 현의 길이의 비례관계에서 조화음을 발견한 그리스인은 조형미술에서도 조화미를 찾았다. 특히 그 비례 가운데서 위의 $\phi(1 : 1.618 \cdots)$을 조화비율이라고 하며 황금비(golden ratio)라 하며 정확한 값은 $\phi = \dfrac{1+\sqrt{5}}{2}$ 이다.

황금비의 간단한 작도법은 다음과 같다.

$ABCD$는 한 변의 길이가 1인 정사각형이다. O는 BC의 중점, AO의 길이는 피타고라스의 정의에 의하여 $\dfrac{\sqrt{5}}{2}$ 이며 $BC' = \dfrac{1}{2} + \dfrac{\sqrt{5}}{2} = \dfrac{1+\sqrt{5}}{2} = \dfrac{1+\sqrt{5}}{2}$ 이다.

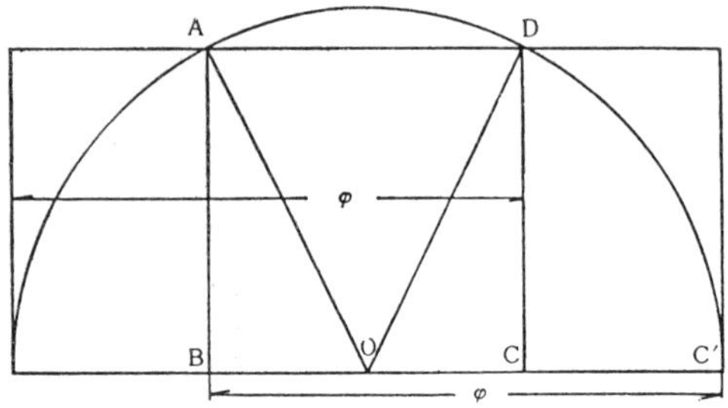

[그림 6.5]

아테네의 파르테논 신전은 현재 파괴되었으나 구조는 황금비에서 나오는 무리수 $\sqrt{5}$ 가 많이 나온다.

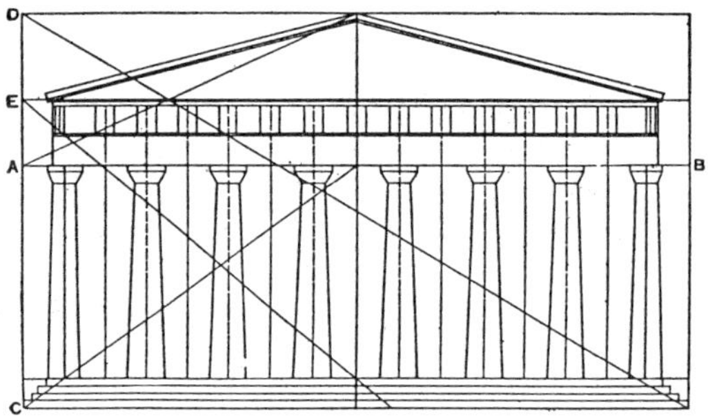

[그림 6.6]

그러나 우리나라의 대표적인 고대 미술품을 살펴보면 다보탑, 석굴암 등의 기하학적인 도형에서 나타나듯이 정사각형의 한 변과 대각선의 비인 $1 : \sqrt{2}$ 가 많이 사용되었음을 알 수 있는데, $\sqrt{2}$, $\sqrt{5}$ 는 앞에서도 밝혔지만 쉽게 작도할 수 있다.

2. 황금비의 수학적인 의미

전체 길이 AB를 점 P에 의하여 두 부분으로 나눌 때, 긴 길이를

AP, 짧은 길이를 PB라 할 때

(전체 길이) : (긴 길이) = (긴 길이) : (짧은 길이)

의 관계를 만족할 때의 비,

(긴 길이) : (짧은 길이)

를 황금비라 한다. 이런 경우는

$$x(x-1)=1,\ 즉\ x^2-x-1=0$$

으로부터 $x=\dfrac{1\pm\sqrt{5}}{2}$ 이고, −값을 버리면

$$x=\frac{1+\sqrt{5}}{2}(\fallingdotseq 1.62\cdots)$$

를 얻는다. 또 황금비를 어떤 값 x의 역수 $\dfrac{1}{x}$과 x에서 1을 뺀 값 $x-1$이 같은 값을 말하기도 한다.

즉 $\dfrac{1}{x}=x-1$로부터 $x=\dfrac{1+\sqrt{5}}{2}$를 구할 수 있다.

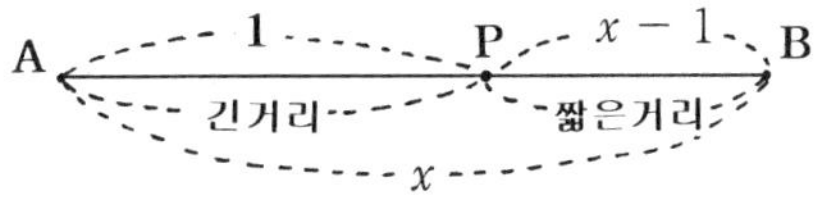

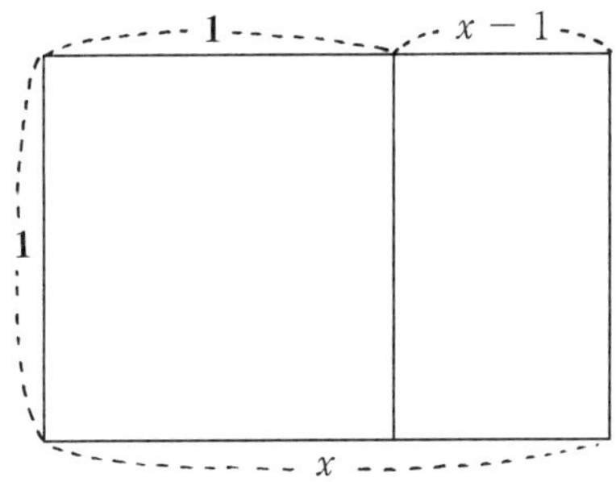

다음의 정오각형에 황금비가 들어 있음을 알아보자.
한 변의 길이가 1인 정오각형 $ABCDE$에서

$\triangle ACD \backsim \triangle CDF$

$$\left\{\begin{aligned} \because \angle ADC &= \angle ADB + \angle BDC \\ &= \angle ADB + \angle BEC \\ &= \angle CAF + \angle CAF \\ &= \angle CFD \\ \text{또 } \angle ACD &= \angle ADC \end{aligned}\right.$$

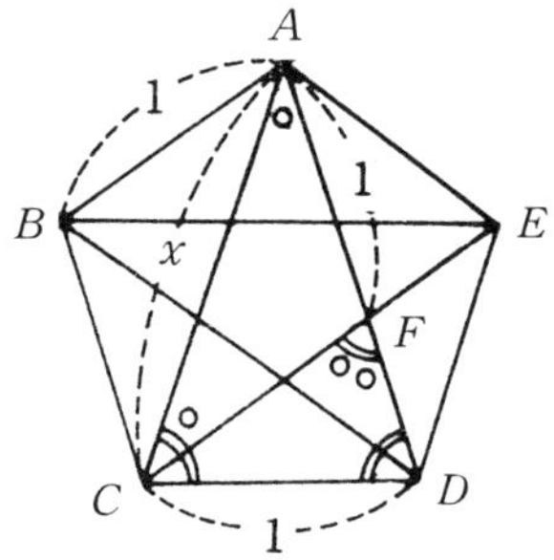

따라서

$\overline{AC} : \overline{CD} = \overline{CD} : \overline{FD}$

$x : 1 = 1 : (x-1)$

$\therefore x = \frac{1+\sqrt{5}}{2}$ (황금비)

3. 황금비와 미

길이 10cm의 만년필을 만들고 싶을 때 뚜껑의 길이를 얼마로 하면 좋을까? 이런 경우에는 황금비를 이용한 황금분할을 하면 일반적으로 아름다운 균형의 미를 갖게 된다. 따라서 뚜껑의 길이를 x 라 하면

$10 : (10-x) = (10-x) : x$로부터 $x = 15 \pm 5\sqrt{5}$ (+는 버린다)

를 얻게 되어 약 3.82cm 정도의 뚜껑을 만들면 된다.

우리가 고대 서양의 미인으로 꼽고 있는 미켈란젤로의 작품인 비너스상은 어떠한가? 상체 대 하체의 비, 어깨너비 대 허리너비의 비가 약 8:5인 황금비를 갖고 있음을 알 수 있는데 이 조각가의 심미안이 어떠했는지 알 수 있다.

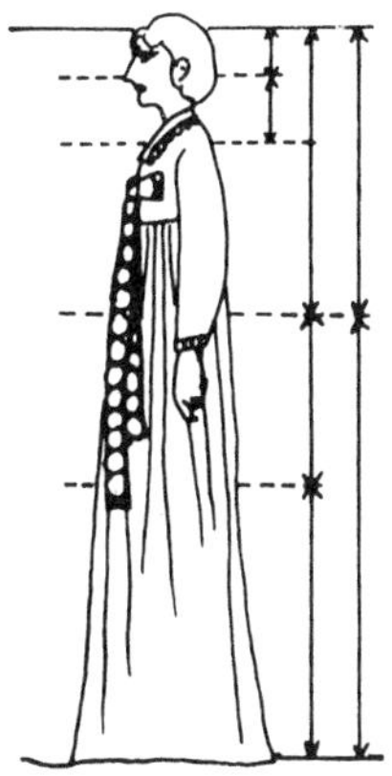

요즘은 미인에 대한 기준은 많이 변했지만 미인의 몸을 황금분할 한다면 기준이 되는 점(상·하체 구분)은 배꼽이고 그 상반신의 황금분할점은 어깨의 위치이고, 하반신의 황금분할점은 무릎의 위치이고, 상반신의 황금분할하는 점이 코의 위치일 때 조화와 균형을 갖춘 미인이라 할 수 있다. 이런 관점에서 미인 선발대회에서 미인을 관찰해 보면 흥미있을 것이다.(동양의 미인인 양귀비는 그 황금비가 다른 값을 갖고 있는 것으로 추측된다.)

최근에 새롭게 연구되는 피라미드에서도 황금비가 많이 이용되었다는 것을 알 수 있다.

$$PH \,/\, OH = 185.85 \,/\, 115 \fallingdotseq 1.616$$

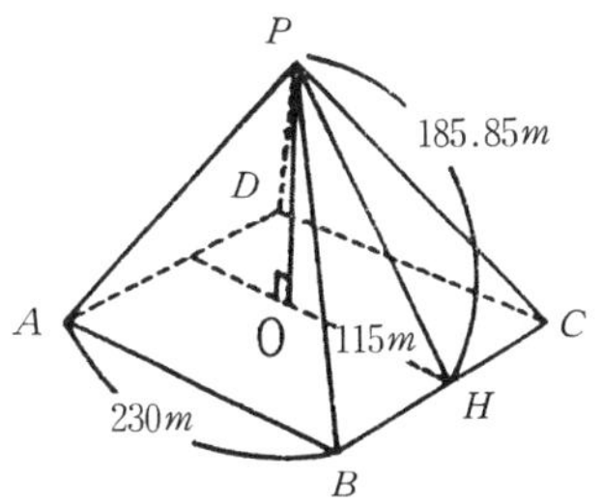

[그림 6.7]

앞 장에서 피보나치수열에 대하여 공부하였는데 한 쌍의 토끼로부터 시작하여 매달 불어나는 토끼 쌍의 숫자의 나열은 수열

$$1,\ 1,\ 2,\ 3,\ 5,\ 8,\ 13,\ 21,\ 34,\ 55,\ 89,\ 144,\ \cdots$$

을 이루고 이와 같은 수열을 피보나치수열이라고 했다. 그런데 이 수

열의 앞 항과 뒤 항의 비율을 계산해보면

1, 2, 1.5, 1.667, 1.6, 1.625, 1.615, 1.619, 1.6176, 1.61818, …

이 되고 이 수열은 황금비 1.61803… 에 접근함을 알 수 있다. 이처럼 피보나치수열에 관련 없어 보이는 황금비 값이 숨어 있는 것은 자연계의 미적(美的) 감각인지도 모른다.

6.3 도형의 아름다운 절단

현재 산업사회는 기술력의 향상으로 거의 모든 제품의 질이 평준화되었다. 따라서 제품의 판매력은 그 제품의 디자인에 좌우되고 있다. 각종 디자인의 기본을 이루는 것은 수학적 도형이다. 도형의 성질을 잘 알고 주어진 도형을 원하는 방법으로 절단하기 위하여 도형의 기본 성질부터 공부하여야 한다. 도형의 성질은 이미 중·고등학교 과정을 통하여 공부하였다. 합동(合同)조건, 닮음조건, 정다각형의 성질, 도형의 넓이 구하는 방법 등을 이용하여 원하는 내용으로 절단하기 위하여 기본적으로 다음과 같은 간단한 몇 가지 보기를 알아보자.

• 정삼각형, 정사각형, 정육각형, 원, … 모양의 널빤지를 대상으로 똑같은 크기와 모양을 갖는(합동) 세 부분으로 절단하여 보자.

한 가지 예를 들면 다음과 같다.

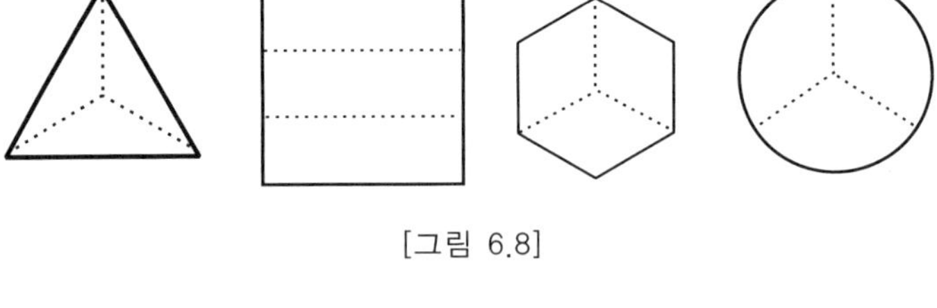

[그림 6.8]

• 세 부분이 똑같은 모양(닮음)이고 그 중 두 부분은 크기까지 같도록 절단하자.

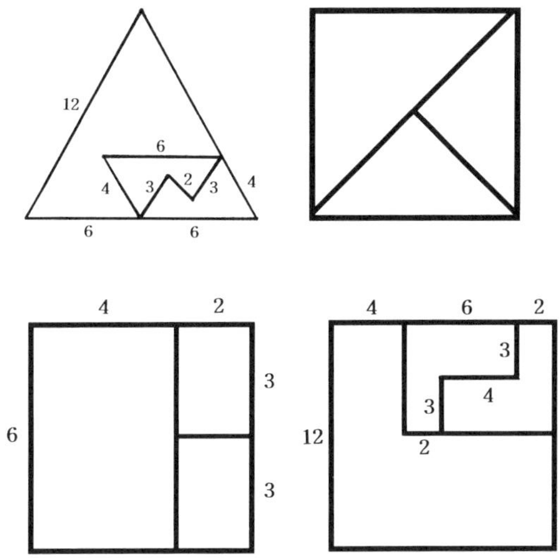

[그림 6.9]

(다른 도형에서도 같은 방법으로 절단이 가능한가?)

• 세 부분이 모양만 같고(닮음) 크기가 모두 다른 형태로 절단하는 방법이 있는가?

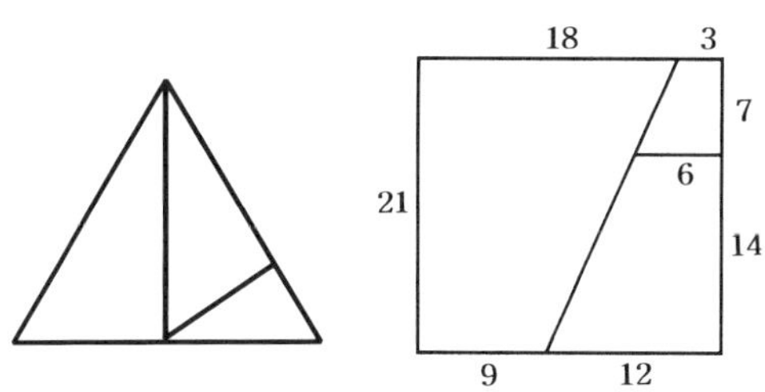

[그림 6.10]

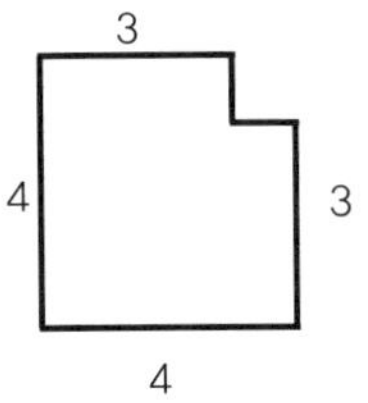

이 도형을 모양과 크기가 같은(합동) 다섯 부분으로 절단하는 방법은 가능한가?

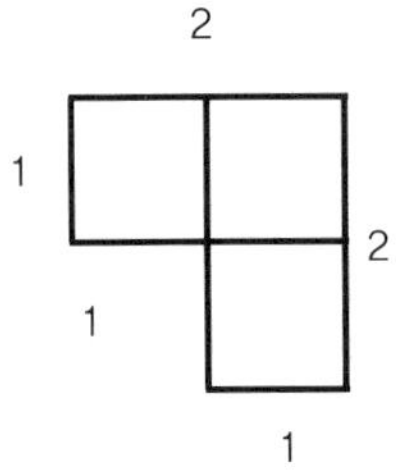

이 도형을 모양과 크기가 같은(합동) 네 부분으로 절단하는 방법은?

- 정사각형을 여러 개의 둔각삼각형으로 쪼갤 수 있는가?
- 3×9직사각형을 8개의 정사각형으로 나눌 수 있는가?
- 평면을 합동인 정오각형의 타일로 붙일 수 있는가?
- 하나의 정사각형을 1989개의 정사각형으로 나눌 수 있다. 그 방법은?
- 임의의 삼각형을 세 조각으로 나누어 재배열하여 직사각형을 만들 수 있는 방법은?

문제 1 다음 도형을 넓이는 주어진 도형 넓이의 1/4이고 주어진 도형과 모양이 같은(닮은) 4부분으로 나누어라.(변의 숫자는 길이를 나타냄)

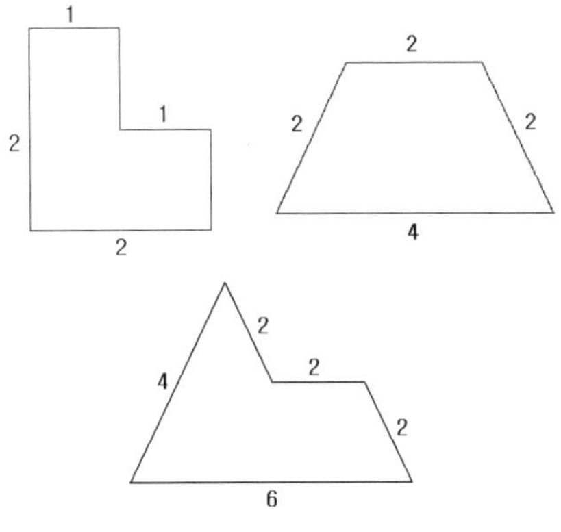

6.4 벌집은 왜 육각기둥일까?

꿀벌이 꿀을 저장하면서 살아가는 벌집을 살펴보면 정육각기둥으로 만들어져 있다. 왜 하필이면 정육각형의 도형을 선택하였을까? 공학적인 이유(비행기 날개, 건축물의 문 등도 내면이 정육각기둥의 벌집 모양으로 되어 있음)는 생략하고 수학적인 이유만을 알아보자.

우선 길이 12m인 끈으로 만들어진 각 도형의 넓이를 구하여 비교하여 보자.

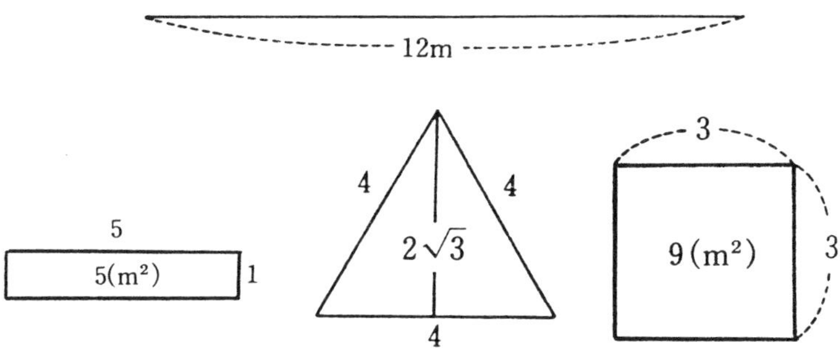

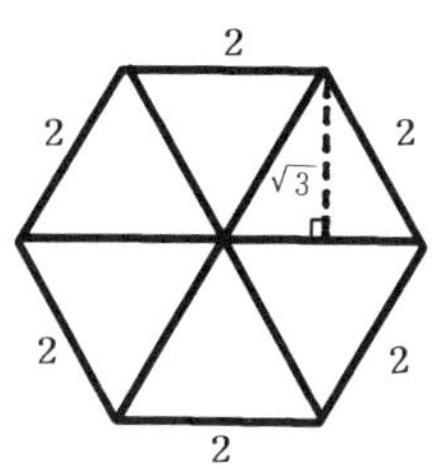

정육각형

정육각형의 넓이

$$S=6\cdot\frac{1}{2}\cdot 2\cdot\sqrt{3}$$
$$=6\sqrt{3}$$
$$\fallingdotseq 10.392\text{m}^2$$

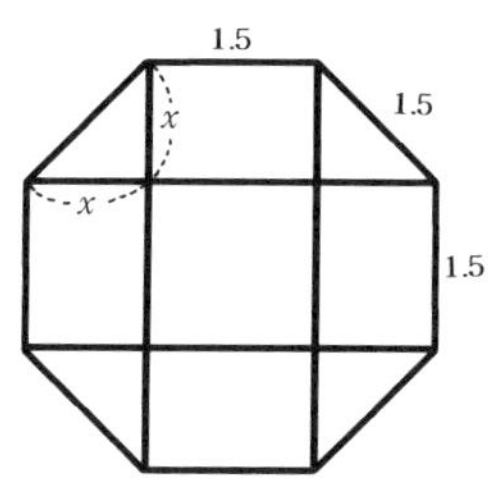

정팔각형

정팔각형의 넓이

$$S=1.5^2+4\cdot(1.5)\cdot x+2\cdot x^2$$
$$=1.5^2+6\cdot x+3$$
$$\fallingdotseq 10.86\text{m}^2$$

원둘레가 12m인 원의 넓이

$$S = \pi r^2 = \pi\left(\frac{6}{\pi}\right)^2 = \frac{36}{\pi} \fallingdotseq 11.459\text{m}^2$$

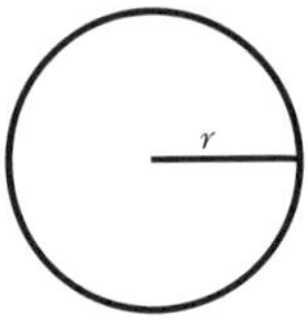

앞에서 같은 길이의 둘레를 갖는 여러 가지 도형의 넓이를 구하였는데 그 모양이 원에 가까울수록 넓이가 커진다는 것을 알 수 있다.

그래서 꿀벌이 집단생활을 하지 않고 한 마리씩 독립생활을 한다면 당연히 원기둥(또는 구 모양)의 집을 짓고 살았을 것이다. 그러나 꿀벌은 집단으로 공동생활을 한다.

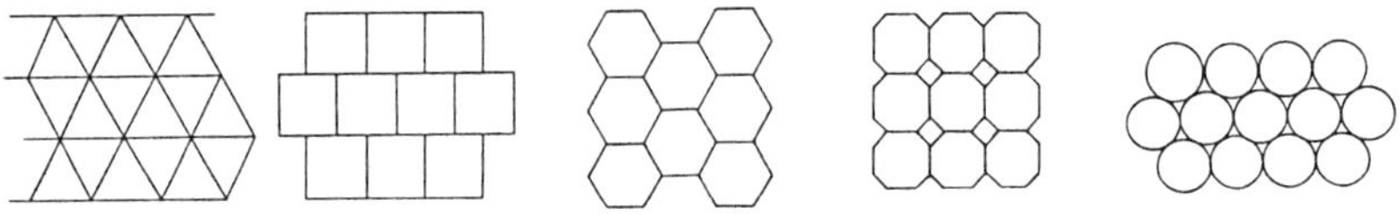

[그림 6.11]

[그림 6.11]에서 알 수 있듯이 공동생활을 하는 꿀벌의 입장에서 같은 양의 재료를 사용하여 벌집을 지을 때 경제성을 우선하는 것을 알 수 있다. 평면을 정다각형으로 채우는 데 가장 경제적인 방법은 불필요한 공간이 생기지 않도록 하기 위하여 정삼각형, 정사각형, 정육각형을 사용하여야 하고 그 가운데서 원에 가장 가까운 정육각형(같은 재료로 가장 큰 공간의 집)을 선택하였다. 이것이 꿀벌이 정육각기둥으로 벌집을 만드는 이유이다.(인간 사회의 대지 경계 이용과 비교하여 보자.)

방파제를 쌓을 때도 그 구조물 T.P(tetra pod, 4개의 뿔 모양)들을 살펴보면 정사면체 형상을 하고 있음을 알 수 있다. 그러면 정사면체 형태의 구조물을 선택한 이유가 무엇인가?

벽면을 같은 모양의 타일로 빈틈없이 붙이는 문제처럼 공간을 동일한 다면체를 사용하여 빈틈없이 쌓을 수 있는 다면체는 정사면체, 정육면체, 직육면체 등이 있다. 그 중에서 강한 조류나 수압을 이겨내 파도나 해일을 막아내야 하므로 구조물 하나하나가 안정감을 확보해야 하므로 정사면체가 이들 조건을 만족하는 다면체이다(정사면체는 무게중심이 가장 아래에 있고, 굴릴 경우에도 같은 모양을 유지한다).

6.5 A4 용지는 어떻게 탄생했을까?

복사용지나 공문서 등에서 가장 많이 사용하고 있는 종이가 바로 A4 용지다. A4 용지의 규격은 297mm×210mm이다. 단순한 수치 300mm×200mm로 했으면 훨씬 간편했을 텐데 왜 이렇게 복잡한 수치를 사용하면서도 가장 아름답게 보인다는 황금비 $(1+\sqrt{5})/2 = 1.618$도 이루지 않고 $\sqrt{2} \fallingdotseq 1.414$를 이루고 있을까?

우리가 사용하고 있는 종이는 제지소에서 만들어진 큰 규격의 전지(全紙)를 절반으로 자르고 또다시 반으로 자르는 과정을 반복하여 만들어진다. 그런데 반으로 자르다 보면 원래의 모양과 다른 모양이 될 수 있다. 예를 들어 300mm×200mm와 같이 폭에 대한 길이의 비가 1.5인 종이를 절반으로 자르면 200mm×150mm 크기가 만들어지는데 이때의 비는 1.333…(4/3)이 되어 처음 종이의 비 1.5와 같지 않고 다른 모양이 된다. 이런 종이를 실생활에서 확대나 축소하여 사용하기 위하여 일부분을 잘라내어야 한다. 이런 종이 낭비를 막기 위하여 독일 공업규격위원회(Deutsche Industrie Normen)는 큰 종이를 잘라서 작은 종이를 만드는 과정에서 종이의 낭비를 줄일 수 있는 종이의 형태와 크기를 고안했다. 적절한 규격을 선택했을 때, 타자지의 절반을 그대로 편지지로 사용하고, 편지지의 절반을 그대로 메모지로 사용하면 종이를 많이 절약할 수 있을 것이라고 여겼다. 이렇게 해서 등장한 것이 A4 용지다.

절반으로 자르는 과정에서 만들어지는 종이를 그대로 사용하기 위해서는 어떻게 해야 할까? 우선 전지의 모양이 보기 좋아야 하고 절반으로 자르고 또다시 절반으로 자른 작은 종이들이 전지와 닮은 모양이면 바람직하다. 이런 조건을 충족시킬 수 있는 종이의 규격을 구해 보자.

전지의 길이 대 폭의 비를 $x:1$이라고 하자. 그러면 이것을 절반으로 자른 종이의 길이 대 폭의 비는 $1:\frac{x}{2}$이다. 두 종이가 서로 닮은꼴이므로 비례식 $x:1=1:\frac{x}{2}$으로부터 이차 방정식 $x^2=2$를 얻는다.

그래서 $x=\sqrt{2}$가 되고 전지의 폭에 대한 길이의 비를 $\sqrt{2}$로 택하면 앞에서 말한 조건을 만족하는 비를 얻는다. $\sqrt{2}$는 황금비는 아니지만 대체적으로 보아 황금비와 유사하여 이런 용지들은 아름답게 보인다. 이렇게 도형의 닮은꼴, 비례식, 이차방정식, 무리수, 황금비 등 수학적 개념이 종이의 재단에도 이용된다.

이와 같이 하여 넓이가 1m^2가 되도록 만든 전지를 A0라 하는데 A0의 규격은 1189mm×841mm이다. 이 넓이를 계산하여 보면 999949mm^2로써 1m^2에 가깝다. 즉, 전지 A0는 폭에 대한 길이의 비가 $\sqrt{2}$이고 넓이가 1m^2가 되도록 만든 종이이다. 이를 절반으로 자르면 A1, 또 절반으로 자르면 A2, A3, A4, … 등의 ‘A판’ 용지가 만들어진다.

마찬가지로 폭에 대한 길이의 비가 $\sqrt{2}$이고 넓이가 1.5m^2가 되도록 만든 종이, 즉 1456mm×1030mm 규격의 전지를 B0라 하여 이를 절반으로 자르면 B1, 또 절반으로 자르면 B2, B3, B4, … 등의 ‘B판’ 용지가 만들어진다.

A판과 B판의 모든 용지가 서로 닮은꼴(A0와 B0의 닮은비는

$\sqrt{1.5}$)이기 때문에, 적절한 비율로 확대하거나 축소해서 다른 용지에 복사할 수 있는 또 다른 이점이 있다.

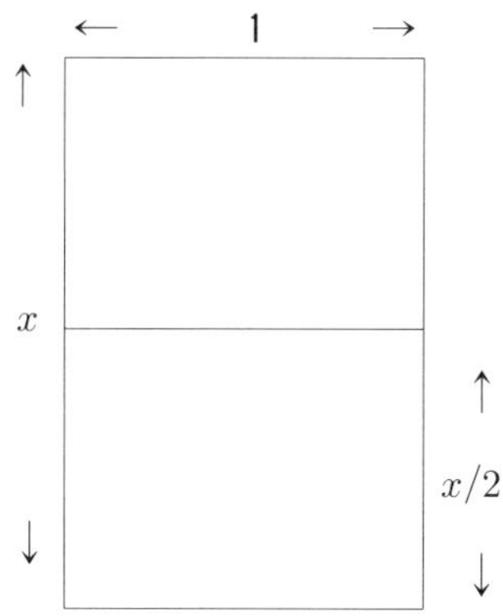

종이 재단의 원리

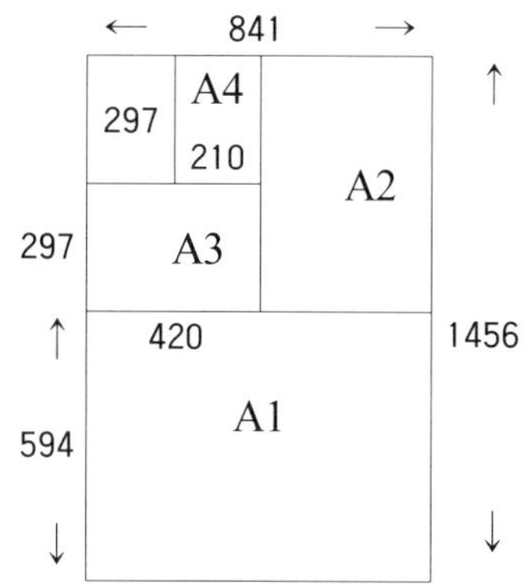

A판

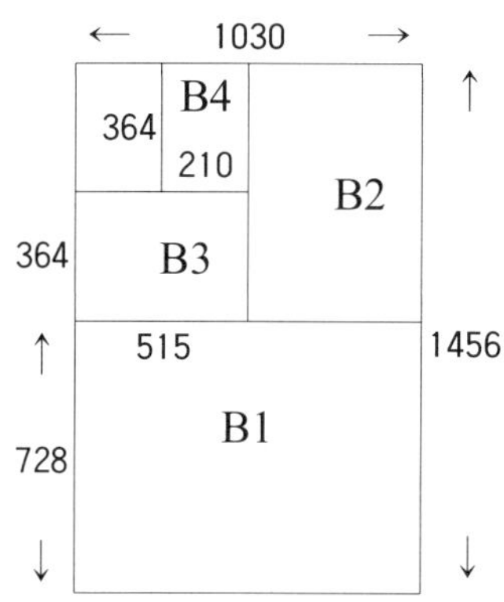

B판

문제 2 다음 문제의 타당한 이유를 설명하여라.

(1) 맨홀 뚜껑은 왜 원형인가?

(2) 아이스크림은 왜 원뿔 모양 용기에 담는가?

노벨 수학상은 왜 없는가?

1896년 다이너마이트를 발명하여 거대한 부자가 된 알프레드 노벨(Alfred Bernhard Nobel, 1833~96)이 죽었을 때, 900만 달러 상당의 기금이 평화, 문학, 물리학, 화학과 철학에 대해 매년 노벨상을 줄 수 있도록 조성되었다. 하지만 수학은 노벨상에서 제외되었다.

노벨이 수학상을 제정하지 않은 것에 대한 많은 추측이 있다. 수학자 한 사람이 노벨의 아내와 불륜을 저질렀다든가(하지만 노벨은 결혼하지 않았다.) 이 수학자가 노벨과 관련이 있는 여인과 불륜을 저질렀을 수는 있다. 이것은 그럴 듯하지만 실증할 만한 증거가 없다. 또한 노벨이 접촉했던 여인의 어떤 남자도 수학자는 아니었다.

노벨과 같은 시대에 유명한 해석학자 미타그-레플러(Mittag-Leffler)가 수학계에 태두로 활동하고 있었다. 그런데 어떤 이유인지는 몰라도 미타그-레플러와는 사이가 매우 좋지 못하였던 모양이다. 이러한 이유로 노벨은 미타그-레플러와 관계된 수학 부문만은 노벨상의 대상에서 제외하고 말았다고 한다. 하지만 수학에도 노벨상에 버금가는 필즈상이라는 것이 있다.

제 7 장

우리가 알아야 할 논리

우리가 살아가는 일상의 생활뿐 아니라 학문을 하는 과정에서도 논리적인 사고는 꼭 필요로 한다. 중등학교 과정을 통하여 많은 시간을 할애하여 수학공부를 하는 것도 알고 보면 수학이란 도구를 가지고 두뇌 훈련을 시켜 논리적이고 과학적인 사고를 할 수 있는 능력을 기르는데 있는 것이다.

삶 자체 또한 판단의 연속이라 해도 과언이 아니다. 올바른 판단은 논리적인 사고(思考)에 근거한다. 조금은 수학적이고 지루한 내용이지만 우리가 꼭 알아야 할 논리에 대한 기본적인 지식과 개념이기 때문에 이 장에서 우선 소개하기로 한다.

7.1 명제와 연산

논리에 대하여 연구하는 것은 타당하지 않는 논증으로부터 타당한 논증을 구별하는데 쓰이는 원리와 방법을 공부하는 것이다. 여기서 논리를 공부하는 목적은 학생들로 하여금 증명의 각 단계에서 이용되고 있는 원리와 방법을 이해할 수 있도록 돕는데 있다.

논리에서 전문적으로 사용하고 있는 용어 '명제'는 다음과 같이 정의한다. "명제(statement)는 참이거나 거짓이되 양쪽이 동시에 성립할 수 없는 서술적인 문장"을 말한다. 명제가 참인지 거짓인지를 알려고 노력할 필요는 없지만 명제에는 참, 거짓 중 어느 한쪽이어야 함을 분명히 가릴 만한 조건이 갖추어져 있어야 한다. 흔히 명제의 참, 거짓은 곧바로 판정할 수도 있고 어떤 경우에는 다소의 노력을 들여야만 결론에 도달할 수 있으며, 아무리 노력을 기울려도 결론에 도달하지 못한 경우도 있다.

보기 1

다음 문장은 명제이다.

① 목포는 전라남도에 있는 도시이다.
② 2+3은 7이다.
③ π를 십진법으로 전개할 때 소수점 아래 10,000자리의 수는 8이다.
④ 지구의 나이는 30억 년이다.
⑤ 화성에는 생명체가 존재한다.
⑥ 지금 밖에는 눈이 내리고 있다.

[보기 1]의 예에서 보면 ①은 참이고 ②는 거짓인 것을 쉽게 알 수 있으나 ③, ④, ⑤의 참, 거짓을 단언하기에는 우리의 지식이 부족하여 망설이게 되지만 이것들도 분명히 명제인 것은 사실이다. ⑥의 참, 거짓은 그 명제를 사용할 때의 날씨에 달려 있다.

보기 2

다음 문장은 참, 거짓을 선언할 수 없으므로 모두 명제가 아니다.

① 그 여자는 키가 크다.
② 안녕 하십니까?
③ 이리 오너라.
④ 꽃이 많다.

[보기 1]에서와 같은 명제를 모두 단순명제(simple statement)라 하고 둘 또는 그 이상의 단순명제들을 결합하여 만든 명제를 합성명제(compound statement)라 한다. 예를 들면 "2+3은 7이다. 그리고 화성에는 생명체가 존재한다."는 하나의 합성명제이다. 수학에서 수를 나타낼 때 문자를 사용하듯이 논리에 있어서도 명제를 p, q, r, $\cdots$과 같

은 문자를 이용하여 나타낸다. 보통 p와 같은 문자를 사용하여 단순명제, 또는 합성명제를 나타낸다. 그러나 특별한 언급이 없으면 앞으로는 합성명제를 대문자 P, Q, R, $\cdots$로 나타내기로 한다.

명제 p, q, r, $\cdots$을 기본적인 다섯 가지의 결합자들을 조합하여 합성명제를 구성하는데 이 다섯 가지 결합자들의 의미에 대하여 공부하기로 하자(수학적인 의미로 해석하면 명제들의 집합에 다섯 가지 연산을 주어 대수적 구조를 갖게 함).

이 다섯 가지의 결합자(connective)는 다음과 같다.

① "아니다(not)", 기호로는 "$\sim$"
② "과, 그리고(and)", 기호로는 "$\wedge$"
③ "또는(or)", 기호로는 "$\vee$"
④ "$\cdots$ 이면, $\cdots$ (if $\cdots$ then $\cdots$)", 기호로는 "$\rightarrow$"
⑤ "$\cdots$ 이면, 그리고 그때에만 $\cdots$ (if and only if $\cdots$)", 기호로는 "$\leftrightarrow$"

정의 I

하나의 명제 p에 대하여 "P가 아니다." 또는 "P의 부정(negative)으로 부르는 $\sim P$는 명제 P가 거짓일 때는 참이고, P가 참일 때는 거짓인 명제이다." 예를 들어 P를 명제 "이것은 수학교재이다."라고 할 때 그 부정 $\sim P$는 "이것은 수학교재가 아니다."를 나타내는 명제이다.

명제 P의 참(T), 거짓(F)은 명제 P의 참, 거짓에 달려 있다. 이러한 의존성을 다음과 같은 진리표(Truth table)에 실어두면 편리하다.

P	$\sim P$
T	F
F	T

[표 7.1]

[표 7.1]에서와 같이 문자 T와 F는 각각 참(true), 거짓(false)을 나타낸다. [표 7.1]의 첫째 열에는 명제 P에 대한 두 가지 가능한 진리값(truth value), 즉 T 또는 F를 기록하고 둘째 열에는 $\sim P$의 진리값 F 또는 T를 기록한다.

정의 2

임의의 두 명제 p, q 사이에 결합자 $\wedge$를 붙여서 합성명제 $p \wedge q$를 구성한다. 다음은 $p \wedge q$의 진리표이다.

p	q	$p \wedge q$
T	T	T
T	F	F
F	T	F
F	F	F

[표 7.2]

이 $p \wedge q$는 "p 그리고 q", "p이고 q" 혹은 "p와 q의 논리곱"(conjunction)이라고 읽는다. 예를 들면 명제 "하늘이 푸르다."를 p, "장미는 붉다."를 q라고 하면 논리곱 $p \wedge q$는 "하늘은 푸르고 장미는 붉다."를 나타내는 명제이다. $p \wedge q$ 같은 합성명제에 대하여 각각의 명제 p, q를 성분(component)이라고 한다. 합성명제의 성분은 단순명제이거나 합성명제일 수도 있다. $p \wedge q$같이 두 성분으로 이루어진 합성명제에 있어서 검토할 모든 가능성, 즉 논리적 가능성(logical possibility)은 4(2×2)가지가 있다. 이 논리적 가능성을 알아보면 다음과 같다.

① p가 참이고, q도 참이다.
② p가 참이고, q는 거짓이다.
③ p가 거짓이고, q는 참이다.
④ p가 거짓이고, q도 거짓이다.

이러한 네 가지 가능성은 [표 7.2]의 각 행에 실려 있고 표의 마지막 열에는 $p \wedge q$의 진리값이 적혀있다. 지금 그 열을 보면 단 한 경우에만 $p \wedge q$의 진리값이 참임을 알 수 있다. 즉, 두 성분 p, q가 모두 참일 때에만 $p \wedge q$는 참이고 나머지 세 경우의 진리값은 거짓이다. 일상 영어의 접속사 "그리고(and)"는 [표 7.2]에서 의미하는 방법으로 사용됨을 알 수 있다.

보기 3

다음 합성명제의 진리표를 작성하여라.

$$\sim[(\sim p)\wedge(\sim q)]$$

풀이

p	q	$\sim p$	$\sim q$	$(\sim p)\wedge(\sim q)$	$\sim[(\sim p)\wedge(\sim q)]$
T	T	F	F	F	T
T	F	F	T	F	T
F	T	T	F	F	T
F	F	T	T	T	F
단	계	1	1	2	3

[표 7.3]

[표 7.3]의 작성법을 쉽게 이해하기 위하여 작성절차를 알아보자. 머리 부분에 해당하는 행에 주어진 합성명제(마지막 열)를 꾸밀 수 있도록 그 성분들을 골라서 실은 다음, 처음 두 열에는 p와 q의 진리값에 대한 모든 경우를 기록한다. 다음 1단계 제3열과 제4열에 실릴 진리값, 즉 $\sim p$와 $\sim q$에 대응하는 진리값은 [정의 1]에 의하여 얻는다. 2단계에는 [정의 2]를 이용하여 제5열의 진리값을 얻도록 한다. 마침내 제5열의 진리값에 [정의 1]을 이용하여 3단계 제6열, 즉 $\sim[(\sim p)\wedge(\sim q)]$의 진리값을 얻는다.

위에서 다룬 명제 $\sim[(\sim p)\wedge(\sim q)]$에 있어서 소괄호와 대괄호를 씀으로써 결합자 $\sim$, $\wedge$를 적용시킬 순서를 나타낸다. 그러나 그 뜻이 분명한 경우에는 소괄호나 대괄호를 생략하여 $(\sim p)\wedge(\sim q)$, $\sim p\wedge\sim q$와 같이 간단히 나타낼 수 있다.

정의 3

임의의 두 명제 p, q 사이에 결합자 $\vee$를 붙여서 합성명제 $p\vee q$를 구성한다. $p\vee q$의 진리값은 다음 [표 7.4]와 같이 정의한다.

p	q	$p\vee q$
T	T	T
T	F	T
F	T	T
F	F	F

[표 7.4]

앞의 정의에서 결합자 "$\vee$"은 영어에서 "또는(or)"과 비슷한 의미를 갖는다. 그런데 영어에서는 "또는(or)"을 애매하게 사용하는 경우가 있다. 이를테면, "나는 석사학위 또는 박사학위를 받을 것이다."의 명제는 석사학위만 받든가 석사학위와 박사학위를 모두 받을 것임을 뜻한다. 그러나 명제 "나는 순자 또는 영자와 결혼할 것이다."에서의 "또는"은 두 여자 중 어느 한 사람만을 선택하여 결혼하겠다는 뜻으로 사용하고 있다. 수학과 논리에서는 애매한 점을 허용하지 않으므로 여기에서 사용한 용어 “또는”의 의미도 명확한 정의가 필요하다. 따라서 결합자 $\vee$를 위에서 언급한 첫 번째 명제와 같이 포함하는 뜻에서의 “또는”으로 정의한다.

기호 $p \vee q$는 p 또는 q, 혹은 p와 q의 논리합(disjunction)이라고 읽는다. 논리곱과 논리합에 대해서는 다음과 같은 점을 주의해야 한다. $p \wedge q$의 진리값은 p와 q가 모두 참일 때에만 참인 것에 반하여 $p \vee q$의 진리값은 p와 q가 모두 거짓일 때만 거짓이다.

정의 4

단순명제 또는 합성명제 P, Q에 대하여 모든 논리적 가능성의 각각의 경우에 진리값이 모두 같으면 P와 Q는 논리적 동치(locally equivalent) 또는 간단히 동치(equivalent)라 하고 이것을 $P \equiv Q$와 같이 나타낸다.

[정의 4]를 간단히 말하면 두 명제에 대하여 진리표가 같으면 논리적 동치이다. 예를 들면 $p \vee q$와 $\sim[(\sim p) \wedge (\sim q)]$의 진리표가 같으므로 두 명제는 동치이다. 즉, $p \vee q \equiv \sim[(\sim p) \wedge (\sim q)]$.

정의 5

임의의 두 명제 p와 q에 대하여 조건부(conditional)라고 부르는 결합자 “$\rightarrow$”를 붙여서 합성명제 “$p \rightarrow q$”(‘p이면 q이다’로 읽는다)를 구성한다. 이 합성명제 “$p \rightarrow q$”는 [표 7.5]와 같이 $\sim[p \wedge (\sim q)]$와 동치인 명제로 정의한다.

p	q	$\sim q$	$p \wedge \sim q$	$p \rightarrow q \quad \equiv \sim [p \wedge \sim q]$
T	T	F	F	T
T	F	T	T	F
F	T	F	F	T
F	F	T	F	T
단	계	1	2	3

[표 7.5]

[정의 5]에 대하여 좀 더 알아보자. 지금 두 명제 "날씨가 좋다."와 "나는 등산을 간다."를 각각 p, q라고 하면 $p \rightarrow q$는 "날씨가 좋으면 나는 등산을 간다."를 나타내는 명제이다. 이러한 명제(조건문)에서 진리값이 거짓인 것은 어느 경우일까? 분명히 날씨가 좋은데 내가 등산을 가지 않을 때, 그리고 그러한 경우에만 $p \rightarrow q$는 거짓이다. 다시 말하면 $p \wedge \sim q$일 때에만 $p \rightarrow q$는 거짓이다. 이것이 바로 [정의 5]이다.

명제 $p \rightarrow q$, 즉 $\sim (p \wedge \sim q)$은 일상용법에서의 "p 이면 q"와는 현격한 차이가 있다. 일상언어에 있어서 "p 이면 q"와 같은 꼴의 문장은 p가 참이기만 하면 q는 참인 것으로 받아들여지므로 p가 거짓인 경우는 생각할 필요가 없다. 이를테면 '달이 지구보다 크다면 해는 서쪽에서 뜬다.'는 무의미하다. 왜냐하면 이 명제의 성분 중 가정이 거짓이기 때문이다.

이제 가장 흔히 쓰이고 있는 결합자 중에서 마지막 것을 소개한다. 이 마지막 결합자는 수학적 정리인 명제에 가장 빈번히 등장한다.

정의 6

임의의 두 명제 p와 q 사이에 쌍조건부(biconditional)라고 부르는 결합자 $\leftrightarrow$을 붙여서 합성명제 $p \leftrightarrow q$("p이면, 그리고 그때에만 q"라고 읽음)를 구성한다. 이 합성명제 $p \leftrightarrow q$는 [표 6]에서와 같이 합성명제 $(p \rightarrow q) \wedge (q \rightarrow p)$와 동치인 것으로 정의한다.

p	q	$p \rightarrow q$	$q \rightarrow p$	$p \rightarrow q$ $[\equiv (p \rightarrow q) \wedge (q \rightarrow p)]$
T	T	T	T	T
T	F	F	T	F
F	T	T	F	F
F	F	T	T	T
단 계		1	1	2

[표 7.6]

7.2 명제 연산의 기본 성질

어떤 명제는 모든 논리적 가능성에 대하여 항상 참인 것을 알 수 있다. 이와 같이 중요한 형태의 명제에 특별한 이름을 붙여보기로 한다.

정의 7

모든 논리적 가능성에 대하여 항상 참인 명제를 항진(tautology)이라고 한다. 특히 단순명제 또는 합성명제 P, Q에 대하여 조건문 $P \rightarrow Q$가 항진일 때 이것을 함의(implication)라 하고, $P \Rightarrow Q$("P는 Q를 함의한다."이라고 읽는다)와 같이 나타낸다.

다음 조건문은 모두 함의이다.

① $p \to p$ ② $p \wedge q \to q \wedge p$

③ $p \to p \wedge p$ ④ $p \wedge q \to q$

수학이나 논리에서의 법칙이나 정리(theorem)는 참인 명제이다. 이렇게 참인 명제인 정리의 정당성을 밝히는 일을 증명(proof)이라고 한다.

성질 1

임의의 두 명제 p, q에 대하여 다음이 성립한다.

(a) 합의 법칙(law of addition) $p \to p \vee q$

(b) 단순화 법칙(laws of simpication) $p \wedge q \to p$, $p \wedge q \to q$

(c) 논리합 삼단법(disjunctive syllogism) $(p \vee q) \wedge \sim p \to q$

증명

(a)와 (b)의 증명은 진리표를 만들어 보면 쉽게 구할 수 있다.
(c)의 증명은 다음과 같이 진리표를 만들어서 간단하게 할 수 있다.

p	q	$(p$	$\vee$	$q)$	$\wedge$	$\sim p$	$\to$	q
T	T	T	T	T	F	F	T	T
T	F	T	T	F	F	F	T	F
F	T	F	T	T	T	T	T	T
F	F	F	F	F	F	T	T	F
단 계		1	2	1	3	2	4	1

[표 7.7]

[표 7.7]에서 알 수 있듯이 이 표의 진리값은 4단계에서 나타난 것

처럼 모두 T이므로 명제 $(p \vee q) \wedge \sim p \to q$는 분명히 함의이다.

항진명제인 쌍조건문 $p \leftrightarrow q$를 동치(equivalent)라 하고, 이것을 $P \Leftrightarrow Q$("P와 Q는 동치이다."라고 읽음)와 같이 나타낸다. 또는 $P \equiv Q$로 나타내기도 한다.

성질 2

임의의 두 명제 p, q에 대하여 다음이 성립한다.

(a) 이중부정법칙(law of double negation) $\sim(\sim p) \equiv p$

(b) 교환법칙(commutative laws) $p \wedge q \equiv q \wedge p$, $p \vee q \equiv q \vee p$

(c) 멱등법칙(laws of idempotency) $p \wedge p \equiv p$, $p \vee p \equiv p$

(d) 대우법칙(contrapositive law) $(p \to q) \equiv (\sim q \to \sim p)$

증명

(a), (b), (c)는 진리표를 만들어 쉽게 증명할 수 있다.

(d)의 증명도 다음과 같이 진리표를 만들어 쉽게 할 수 있다.

p	q	$(p$	$\to$	$q)$	$\leftrightarrow$	$\sim q$	$\to$	$\sim p$
T	T	T	T	T	T	F	T	F
T	F	T	F	F	T	T	F	F
F	T	F	T	T	T	F	T	T
F	F	F	T	F	T	T	T	T
단	계	1	2	1	4	2	3	2

[표 7.8]

성질 3 **드모르간 법칙(De Morgan's Laws)**

임의의 두 명제 p, q에 대하여 다음이 성립한다.

$$\sim(p \vee q) \equiv (\sim p \wedge \sim q),\ \sim(p \wedge q) \equiv (\sim q \vee \sim p)$$

증명

여기서는 이 정리의 앞부분만 증명하고 뒷부분은 독자의 연습문제로 넘긴다. 이 증명도 진리표를 만들어서 쉽게 할 수 있다.

p	q	~	$(p$	$\vee$	$q)$	$\leftrightarrow$	$(\sim p$	$\wedge$	$\sim q)$
T	T	F	T	T	T	T	F	F	F
T	F	F	T	T	F	T	F	F	T
F	T	F	F	T	T	T	T	F	F
F	F	T	F	F	F	T	T	T	T
단	계	3	1	2	1	4	2	3	2

[표 7.9]

성질 4

임의의 세 명제 p, q, r에 대하여 다음이 성립한다.

(a) 결합법칙(associative laws) $(p \wedge q) \wedge r \equiv p \wedge (q \wedge r)$

$(p \vee q) \vee r \equiv p \vee (q \vee r)$

(b) 분배법칙(distributive laws) $p \wedge (q \vee r) \equiv (p \wedge q) \vee (p \wedge r)$

$p \vee (q \wedge r) \equiv (p \vee q) \wedge (p \vee r)$

(c) 추이법칙(transitive laws) $(p \rightarrow q) \wedge (q \rightarrow r) \equiv (p \rightarrow r)$

증명

(a)와 (b)의 증명은 독자의 연습문제로 남기고 여기서는 (c)만 증명하기로 한다. 앞에서와 마찬가지로 진리표를 만들어서 증명한다. 세 명제 p, q, r에 대한 논리적 가능성은 모두 23=8가지 있다.

p	q	r	$(p$	$\rightarrow$	q	$\wedge$	$(q$	$\rightarrow$	$r)$	$\rightarrow$	$(p$	$\rightarrow$	$r)$
T	T	T	T	T	T	T	T	T	T	T	T	T	T
T	T	F	T	T	T	F	T	F	F	T	T	F	F
T	F	T	T	F	F	F	F	T	T	T	T	T	T
T	F	F	T	F	F	F	F	T	F	T	T	F	F
F	T	T	F	T	T	T	T	T	T	T	F	T	T
F	T	F	F	T	T	F	T	F	F	T	F	T	F
F	F	T	F	T	F	T	F	T	T	T	F	T	T
F	F	F	F	T	F	T	F	T	F	T	F	T	F
단계			1	2	1	3	1	2	1	4	1	2	1

[표 7.10]

[표 5.10]의 마지막 단계(단계 4)는 진리값이 모두 T로 이루어져 있으므로 추이법칙이 성립함을 알 수 있다.

성질 5

임의의 두 명제 p, q 에 대하여 다음이 성립한다.

(a) 구성적 양도논법(constructive dilemmas)

$(p \rightarrow q) \wedge (r \rightarrow s) \Rightarrow (p \vee r \rightarrow q \vee s)$

$(p \rightarrow q) \wedge (r \rightarrow s) \Rightarrow (p \wedge r \rightarrow q \wedge s)$

(b) 파괴적 양도논법(destructive dilemmas)

$(p \rightarrow q) \wedge (r \rightarrow s) \Rightarrow (\sim q \vee \sim s \rightarrow \sim p \vee \sim r)$

$(p \rightarrow q) \wedge (r \rightarrow s) \Rightarrow (\sim q \wedge \sim s \rightarrow \sim p \wedge \sim r)$

성질 6

임의의 두 명제 p, q 에 대하여 다음이 성립한다.

(a) 삼단 긍정법(modus ponens) $(p \rightarrow q) \wedge p \Rightarrow q$

(b) 삼단 부정법(modus tollens) $(p \rightarrow q) \wedge \sim q \Rightarrow \sim p$

(c) 배리법(reductio ad absurdum) $(p \rightarrow q) \Leftrightarrow (p \wedge {\sim}q \rightarrow q\ q \wedge {\sim}q)$

증명 생략

정의 8

항진명제와는 반대로 논리적 가능성의 모든 경우의 진리값이 항상 거짓인 명제를 항위 또는 모순(contradiction)이라고 한다. 예를 들면 $p \wedge {\sim}p$는 하나의 모순이다. 분명히 항진 t에 대하여 ~t는 모순이고 모순 c에 대하여 ~c는 항진이다.

성질 7

항진 t, 모순 c, 임의의 명제 p, q에 대하여 다음이 성립한다.

(a) $p \wedge \mathrm{t} \Leftrightarrow p$, $p \vee \mathrm{t} \Leftrightarrow \mathrm{t}$

(b) $p \vee \mathrm{c} \Leftrightarrow p$, $p \wedge \mathrm{c} \Leftrightarrow \mathrm{c}$

(c) $\mathrm{c} \Rightarrow p$, $p \Rightarrow \mathrm{t}$

증명

다음 진리표에 의하여 쉽게 증명할 수 있다.

	p	$\wedge$	t	$\leftrightarrow$	p
	T	T	T	T	T
	F	F	T	T	F
단계	1	2	1	3	1

p	$\vee$	c	$\leftrightarrow$	p
T	T	F	T	T
F	F	F	T	F
1	2	1	3	1

	c	$\rightarrow$	p
	F	T	T
	F	T	F
단계	1	2	1

	p	$\rightarrow$	t
	T	T	T
	F	T	T
단계	1	2	1

7.3 추론규칙

7.2절에서 요약해 놓은 성질들은 논리적 동치와 함의에 대한 정당성을 주장하는 데 매우 중요한 수단이 되고 있다. 이른바 추론규칙(rules of inference)으로 부르는 이들 법칙도 단지 편리하게 활용하고자 택한 것일 뿐 규칙 상호간의 독립성은 염두에 두지 않고 있다. 이를테면 대우법칙의 경우, 이 규칙과는 다른 법칙과 그에 관련된 정의를 써서 연역적(deductively)으로 설명할 수 있다.

보기 4

대우법칙 $(p \to q) \equiv (\sim q \to \sim p)$를 다른 추론규칙과 그에 관련된 정의를 이용하여 규명하여 보자.

$$
\begin{aligned}
(p \to q) &\equiv \sim(p \wedge \sim q) && \text{(정의 5)} \\
&\equiv \sim(\sim q \wedge p) && \text{(교환법칙)} \\
&\equiv \sim[\sim q \wedge \sim(\sim p)] && \text{(이중 부정 법칙)} \\
&\equiv (\sim q \to \sim p) && \text{(정의 5)}
\end{aligned}
$$

그러므로

$$(p \to q) \equiv \sim(\sim q \to \sim p)$$

[보기 4]에서의 증명법은 진리표에 의한 증명법과는 다른 이른바 연역적 추론(deductive reasoning) 또는 연역적 방법(deductive method)이라고 한다.

보기 5

연역적 추론으로 논리합 3단 논법을 증명하여 보자.

$$
\begin{aligned}
(p \vee q) \wedge \sim p &\equiv \sim p \wedge (p \vee q) && \text{(교환법칙)} \\
&\equiv (\sim p \wedge p) \vee (\sim p \wedge q) && \text{(분배법칙)} \\
&\equiv \mathrm{c} \vee (\sim p \wedge q) && (\sim p \wedge p \equiv \mathrm{c}) \\
&\equiv (\sim p \wedge q) \vee \mathrm{c} && \text{(교환법칙)} \\
&\equiv \sim p \wedge q && \\
&\equiv q && \text{(단순법칙)}
\end{aligned}
$$

그러므로

$$(p \vee q) \wedge \sim p \Rightarrow q$$

보기 6

이출법칙(exportation law)을 연역적 추론으로 증명하여 보자.

$$
\begin{aligned}
[p \rightarrow (q \rightarrow r)] &\equiv [p \rightarrow \sim (q \wedge \sim r)] && \text{(정의 5)} \\
&\equiv \sim [p \wedge (q \wedge \sim r)] && \text{(정의 5와 이중부정법칙)} \\
&\equiv \sim [(p \wedge q) \wedge r] && \text{(결합법칙)} \\
&\equiv (p \wedge q) \rightarrow r && \text{(정의 5)}
\end{aligned}
$$

그러므로

$$[p \rightarrow (q \rightarrow r)] \equiv [(p \wedge q) \rightarrow r]$$

앞의 몇 가지 보기의 동치와 함의에 대한 증명에 있어서 진리표보다는 연역적 추론을 선호한 이유는 합성명제가 p, q, r, s 4개의 단순명제로 이루어진 경우 동치를 진리표를 이용하여 증명하려면 16(=2^4)개의 행을 가진 큰 진리표를 작성하여야 된다. 그러나 연역적 추론을 이용하면 짧은 몇 과정만으로 동치의 증명을 끝낼 수 있다.

7.4 한정규칙

일반적으로 토론을 진행하는데 있어서는 염두에 둔 어떤 성질을 지닌 모임 이른바 대상영역(domain of discourse) 또는 모집단(universe of discourse)을 고려하게 된다. 이를테면 명제

"모든 꽃은 시들기 마련이다."

의 대상영역은 꽃이다. 이와 같이 대상영역을 이용함으로써 앞의 명제를 다음과 같이 나타낼 수 있다.

대상영역의 모든 x 에 대하여 x 는 시들기 마련이다.

여기서 관용구 "대상영역의 모든 x에 대하여"를 전칭기호(universal quantifier)라 하고 이것을 $({}^{\forall}x)$ 또는 간단히 $\forall x$ 로 나타낸다. 이 경우 문장 "x는 시들기 마련이다."는 x에 관하여 무엇인가를 언급하고 있다. 이 문장을 새로운 기호 $P(x)$ 로 나타냄으로써 일반적 명제인 "모든 꽃은 시들기 마련이다."를 다음과 같이 나타낼 수 있다.

$$({}^{\forall}x)\ P(x) \text{ 또는 } \forall x,\ P(x)$$

다음에는 명제 "어느 꽃은 시들기 마련이다."를 생각할 경우 대상영역은 역시 꽃이다. 이러한 대상영역을 염두에 두고 위 명제를 다음과 같이 나타낼 수도 있다.

시들기 마련인 꽃이 적어도 하나 있다.
적어도 하나의 시들은 x 가 존재한다.
$P(x)$ 인 적어도 하나의 x 가 존재한다.

여기서 관용구 "적어도 하나의 x 가 존재한다."를 존재기호(existential quantifier)라 하고 이것을 $(\exists x)$ 또는 간단히 $\exists x$ 로 나타낸다. 지금 소개한 존재기호를 써서 위의 명제를 다음과 같이 나타낼

수 있다.

$$(\exists x)\ P(x) \text{ 또는 } \exists x,\ P(x)$$

일반적으로 대상영역 U에 속하는 임의의 변수 x에 관한 일반명제 이른바 명제술어(propositional predicate) $P(x)$를 생각할 때 $\forall x$, $P(x)$는 U에 속하는 모든 x에 대하여 $P(x)$가 참인 것을 주장하는 명제이고, $\exists x$, $P(x)$는 U에 속하는 x가 (적어도 하나) 존재함으로써 $P(x)$가 참인 것을, 다시 말하여 $P(x)$가 참인 x가 U에 (적어도 하나) 존재한다는 것을 주장하는 명제이다.

전칭기호와 존재기호를 통틀어 한정기호(quantifier)라고 한다. 초등수학에서는 흔히 간소화를 위하여 한정기호를 생략한다. 이를테면 중고등학교 교과서에 있는 등식 $(x-1)(x+1)=(x^2-1)$은 모든 실수 x에 대하여 성립하는 것으로 이해하여야 한다. 수학에 있어서 "각 x에 대하여" 혹은 "모든 x에 대하여"는 같은 뜻으로 받아들이되 어느 경우나 기호 $\forall x$로 나타낸다. 한편 "적당한 x에 대하여"와 "x가 존재함으로써"는 같은 뜻으로서 어느 것이나 기호 $\exists x$로 나타낸다. 그리고 형식적인 표현을 다소 피하려면 흔히 한정기호를 명제 뒤에 적는다.

이를테면 "$f(x)=0$, 모든 x에 대하여"은 바로 "$(\forall x)f(x)=0$"과 같다. 논리와 수학에 있어서 명제

"(U에 속하는) 모든 x에 대하여 $P(x)$"

의 부정, 즉 $\sim[(\forall x)\ P(x)]$은

"(U에 속하는) 적어도 하나의 x에 대하여 $\sim P(x)$."

즉, $(\exists x)\ [\sim P(x)]$를 주장하는 명제이다.

마찬가지로 $\sim[(\exists x)\ P(x)]$는

"(U에 속하는) 어떤 x 에 대해서도 $P(x)$는 아니다."

또는

"(U에 속하는) 모든 x 에 대해서 $P(x)$는 아니다."

다시 말하면 $(\forall x)\ (\sim P(x))$와 같은 것으로 생각한다.

■ 한정기호의 부정규칙 (Rule of Quantifier Negation)

주어진 영역 U에 속하는 임의의 변수 x 에 관한 명제 술어 $P(x)$ 에 대하여 다음이 성립한다.

$$\sim[(\forall x)\quad P(x)] \equiv (\exists x)\quad (\sim P(x))$$
$$\sim[(\exists x)\quad P(x)] \equiv (\forall x)\quad (\sim P(x))$$

전칭명제 $(\forall x)\ P(x)$와 존재명제 $(\exists x)\ P(x)$를 더 잘 이해하기 위하여 주어진 대상영역이 유한개 $a_1,\ a_2,\ \cdots\ a_n$으로 이루어졌을 경우에 대하여 알아보자. 이때 $(\forall x)\ P(x)$는 모든 $a_1,\ a_2,\ \cdots\ a_n$에 대하여 $P(x)$가 참, 즉 $P(a_1),\ P(a_2),\ \cdots,\ P(a_n)$의 논리곱이 참이면, 그리고 그때만 참이다. 따라서 $(\forall x)\ P(x)$는 $P(a_1) \wedge P(a_2) \wedge \cdots \wedge P(a_n)$를 뜻한다.

마찬가지로 $(\exists x)\ P(x)$는$P(a_1) \vee P(a_2) \vee \cdots \vee P(a_n)$를 뜻한다. 이것은 한정기호의 부정규칙은 드모르간 법칙의 일반화임을 알 수 있다.

보기 7

다음 명제 중 어느 것이 명제 "모든 학생은 학생증을 소지하고 있다."의 부정과 동치인 명제인가?

(a) 모든 학생은 학생증을 소지하지 않는다.
(b) 학생증을 소지하고 있는 학생이 있다.
(c) 학생증을 소지하지 않은 학생이 있다.

풀이

모든 학생의 영역을 U라 할 때, U에 속하는 임의의 변수 x에 대하여 "x는 학생증을 소지하고 있다."를 나타내는 명제술어 $P(x)$라 할 때 주어진 명제는 $(\forall x)\ P(x)$로 기호화한다. 한편 한정명제의 부정 규칙에 의하여 $\sim[(\forall x)\ P(x)] \equiv (\exists x)\ (\sim P(x))$이다. 따라서 구하는 명제는 (c)이다.

7.5 타당성의 증명

논리학자들의 중요한 과제 중 하나는 논증을 점검하는 일이다. 논증(argument)이란 가정(hypotheses) 또는 전제(premise)라고 부르는 명제로부터 결론(conclusion)이라 하는 명제를 논리적으로 유도하는 과정을 뜻한다. 예를 들어보면 다음 첫 네 명제 $H_1 \sim H_4$는 모두 가정이고 마지막 명제가 결론인 논증을 나타낸다.

H1 김군이 의학공부를 한다면 그는 부유한 생활을 할 것이다.
H2 김군이 예술공부를 한다면 그는 멋진 생활을 할 것이다.
H3 김군이 부유한 생활 또는 멋진 생활을 하려면 대학등록금을 낭비하여서는 안 된다.
H4 김군은 대학등록금을 낭비하고 있다. 따라서 김군은 의학과 예술 공부를 하지 않고 있다.

앞의 논증에 대한 가정과 결론을 각각 다음과 같은 문자로 나타내 보기로 한다.

M : 김군은 의학공부를 한다.

E : 김군은 부유한 생활을 할 것이다.

A : 김군은 예술공부를 한다.

L : 김군은 멋진 생활을 할 것이다.

W : 김군은 대학등록금을 낭비한다.

이러한 문자들과 결합자를 써서 주어진 논증을 다음과 같이 나타낼 수 있다.

H1. $M \rightarrow E$

H2. $A \rightarrow L$

H3. $(E \vee L) \rightarrow \sim W$

H4. $W \rightarrow \sim(E \wedge L)$

이 논증의 타당성(validity)을 진리표로 밝히려면 무려 32(=2^5)행을 지닌 표를 작성하여야 한다. 그러나 추론의 규칙을 이용하면 불과 몇 단계만을 사용하여 가정으로부터 결론을 얻음으로써 논증의 타당성을 증명할 수 있다.

우선 삼단부정법과 드모르간 법칙을 이용하여 두 가정 H3와 H4, 즉 $(E \vee L) \rightarrow \sim W$, W로부터 $\sim(E \vee L) \equiv \sim E \wedge \sim L$을 유도한다. 또 단순화 법칙에 의하여 $\sim E \wedge \sim L$로부터 ~E와 ~L이 유도된다.

한편 H1인 $M \rightarrow E$와 ~E로부터 ~M을 얻는 것도 타당하다. 마찬가지로 가정 H2 $A \rightarrow L$과 ~L로부터 ~A가 유도되고 마침내 ~M과 ~A의 논리곱에 의하여 결론 $\sim M \wedge \sim A$를 내릴 수 있다.

여기에서 인용된 추론의 규칙은 이중부정, 삼단부정법, 드모르간 법칙, 단순화 법칙이다.

타당성의 증명을 간편한 형식으로 나타내려면 한쪽에 가정과 그로부터 유도된 명제들을 나열하고 각 단계마다의 정당성을 적도록 한다. 이 경우 각 단계에서의 정당성(justification)이란 바로 그 단계에 주어져 있는 명제에 앞서 있는 명제이거나 추론의 규칙을 가리킨다. 특히 쉬운 추론의 경우에는 가정과 그로부터 유도된 명제에 일일이 번호를 매기고 결론만은 마지막 단계의 오른쪽에 적어두면 편리하다. 이때 마지막 단계와 결론 사이에 빗금을 쳐서 그 위의 명제는 모두 가정을 나타내도록 한다. 앞의 논증에 대한 타당성의 형식적 증명을 다음과 같이 할 수 있다.

1. $M \rightarrow E$	(가정)
2. $A \rightarrow L$	(가정)
3. $(E \vee L) \rightarrow \sim\bar{W}$	(가정)
4. W / $\sim M \wedge \sim A$	(가정 / 결론)
5. $\sim(\sim W)$	(4의 이중부정)
6. $\sim(E \vee L)$	(3의 삼단부정)
7. $\sim E \wedge \sim L$	(6의 드모르간 법칙)
8. $\sim E$	(7의 단순법칙)
9. $\sim L$	(〃)
10. $\sim M$	(8로부터 1의 삼단부정)
11. $\sim A$	(8로부터 2의 삼단부정)
12. $\sim M \wedge \sim A$	(10, 11의 논리곱)

논증의 공식적 증명(formal proof)은 논증에서의 결론을 이끌어낼 수 있는 일련의 명제를 가리키며 그 각각은 전제이거나 아니면 앞선 명제로부터 타당한 논증에 의하여 유도된 명제이다.

보기 8

기호(K, L, P, C)를 사용하여 다음 논증에 대한 타당성의 형식적 증명을 하여라

- 김군이 총학생회 회장으로 선출되거나 이군과 박군이 부회장에 선출된다.
- 김군이 회장으로 선출되거나 이군이 부회장으로 선출되면 최군은 항의서를 제출할 것이다.

증명

1. $K \vee (L \wedge P)$
2. $K \vee L \rightarrow C$ / $K \vee C$
3. $(K \vee L) \wedge (K \vee P)$　　(2의 분배법칙)
4. $K \vee L$　　(3의 단순법칙)
5. C　　(4와 2로부터)
6. $C \vee K$　　(5와 합의 법칙)
7. $K \vee C$　　(6의 교환법칙)

논증에 대한 타당성의 공식적 증명으로서 또 다른 방법이 있는데 이른바 간접 증명법(method of indirect proof) 또는 배리법이 있다. 그런데 간접 증명법은 논증의 결론의 부정을 하나의 새로운 전제로서 주어진 가정에 덧붙임으로써 모순을 이끌어내는 방법을 말한다. 이 경우 모순이 유도되면 증명이 끝난다.

보기 9

다음 논증의 타당성을 간접 증명법으로 증명하여라.

$$p \lor q \to r$$
$$s \to p \land u$$
$$q \lor u \ / \ s$$

증명

1. $p \lor q \to r$
2. $s \to p \land u$
3. $q \lor s \ / \ r$
4. $\sim r$ (간접증명을 위하여 결론 부정)
5. $\sim(p \lor q)$ (1, 4의 삼단부정)
6. $\sim p \land \sim q$ (5의 드모르간 법칙)
7. $\sim p$ (6의 단순법칙)
8. $\sim q$ (6의 단순법칙)
9. s (3, 논리합 삼단법)
10. $p \land u$ (9, 2로부터)
11. p (10의 단순법칙)
12. $p \land \sim p$ (7, 11의 논리곱)

즉, 마지막 단계 12의 명제 $p \land \sim p$는 모순이므로 증명이 끝났다. 이러한 간접증명에 반하여 앞에서 도입한 바 있는 논증의 타당성의 증명을 직접증명(direct proof)이라고 부른다. 수학적 증명에서는 직접증명 또는 간접증명방법 중 어느 것을 활용할 수 있으나 증명법의 선택은 취향과 편리함에 달려 있다. 논증의 또 다른 증명방법으로는 수학적 귀납법(mathematical induction)의 원리가 있다. 이 귀납법은 자연수 n에 관한 수희적 명제 $P(n)$의 타당성을 증명하는데 매우 유용하다. 여기서는 생략하기로 한다.

아벨

아벨(Niels Henrik Abel, 1802-1829)은 일찍이 천재성을 꽃피우고 나서 미래 수학자들에 영향을 준 괄목할 만한 업적을 남기고 26세에 결핵과 영양실조로 요절한 비운의 수학자이다. 19세 때에는 약 3세기 동안 수학상의 어려운 문제로 남아 있던 5차 방정식의 대수적 일반해법을 연구하여, 그 불가해성을 증명하였다.

아벨은 5차 방정식에 관한 논문을 자비로 인쇄하여, 한 부를 당시 수학계의 일인자였던 가우스에게 보냈으나, 가우스는 그것을 읽어보지도 않고 쓰레기통에 버렸다고 한다.

제 8 장

생활 속 논리

8.1 논리와 관계된 여러 가지 문제

논리는 문제를 해결하는 중요한 역할을 한다. 논리는 꼭 수학적인 문제가 아니더라도 논리는 우리가 부딪치는 여러 가지 문제들을 해결하는데 많은 도움을 준다. 여기에서는 몇 가지 논리적인 문제들을 제공하여 논리적인 지식과 원리들을 어떻게 이용하는가에 대하여 알아보기로 하자. 이런 문제들을 해결하는 훈련을 통하여 논리적 사고력을 기르도록 하자.

문제 1 당신이 두 종류의 원주민들이 사는 섬에서 길을 안내해 줄 안내원을 구해야 한다. 이들 원주민들은 물음에 "예"또는 "아니오"만을 답하며 한 종류의 원주민은 참말만을 답하는 참말족이고 다른 한 종류의 원주민은 거짓말만을 말하는 거짓말족이다. 외모상으로 참말족과 거짓말족을 구별하는 차이는 없다. 당신이 이 섬에서 만나는 원주민에게 한마디의 물음으로 참말족과 거짓말족을 구별할 수 있겠는가?

풀이

만약에 당신이 "네가 참말족이냐?"라고 직접 물으면 참말족은 "네"라고 대답할 것이며 거짓말족도 역시 "네"라고 대답할 것이다. 마찬가지로 "네가 거짓말족인가?"라고 직접 물어봐도 참말족은 "아니오"라고 대답할 것이고 거짓족도 역시 "아니오"라고 대답할 것이다. 따라서 이런 직접적인 물음을 가지고는 참말족과 거짓말족을 구별할 수 없다. 그러므로 "조건문" 이나 "또는(논리합)", 혹은 "그리고(논리곱)"를 사용하여 다음과 같은 합성명제의 물음이 필요하다.
만약 네가 참말족이라면 너는 다음과 같은 질문에 어떻게 답하겠는가? "너는 거짓말족이냐?"

지금 이 질문의 답을 가지고 이 섬의 원주민들의 두 종류를 구별하는 방법을 알아본다.

명백하게 참말족은 "네가 거짓말족인가?"라는 물음에 "아니오"라고 대답할 것이다. 거짓말족은 자기가 참말족인 것처럼 생각하고 있으므로 "네가 거짓말족인가?"라고 물으면 "아니오"라고 대답할 것이다. 그러나 거짓말족은 거짓말을 하여야 하므로 그는 "예"라고 대답할 것이다. 즉, 이 물음에서 참말족은 항상 "아니오"라고 대답할 것이고 거짓말족은 항상 "예"라고 대답할 것이다.

이 문제에 약간 오락적인 변형을 가해보자. "만약 네가 거짓말쟁이라면 너는 다음과 같은 질문에 어떻게 답하겠는가?" "너는 참말족이냐?" 또 다른 변형적인 물음으로 "너는 원숭이냐?"를 사용하였을 때 "예", "아니오"로부터 참말족과 거짓말족을 구별할 수 있겠는가?

도전문제 1 당신이 섬에서 두 사람(참말족과 거짓말족)과 같이 동행한다고 하자. 그들을 A, B로 부르기로 하자. 단 한마디의 질문을 A에게 하였을 때 B가 참말족인가, 거짓말족인가를 구별할 수 있는 질문은 무엇인가?

도전문제 2 만약에 거짓말족, 참말족, 보통사람(때에 따라서 거짓말도 하고 참말도 하는 사람)이 살고 있으나 외모상으로는 구별할 수가 없다. 이런 경우 당신이 섬에서 한 사람을 만났을 때 그 사람에게 한마디의 질문을 던져 그 사람이 어떤 사람인가를 구별할 수 있겠는가?

문제 2 몬티홀 문제(Monty Hall Problem): TV 쇼 게임에 다음과 같은 것이 있다. 출연자는 3개의 문 앞에 서 있다. 그 문 뒤에는 경품으로 2마리의 염소와 1대의 스포츠카가 놓여 있다. 그 출연자는 어느 문 뒤에 경품으로 스포츠카가 놓여 있는지 모른다. 이런 상황에서 한 출연자가 어떤 문을 선택하게 되면 출연자는 그 문 뒤에 있는 경품을 받게 된다. 이러한 경우에 한 출연자가 어떤 문을 선택하였다고 하자. 쇼 게임 사회자는 경품으로 염소가 놓여 있는 문을 선택(물론 사회자는 경품이 놓여 있는 문을 알고 있음)하여 출연자에게 보여주고 여러 가지 감언이설로 출연자가 선택한 문을 바꾸도록 유혹한다. 이런 경우 그 출연자가 선택한 문을 바꾸는 것이 유리한가?

풀이

모든 경우를 하나하나 분석하여 이 문제를 해결한다. 2개의 문 뒤에 있는 염소를 각각 G_1, G_2라 하고 스포츠카를 C로 나타내기로 하자. 그리고 3개의 문을 D_1, D_2, D_3라 하고 출연자가 선택한 문을 D_3라 하자. 사회자는 어떤 경우에도 하나의 문 뒤에 있는 염소를 출연자에게 보여줄 수가 있다(두 마리의 염소가 있으므로). 즉, 일어날 수 있는 모든 경우를 표로 만들어 보면 다음과 같다.

	D_1	D_2	D_3
1	G_1	G_2	C
2	G_2	G_1	C
3	G_1	C	G_2
4	G_2	C	G_1
5	C	G_1	G_2
6	C	G_2	G_1

우리가 이미 알고 있다시피 모든 경우는 6가지(3!)가 있다. 이런 각각의 경우에 대하여 검토해 보자.

1. 사회자가 D_1 또는 D_2 어느 문 뒤에 있는 염소를 보여주든지 출연자가 선택한 D_3를 바꾸는 것은 유리하지 않다. 그래서 ×

로 기록하자.

2. 1번의 경우와 비슷하여, 출연자가 선택한 D_3를 바꾸는 것이 유리하지 않다. 그래서 ×로 기록하자.
3. 사회자는 D_1 뒤에 있는 염소를 보여줄 것이다. 따라서 출연자는 자기가 선택한 D_3를 바꾸는 것이 유리하다. 이 경우를 ○로 기록하자.
4. 3번의 경우와 비슷하여 출연자는 자기가 선택한 D_3를 바꾸는 것이 유리하다. 이 경우 ○로 기록하자.
5. 사회자는 D_2 뒤에 있는 염소를 보여줄 것이다. 따라서 출연자는 자기가 선택한 D_3를 바꾸는 것이 유리하다. 이 경우 ○로 기록하자.
6. 5번의 경우와 비슷하여 출연자는 자기가 선택한 D_3를 바꾸는 것이 유리하다. 이 경우 ○로 기록하자.

이와 같이 모든 경우를 살펴보면 이미 선택한 D_3를 바꾸는 것이 유리한 경우가 4, 불리한 경우가 2이므로, 출연자는 이미 선택한 문 D_3를 D_1 또는 D_2로 바꾸는 것이 유리하다.

문제 3 어느 공동주택에 몇 가족이 살고 있다. 이 공동주택에는 가족 수보다 더 많은 소녀, 소녀보다 더 많은 소년, 소년보다 더 많은 어른이 있다. 이런 경우를 만족하는 최소의 가족 수는 몇 가족인가?

풀이

만약 이 공동주택에 단 한 가족만이 살고 있다면, 적어도 2명의 소녀, 적어도 3명의 소년, 4명의 어른이 살게 되어 4명의 어른은 2가족을 구성하게 되므로 불가능하다.

만약에 두 가족만이 살고 있다면, 적어도 3명의 소녀, 적어도 4명의 소년, 5명의 어른이 살게 되어 5명의 어른들은 3가족을 구성하게 되므로 또 불가능하다.
만약 세 가족이 살고 있다면, 적어도 4명의 소녀, 적어도 5명의 소년, 6명의 어른이 살게 되어 6명의 어른들은 3가족을 구성할 수 있으므로 조건을 만족시킨다. 예를 들면 3가족 중 첫 번째 가족은 1남 2녀, 두 번째 가족은 역시 1남 2녀, 세 번째 가족은 3남을 둔 가족이라 할 때 위의 문제의 모든 조건을 만족하게 되어 답이 된다.

문제 4 [수학적인 문제] 왜 소수(prime number)는 무한히 많은가? (소수란 1과 자기 자신 이외에는 약수를 갖지 않는 수를 말한다.)

풀이

만약에 모든 소수(素數)의 개수가 유한개라고 하면 그 모든 소수들은 $P_1, P_2, \cdots, P_k$로 표시할 수 있다. 이때 모든 소수들의 곱에 1을 더한 새로운 수 $N=(P_1 \cdot P_2 \cdot P_3 \cdot \cdots \cdot P_K)+1$을 만들어 보면 N은 어떤 소수들에 의하여도 나누어지지 않는다. 즉, P_1으로 나누어도 1이 남고, P_2으로 나누어도 1이 남고, $\cdots, P_k$로 나누어도 1이 남게 되어 어느 소수도 N의 약수가 아니다. 따라서 N은 $P_1, P_2, \cdots, P_k$ 이외의 소수가 되어 유한개라는 가정에 모순이다. 그러므로 소수의 개수는 무한개이다.

문제 5 어느 탐험가가 깊은 밀림을 탐험하다가 길을 잃었다. 며칠을 고생하며 방황하던 중 세 사람의 토인을 만났다. 이 밀림에는 항상 거짓말만 하는 거짓말족([문제 1]과 유사)과 항상 참말만 하는 참말족이 살고 있는데 세 명의 토인 중에는 적어도 한 사람의 참말족이 꼭 있다고 한다. 그래서 탐험가가 오른쪽 토인에게 "가운데 토인은 참말족인가?" 하였더니 "거짓말족이야"하였다. 가운데 토인에게 "양쪽 토인은 무슨 족인가?" 하였더니 "둘 다 모두 나와 같은 족이다."라고 답하였다. 또 왼쪽 토인에게 "가운데 토인은 참말족인가?"라고 물었더니 "그렇다"라고 대답하였다. 이 경우 탐험가는 어느 토인을 참말족으로 인정하여 그를 안내자로 고용할 수 있겠는가?

풀이

먼저 일어날 수 있는 모든 경우를 생각하여 표를 만들어 보자.(참말족은 ○표, 거짓족은 ×표로 나타냄.)

다음 표에서 문제의 조건에 맞추어 가능하지 않는 것을 하나씩 지워가면 남은 것이 답이 된다. 먼저 가운데 토인에게 물었을 때, 그가 참말족이라고 가정하면 1, 2, 5, 6, 네 가지뿐인데 양쪽 사람도 모두 참말족이어야 하므로 2, 5, 6 경우는 가능하지 않다. 그가 거짓말족이라고 가정하면 3, 4, 7, 8, 네 가지 경우 중 8의 경우는 그가 정직하게 대답한 것이므로 가능하지 않다.

다음 왼쪽 토인의 말을 생각하여 보면 그가 참말족이면 가운데 토인도 참말족, 그가 거짓말족이면 가운데 토인도 거짓말족이어야 하므로 3, 4의 경우는 있을 수 없다. 마지막으로 왼쪽 토인의 말을 생각하면 그가 참말족이면 1, 2의 경우는 있을 수 없다. 그러므로 모든 경우를 종합하여 볼 때 7의 경우만 남게 되고 오른쪽 토인만이 참말족이다.

경우	왼쪽 토인	가운데 토인	오른쪽 토인
1	○	○	○
2	○	○	×
3	○	×	○
4	○	×	×
5	×	○	○
6	×	○	×
7	×	×	○
8	×	×	×

문제 6 한 농부가 한 마리의 여우와 한 마리의 염소, 그리고 양배추를 가지고 여행을 떠났다. 마침 강에 도착했는데 다리가 없었다. 얕은 여울을 건너가는데 한 가지만 갖고 건널 수 있다. 그런데 여우와 염소만을 남겨두면 여우는 염소를 잡아먹고, 또 염소와 양배추를 남겨두면 염소가 양배추를 먹어 버린다. 무사히 건널 수 있는 방법은?

풀이

우선 염소를 데리고 건넌다. 염소를 반대쪽 기슭에 두고 되돌아 와서 여우를 데리고 건넌다. 여우를 반대쪽 기슭에 남겨 두고 염소를 데리고 돌아온다. 다음에 염소를 이쪽에 두고 양배추를 저쪽 기슭으로 옮긴다. 반대쪽 기슭에 여우와 양배추를 옮겨놓고 염소를 데리러 오면 된다.(다른 방법도 있음.)

위의 문제와 유사한 문제들

1. (8세기경 아일랜드의 신학자 알킨의 문제집에 수록되어 있음.)
   세 마리의 새끼를 가진 어미 호랑이가 있다. 세 마리 새끼 중 한 마리는 매우 난폭하여 어미가 없으면 형제를 잡아먹을 위험이 있다. 지금, 어미가 세 마리의 새끼를 데리고 강가에 왔다. 강을 건너는데 새끼를 한 마리씩 물고 헤엄쳐 건너지 않으면 안 된다. 난폭한 새끼 호랑이에게 형제가 해를 입지 않고 건널 수 있는 방법은?

2. 세 부부가 동행하여 여행을 떠났다. 강가에 도착하여보니 그곳에는 2인승 보트가 한 척밖에 없었다. 그런데 세 부부의 남편은 모두 질투심이 많았다. 즉, 자신이 없을 때 부인이 다른 남자와 함께 있는 것은 허락하지 않는다. 어떻게 하면 무사히 강을 건널 수 있을까?

3. 두 부부가 강가에 도착하였다. 강가에는 2인승 보트가 한 척밖에 없었다. 그런데 두 부부의 남편은 모두 질투심이 매우 강했다. 즉, 자신이

없을 때 부인이 다른 남자와 함께 있는 것을 허락하지 않는다. 몇 번의 통행을 거쳐서 강을 건널 수 있겠는가?(최소의 통행 횟수)

4. 3번에서 네 부부가 있는 경우에는 불가능하다. 그 이유는? 그러나 강 가운데가 섬이 하나 있으면 가능하다. 그 이유는?

5. 어떤 장수가 자기의 부대를 인솔하여 행군을 떠났다. 행군중에 강을 건널 필요가 생겼다. 그 장수는 작은 보트 한 척과 2명의 소년을 데리고 정찰중에 있었다. 불행하게도 그 보트는 2명의 소년 또는 1명의 병사만을 태울 수가 있다. 그 장수가 자기 부대원들 모두 강을 건너게 할 수 있는 방법은?

풀이

이 문제는 조합의 문제라기보다는 오히려 논리 문제이다. 부대원의 숫자는 주어져 있지 않으므로 부대원의 숫자는 이 문제 풀이와 무관하다. 보트가 한 척이므로 다시 되돌아와야 하므로 첫 번째 통행에서 한 명의 병사를 보내는 것은 의미가 없다. 그래서 첫 번째 통행은 두 명의 소년이 가야 한다. 그래서 한 명은 강 건너편에 남고 다른 한 명은 되돌아온다. 그 후에 한 병사가 강을 건너고 보트는 건너편에 남아 있는 소년이 보트를 갖고 되돌아온다. 그러면 강가에는 강 건너간 한 병사를 제외하고는 처음의 경우와 똑같다. 처음과 같은 방법으로 두 명의 소년들이 강을 건너고 한 소년은 강 건너에 남고 한 소년은 보트를 타고 건너와서 두 번째 병사를 건너게 한다. 이런 과정을 되풀이하면 모든 부대원들이 무사히 강을 건너게 된다.

문제 7 기차의 객차 연결에 관한 문제이다. 한 대의 기관차와 다른 한 대 혹은 두 대의 객차를 밀든지 끌어서 연결한다. 물론 두 대의 객차끼리도 연결시킬 수 있다. [그림 8.1]에서와 같이 철도의 교차로가 되어 있고 기관차 E와 객차 B, W가 철로 위에 놓여 있다.

이때 철로 β 와 γ 사이에 놓여 있는 하얀 객차 W와 철로 α 와 γ 사이에 놓여 있는 검은색 객차 B의 위치를 바꾸고 기관차 E는 본래의 위치에 돌아올 수 있겠는가? 기관차 움직임의 최소 횟수는?(움직임이란 기관차가 어떤 지점으로 움직여서 한 대의 객차를 연결시킨 다음 그 객차를 끌어서 다른 지점으로 옮긴 다음 그 객차를 그곳에 분리시킨 것을 말한다.)

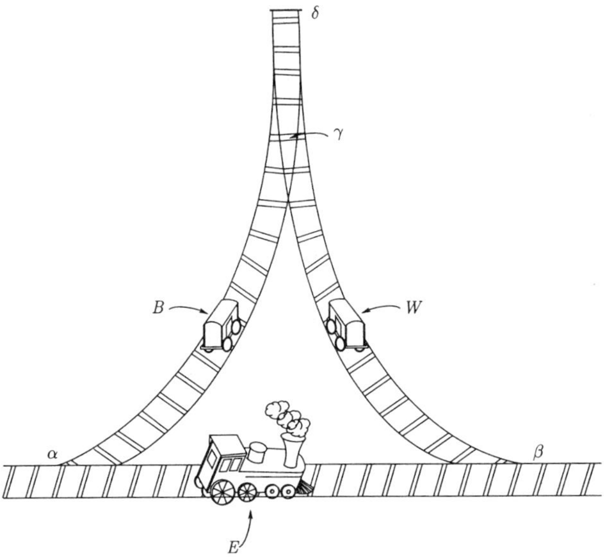

[그림 8.1]

풀이

그림에서와 같이 하얀 객차를 W, 검은색 객차를 B, 기관차를 E라 하자. 다음과 같이 10번의 움직임을 거쳐서 수행할 수 있다.

1. E를 β를 통과한 후 후진으로 철로 $\beta\delta$로 가서 하얀 객차 W와 연결시킨다.
2. E를 후진으로 하얀 객차 W를 밀어서 철로 $\gamma\delta$로 가서 하얀 객차 W를 분리시킨 후 기관차는 철로 $\beta\delta$로 되돌아온다.
3. E를 철로 $\alpha\beta$를 따라 후진으로 이동한 다음 전진으로 철로 $\alpha\gamma$

를 따라 기관차 E의 앞머리를 검은 객차 B에 연결시킨다.

4. E는 B를 앞으로 밀어서 W에 연결시킨 다음 후진으로 α를 지나 온다.
5. E는 2대의 객차를 W가 철로 $\alpha\beta$의 중간 지점에 올 때까지 밀다가 W를 떼어 놓는다.
6. E는 후진으로 α를 지난 후 전진으로 객차 B를 밀어서 철로 $\alpha\gamma$를 따라서 움직인 후 객차 B를 철로 위에 떼어 놓는다.
7. E는 후진으로 $\alpha\gamma$를 따라 움직이다가 α 지점을 지나 전진으로 철로 $\alpha\beta$ 위를 움직여 객차 W를 연결시킨다.
8. E는 후진으로 철로 $\alpha\beta$ 위를 움직여 α 지점을 지나 철로 $\alpha\gamma$ 위를 전진으로 움직여 W를 밀어서 철로 $\alpha\gamma$의 중간지점에 W를 떼어놓는다.
9. E는 후진으로 철로 $\alpha\gamma$를 따라 움직이다가 α 지점을 지나서 전진으로 철도 $\alpha\beta$를 따라 움직여 β 지점을 지나 후진으로 철로 $\beta\gamma$를 따라 움직여 객차 B가 있는 곳에서 객차 B를 연결시킨다.
10. E는 B를 끌어서 철로 $\beta\gamma$의 중간지점까지 온 다음 객차 B를 떼어놓은 후 계속 움직여 β 지점을 지난 후 후진으로 철로 $\alpha\beta$를 따라 움직인 후 철로 $\alpha\beta$의 중간 지점에 오면 된다.

위의 문제에서 마지막 기관차 E의 위치를 본래의 위치에서 앞뒤를 바꾸어 놓게 하면서 끝내는 경우에는 6번의 움직임으로 가능하다. 그 과정을 기술하여 보자.

문제 8 어느 부인이 몇 년 동안 만나보지 못했던 친구의 집을 방문하였다. 그 부인은 친구 집에 결혼한 두 부부와 나이가 다른 두 어린이가 살고 있다는 것을 알고 있었고 그 어린이들의 성(性)은 알고 있지 못했다. 그 부인이 친구 집의 문을 노크했을 때 안에서 한 아들이 대답하였다. 이때 다른 어린이가 아들일 확률은?

풀이

우리는 언뜻 그 어린이가 아들이든지 딸이므로 확률이 1/2일 것이라고 생각하기 쉽다. 이때 두 어린이를 나이순으로 짝지었을 때의 순서짝의 모든 경우는 아들을 B, 딸을 G로 나타내보면 (B, B), (B, G), (G, B), (G, G)의 네 경우뿐이다. 부인이 노크했을 때 안에서 대답한 아들이 첫째 애인지 둘째 애인지 알지 못하므로 앞에서 기술한 네 경우 중 첫째, 둘째, 셋째 경우, 즉 세 가지 경우 중 어느 한 경우 일 것이다. 이들 세 경우를 살펴보면 다른 한 어린이가 아들일 경우는 (B, B) 한 경우뿐이다. 즉 다른 어린이가 아들일 확률은 1/3이다.

문제 8과 유사한 문제

위의 문제에서 부인이 노크했을 때 안에서 대답한 애가 첫째 애였다면 위의 문제에 대한 답은 1/2이다. 그 이유는?

문제 9 김씨 댁에서 파티가 열렸는데 네 부부(이씨 부부, 박씨 부부, 최씨 부부, 강씨 부부)가 초청받았다. 이들은 파티장에 들어서면서 서로 악수를 나누었는데, 자기의 배우자와는 악수를 하지 않고, 누구와도 두 번 이상 악수를 하지 않는다. 파티가 끝날 무렵 주인인 김씨가 참석자 모두에게 악수를 몇 번씩 했느냐고 물었더니, 모든 사람의 답이 모두 달랐다. 이때 김씨 부인이 한 악수의 횟수는?

풀이

주인 김씨 부부를 K, 이씨 부부를 L, 박씨 부부를 P, 최씨 부부를 C, 강씨 부부를 G로 나타내기로 하자. 자기 자신과 자기 배우자를 빼고 모든 참석자의 수는 여덟 명이므로 아홉 번 이상의 악수를 한 사람은 없다. 그러므로 아홉 사람 모두가 다른 횟수의 악수를 했으므로 악수 횟수는 0, 1, 2, 3, 4, 5, 6, 7, 8 중 어느 하나일 것이다. 만약 어떤 사람이 여덟 번의 악수를 했다면 그 사람을 Mr. L이라 할 때 그의 부인 Mrs. L의 악수 횟수는 0번이다. 그 이유는 Mr. L이 Mr. K, Mrs. K, Mr. P, Mrs. P, Mr. C, Mrs. C, Mr. G, Mrs. G 모두와 악수를 했으므로, K, P, C, G 부부는 모두 한 번의 악수를 한 셈이다. 즉 이들 중 어느 누구도 0번을 사용하지 않았으므로 Mrs. L의 악수 횟수는 0이다.
이씨 부부 L을 제외하고 같은 이유로 일곱 번의 악수를 한 사람이 Mr. P라면 한 번의 악수를 한 사람은 Mrs. P이고, 여섯 번의 악수를 한 사람이 Mr. C라면 두 번의 악수를 한 사람은 Mrs. C이고, 다섯 번의 악수를 한 사람이 Mr. G라면 세 번의 악수를 한 사람은 Mrs. G가 된다. 따라서 남아 있는 숫자 4는 Mrs. K의 악수 횟수가 된다.

위의 문제에서 김씨 부인 Mrs. K의 악수 횟수가 8이 될 수 없음을 설명해 보자.

문제 10 (좀더 논리적인 문제) 여행길에 A, B, C, D, E, F 6명이 기차의 같은 칸에 동승하게 되었다. 그들의 고향은 서울, 경기도, 충청도, 전라도, 경상도, 강원도 중 어느 한 곳으로 모두 달랐다. 이들이 여행도중 나눈 대화 가운데서 알게 된 사실들이 다음과 같았을 때 이들의 직업과 고향을 알아보아라.

1. A와 서울이 고향인 사람의 직업은 의사이다.
2. E와 경기도가 고향인 부인의 직업은 교사이다.
3. 충청도가 고향인 사람과 C의 직업은 기사이다.
4. B와 F는 월남전 참전 용사이었으나 충청도가 고향인 사람은 군복무를 해보지 못했다.
5. 경상도가 고향인 사람은 A보다 나이가 많다.
6. 강원도가 고향인 사람은 C보다 나이가 많다.

7. 서울이 고향인 사람과 B는 광주에서 내렸다.
8. 경상도가 고향인 사람과 C는 부산에서 내렸다.

풀이

이 문제의 풀이는 직관적으로 해결할 수가 없다. 그래서 위에서 서술한 모든 경우를 표로 만들어서 알아보기로 하자.

고향 \ 성명	A	B	C	D	E	F
서 울	×	×	×		×	
경기도	×	·	×	·	×	·
충청도	×	×	×			×
전라도	#	#	○	#	#	#
경상도	×	×	×	·	·	·
강원도	○	#	×	#	#	#

주어진 조건으로부터 연결이 불가능한 경우에는 ×표를 한다. 예를 들어 1번으로부터 A는 고향이 서울이 아니다. 그래서 서울과 A가 만나는 칸은 ×표를 하고, 7번으로부터 B는 고향이 서울이 아니다. 1번과 2번으로부터 경기도가 고향인 사람의 직업이 교사이므로 의사인 A는 고향이 경기도가 아니다. 비슷한 이유를 가지고 ×표를 채워나가면 된다. 모든 ×를 다 채운 후 표를 보면 C의 고향이 전라도임을 알 수 있다. 이곳에 ○표를 하고 전라도 행의 나머지 칸은 #로 채워나간다. 그러면 A의 고향이 강원도임을 쉽게 알 수 있고 강원도 행의 나머지 칸에 #를 채운다. 그렇게 해 나가면 B는 고향이 경기도, E는 경상도, F는 서울, D는 충청도가 고향임을 알 수 있다. 결국 1~3번과 고향이 여섯 곳 등을 고려하여 다음과 같은 결론을 얻을 수 있다.

- A는 강원도가 고향인 의사이다.
- B는 경기도가 고향인 여교사이다.
- C는 전라도가 고향인 기사이다.

- D는 충청도가 고향인 기사이다.
- E는 경상도가 고향인 교사이다.
- F는 서울이 고향인 의사이다.

문제 11 9개의 진주알이 있다. 이 진주알들은 모양과 크기가 모두 같은 규격품 8개와 모양과 크기는 같고 무게만 다른 규격품이 아닌 진주알이 꼭 하나 있다. 우리는 무게가 다른 규격품이 아닌 진주알의 무게가 무거운지 가벼운지 알지 못한다. 그곳에는 단지 천평칭(balance scale)만이 있다. 단 세 번의 저울질을 한 후에 무게가 다른 규격품이 아닌 진주알을 찾아낼 수 있겠는가?

풀이

한 번 저울 위에 진주알들을 올려놓은 후 저울이 한쪽으로 기울면 그들 중 규격품이 아닌 진주알 하나가 들어 있음을 알 수 있다. 그러나 저울이 수평을 이루면 저울 위에 있지 않은 나머지 진주알 중에 규격품이 아닌 것이 들어 있다. 그래서 9개의 진주알들을 같은 개수 3개씩 세 그룹으로 나누어 그 그룹의 이름을 G_1, G_2, G_3 이라 하자. 그런 후에 G_1 과 G_2 를 (각 3개씩) 저울 위에 올려놓는다. 이때

1. 만약 G_1 과 G_2 가 수평을 이루면 무게가 다른 진주알은 G_3 에 들어 있다.
2. 만약 G_1 과 G_2 가 수평을 이루지 못하면 무게가 다른 진주알은 G_1 혹은 G_2 에 들어 있다는 것은 알 수 있으나 어떤 진주알이 무게가 다른 진주알인지는 알지 못한다.

첫째, 1의 경우를 생각하여 보자. 다음 두 번째 단계에는 G_1 과 G_3 를 저울 위에 올려놓는다. 그러면 저울은 한편으로 기울 것이고, G_3 는 가볍든지 또는 무거울 것이다. 만약 G_3 가 무겁다고 해보자. 그러면

그 무게가 다른 진주알은 무거울 것이고 그 진주알은 G_3에 포함되어 있다. 그 후 G_3로부터 임의의 2개를 선택하여 저울 위에 올려 놓은 후 저울이 수평을 이루면 G_3에 남아 있는 나머지 1개의 진주알이 무게가 다른 진주알이고 만약 수평을 이루지 못하면 무거운 진주알이 무게가 다른 진주알이다.

둘째, 2의 경우를 생각하여 보자. G_1과 G_2 중 어느 것이 더 무거운 경우, 즉 G_1이 더 무겁다고 해보자. 다음 G_1과 G_3를 저울 위에 올려놓는다. 만약 저울이 수평을 이루면 무게가 다른 진주알은 G_2에 들어 있을 것이고 그 진주알은 가벼울 것이다. 그 후 G_2로부터 2개의 진주알을 꺼내 저울 위에 올려놓는다. 만약 그들이 수평을 이루면 G_2에 있는 나머지 진주알이 가벼운 진주알이다. 만약 수평을 이루지 않으면 둘 중 가벼운 쪽 진주알이 무게가 다른 가벼운 진주알이다.

대신, G_1과 G_3가 수평을 이루지 못하면 G_1이 G_3보다 무거울 것이고 무게가 다른 진주알은 G_1에 들어 있고 그것은 무겁다. 마지막으로 G_1으로부터 2개의 진주알을 꺼내서 저울 위에 올려놓는다. 만약 수평을 이루면 G_1에 들어 있는 나머지 진주알이 무게가 무거운 진주알이고, 수평을 이루지 못하면 무거운 쪽 진주알이 무게가 무거운 진주알이다.

* 앞의 풀이과정에서 9개의 진주알을 {2, 2, 5}, 또는 {4, 4, 1} 세 그룹으로 나누어 저울에 올려놓았을 때 무게가 다른 진주알을 세 번의 저울질 후에 찾아낼 수 있을까?

문제 12 (앞의 [문제 11]과 유사한 문제) 크기와 모양이 똑같은 12개의 금화가 있다. 그 중에는 무게가 다른 가짜 금화가 하나 섞여 있다. 이 가짜 금화의 무게는 가벼운지 무거운지 알지 못한다. 천평칭을 세 번만 사용하여 가짜 금화를 찾아내는 방법을 열거하여라.

풀이

앞의 11번에서 이미 언급했듯이 12개의 금화에 이름을 붙여 4개씩 3 그룹으로 나누어 G_1, G_2, G_3라 하고

$$G_1 = \{a, b, c, d\},\ G_2 = \{e, f, g, h\},\ G_3 = \{i, j, k, l\}$$

라 하자. 첫 단계 G_1과 G_2를 저울 위에 올려놓는다. 그러면 다음과 같은 두 가지 경우가 예상된다.

1. 만약 G_1과 G_2가 수평을 이루면 가짜 금화는 G_3에 들어 있는 i, j, k, l 중 하나이다.
2. 만약 G_1과 G_2가 수평을 이루지 못하면, 즉 G_1이 G_2보다 무겁다고 가정하면 가짜 금화는 G_1에 들어 있어 무겁든가, G_2에 들어 있어 가벼울 것이다.

첫 번째 1의 경우, G_1에 들어 있는 $\{a, b, c\}$와 G_3에 들어 있는 $\{i, j, k\}$를 저울 위에 올려놓는다. 만약 수평을 이루면 l이 가짜 금화이고, 수평을 이루지 못하면, $\{i, j, k\}$가 가벼운 경우이면 G_3에 있는 i, j, k 중 어느 하나가 가벼운 가짜이다. 이 경우 i와 j를 저울 위에 올려놓는다. 만약 수평을 이루면 k가 가벼운 가짜이고 수평을 이루지 못하면 가벼운 쪽(만약 i가 가벼우면 i가)이 가짜이고 가볍다.

두 번째 2의 경우, $\{a, b, c\}$와 $\{c, d, f\}$를 저울 위에 올려놓는다.

(a) 만약에 수평을 이루면 G_2에 남아 있는 g, h 중 어느 하나가 가짜이다. 물론 g와 h를 저울 위에 올려놓아 가벼운 쪽이 가짜 금화이다.

(b) 만약에 수평을 이루지 못하면, 즉 $\{a, b, c\}$가 무거운 경우라고 해보자. 이 경우 c, d는 진짜 금화이고 e도 진짜 금화이고 따라서 a, b 혹은 f 중 어느 하나가 가짜 금화이다. 결국 a와 b를 저울질하여 수평을 이루면 f가 가짜이고 가벼운 금화이다. 만약 수평을 이루지 못하면 무거운 쪽(무거운 G_1으로부터 a, b를 선택하였

으므로) 금화가 가짜 금화이다.

(c) $\{c, d, f\}$가 무거운 경우라면 위의 (b)의 경우에서와 같은 방법으로 가짜 금화를 찾는다.

8.2 기타 간단한 논리적인 문제

1. 한 어린이의 어머니가 자기 아들에게 말했다. "모든 챔피언은 수학공부를 잘 한다." 그랬더니 그 아들이 말했다. "나는 수학공부를 잘 한다. 그러므로 나는 챔피언이다." 이 추론은 옳은가? 그른가?

2. 상자 안에 적어도 두 가지 이상의 색깔과 2개 이상의 크기가 다른 연필이 있다. 이 경우 크기와 색깔이 모두 다른 2개의 연필이 상자 안에 있음을 증명하여라.

3. 3개의 항아리 속에 구슬이 들어있다. 첫 번째 항아리에는 2개의 하얀 구슬이 들어있고, 두 번째 항아리에는 2개의 검은 구슬, 세 번째 항아리에는 1개의 하얀 구슬과 1개의 검은 구슬이 들어있다. 그들 항아리는 각각 내용물에 관계없이 WW, BB, WB로 표시되어 있다. 이때 한 항아리를 선택하여 그 항아리에서 1개의 구슬을 꺼내 보고 각 항아리들의 내용물이 어떤 구슬인지를 알아볼 수 있는 것이 가능한가?

4. 세 사람 A, B, C가 A는 B와 C를 보고, B는 단지 C만 보고, C는 아무도 볼 수 없도록 앉아 있다. 그들에게는 3개의 빨간 모자와 2개의 하얀 모자가 보였다. 그들의 눈은 눈가리개로 가려져 있고 세 사람은 각각 3개의 모자를 쓰고 있다.(무슨 색깔의 모자인지 모른다.) 그때 눈가리개가 벗겨지고 그들이 쓰고 있는 모자의 색깔

을 알아보는 문제이다. A와 B는 부정적으로 대답하였고 C는 확정적으로 대답하였다. 어떻게 이런 것이 가능한가?

5. 친구 세 명(조각가인 White, 바이올린 연주가인 Black, 문학가 Read head)이 카페에서 만났다. "우리 중의 하나가 하얀 머리이고 다른 한 사람은 검은 머리이고 또 한 사람은 빨간 머리이나 아무도 머리의 색깔과 그 사람의 이름에 들어 있는 색깔과는 일치하지 않는다."라고 검은 머리 사람이 말했다. "당신 말이 옳다"라고 White 씨가 대답했다. 문학가의 머리 색깔은 무엇인가?

6. 7분짜리와 11분짜리 2개의 자동 계란 반숙기가 있다. 정확히 15분 동안 삶아야 할 계란이 있다. 이들 2개의 계란 반숙기만을 사용하여 요리를 할 수 있는가?

7. 20층 건물의 엘리베이터 안에 2개의 버튼이 있다. 첫째 버튼을 누르면 엘리베이터는 13씩만 오르내리고, 둘째 버튼을 누르면 8층씩만 오르내리게 된다.(엘리베이터는 위로 오르기에 층수가 충분하지 않거나 아래로 내려가는 층수가 충분하지 않으면 그 버튼은 작동하지 않는다.) 13층에서 8층으로 내려 올 수 있는 방법은?

8. 동전이 들어 있는 10개의 주머니가 있다. 그들 중 한 주머니는 가짜 동전으로 채워져 있다. 이 가짜 동전은 진짜 동전에 비하여 $1g$이 가볍다. $1g$ 단위눈금이 표시된 천평칭을 단 한 번 사용하여 가짜 동전이 들어 있는 주머니를 구별할 수 있는 방법은?

9. 101개의 동전이 있고 그들 중 1개만이 다른 100개와 무게가 다르다. 두 번의 저울질(천평칭)을 하여 무게가 다른 동전이 정상 동전

보다 가벼운지 무거운지 알아볼 수 있는 방법은?

10. 64개의 각기 무게가 다른 동전이 있다. 68번 저울질을 하여 가장 무거운 구슬과 두 번째로 무거운 구슬을 찾는 방법은?

11. 2개의 초록 구슬, 2개의 빨간 구슬, 2개의 하얀 구슬이 있다. 이들 구슬은 같은 색깔의 구슬 중 하나는 무겁고 다른 하나는 가볍다. 그리고 색깔이 다르지만 무거운 구슬들의 무게는 모두 같고 가벼운 구슬들의 무게도 모두 같다. 두 번의 저울질을 하여 무거운 구슬을 찾는 방법은?

12. 4개의 연결된 선분이 다음과 같은 9개의 점을 모두 지나는 방법은?

13. 동일한 길이의 막대기 6개를 사용하여 크기와 모양이 같은 4개의 삼각형을 만들 수 있는 방법은?

14. 카조리(Florian Cajori, 1859~1930)가 쓴 수학사에 이런 문제가 있다. 15명의 기독교인과 15명의 터키인이 같은 배를 타고 가다가 풍랑을 만났다. 선장은 30명을 전부 태우고 가게 되면 배가 가라앉게 되므로 승객의 반인 15명을 바다에 던져야만 나머지 15명이라도 살릴 수 있다고 선언하였다. 그때 승객의 동의를 얻은 선장은 30명의 승객을 원형으로 앉게 하고 한 사람의 승객부터 시작

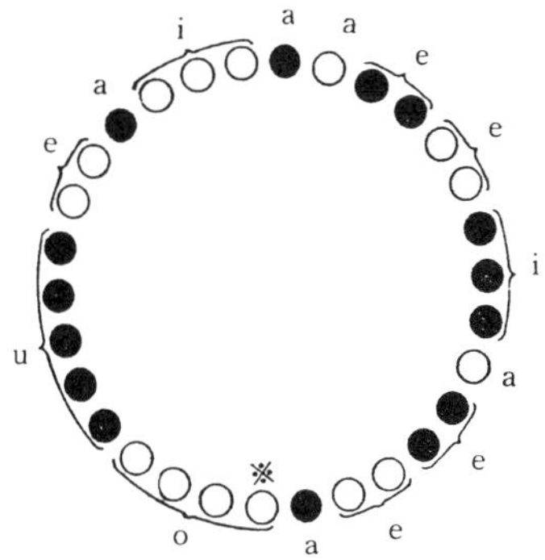

하여 아홉 번째 되는 사람부터 바다에 던지고 그 다음 사람부터 시작하여 또 아홉 번째 되는 사람을 바다에 던진다. 이와 같은 방법을 되풀이하여 15명이 남을 때까지 계속하겠다고 말하였다. 이때 기독교인 15명 전부가 살아남을 수 있도록 원탁에 배열할 수 있는 방법은?

그래서 기독교인 15명은 잠시 따로 모여 신에게 기도를 하였고 한참 후에 신의 계시를 받아 그대로 앉게 되었는데 터키인만 바다에 던져졌고 기독교인 15명은 모두 남게 되어 구조를 받았다. 신의 계시라는 것은 다음의 별 뜻이 없는 문장이었다.

From number's aid and art, never will fame depart.

이 문장에 나타나는 모음을 차례로 적어보면

o, u, e, a, i, a, a, e, e, i, a, e, e, a

이고 a=1, e=2, i=3, o=4, u=5의 수를 주어 그림과 같이 원형으로 사람들을 앉게 한다. 그러면 위와 같은 결과가 나오게 된다.

15. 비슷한 이야기가 동양에도 있다. 어느 부자가 두 명의 부인을 두고 있었다. 첫째 부인 A와 둘째 부인 B는 각각 자녀를 15명씩 두고 있었는데, 그 부자는 30명의 자녀들을 왼쪽 그림과 같이 원탁에 앉히고 *표로부터 시작하여 시계 반대방향으로 세어서 10번째 자식을 제외시킨다. 이와 같이 29번째 자식까지 제외시키고 마지

막 남은 자식에게 재산을 모두 주도록 하는 문제이다. 이 제안을 받은 첫째 부인은 자기 자식들을 원탁에 잘 배열하여 앉혔다. 그리하여 재산을 마지막 남은 자식 중 하나가 받게 되면 15명의 자

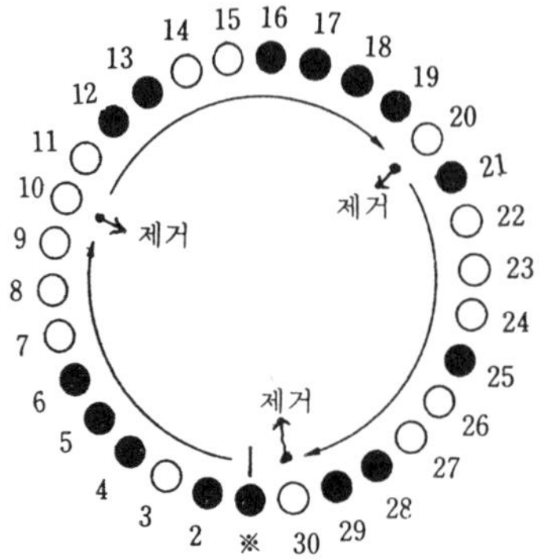

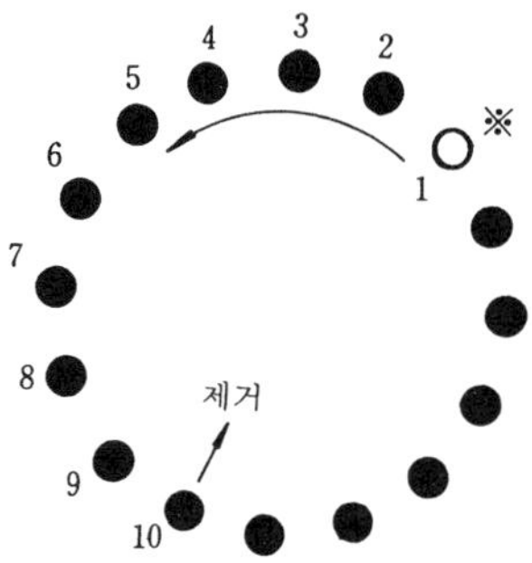

식들에게 고루 나누어 줄 계획을 갖고 있었다. 그런데 이 일이 진행되고 있던 중 둘째 부인이 살펴볼 때 자기 자식 중 14명이 제외되었고 나머지 한 명의 자녀도 세어 보니 제거되어야 했다. 그래서 둘째 부인은 세는 것을 중지시키고 항의하였다. “이제는 남아 있는 우리 자식부터 시작하여 시계 방향으로 세어 10번째 사람을 계속 제거시켜 마지막 남은 자식에게 전 재산을 준다면 승복하겠소.” 하였다. 자기 자식이 15명이나 남아 있는 첫째 부인은 ‘설마 15명 가운데 한 명은 남겠지’라고 생각하고 동의하였다. 그런데 이 제안대로 시행하였더니 재산을 받게 된 마지막 남은 한 명은 둘째 부인의 자식이었다.

16. 두 사람이 21개의 바둑돌을 가지고 내기를 하고 있다. 두 사람은 모두 바둑돌을 하나, 둘 또는 3개씩 교대로 가져가기로 한다. 마지막 바둑돌을 가져가는 사람이 내기에서 지게 되어 있다. 바둑돌을 먼저 가져간 사람이 이길 것인가?

17. 21개의 바둑돌이 5, 7, 9개씩 3개의 주머니 속에 들어 있다. 위의 16번 같이 바둑돌을 교대로 하나, 둘 또는 3개씩 교대로 가져가기로 한다.(단, 한 주머니 속에서 한 번 꺼내면 다른 주머니 속에서 꺼내는 것을 금함.) 먼저 꺼내는 사람과 나중에 꺼내는 사람 중 누가 이길 것인가?

18. 굵기가 같은 곧은(직선) 회초리가 6개 있다. 6개의 회초리를 모두 서로 한 번씩 만날 수 있도록 배치할 수 있겠는가?

19. 1부터 12까지 쓰여 있는 카드가 12장 있다. 이들 카드를 차곡차곡 쌓은 후에 제일 윗장의 카드를 제일 아래로 넣은 다음 제일 위에 놓인 카드의 숫자가 1이 되고, 또 다음 장을 아래로 넣은 다음 제일 위에 놓인 카드의 숫자가 2가 되고, …, 마지막 카드가 12가 되도록 카드를 잘 배열하여 쌓을 수 있겠는가?
(이면이 검정색인 카드가 4장, 흰색인 카드가 4장 합계 8장의 카드를 위의 문제와 같은 방법으로 흑, 백, 흑, 백, …의 순서로 나타나도록 배열할 수 있는 방법은?)

20. 수학과 학생 세 사람 A, B, C가 길을 가다가 우연히 교통사고를 내고 도망가는 뺑소니차를 목격하였다. 엉겁결에 그 자동차의 번호판을 보기는 했는데 4자리 수를 모두 기억해 낼 수가 없었으나 수학을 전공하는 학생이어서 다행히 4자리 수의 특징을 기억하고 있었다. A는 앞자리 두 숫자가 같음을 기억하고, B는 뒷자리 두 숫자가 같음을 기억하고, C는 네 자리수가 어떤 수의 제곱수라는 것을 기억하고 있었다. 이때 뺑소니차의 정확한 네 자리수는?

21. 수진이는 네 친구 A, B, C, D에게 4통의 편지 a, b, c, d를 써서

A, B, C, D의 주소가 인쇄된 4장의 봉투에 편지를 넣었다. 아무렇게나 급하게 편지를 넣을 때 잘못 넣게 될 편지는 몇 가지나 될까? 또 4통 모두 잘못 넣을 경우는 몇 가지나 될까?

22. 10개, 15개, 20개의 돌을 한 묶음으로 하는 3개의 묶음이 있다. 돌 묶음 중 하나를 선택하여 그것보다 작은 2개의 묶음으로 나눌 수 있다. 이렇게 돌 묶음을 더 이상 나눌 수 없을 때 지게 된다. 이 게임은 누가 이기겠는가?

23. 1에서 20까지 수를 써놓고 두 사람이 차례로 번갈아가며 숫자 사이에 + 또는 − 기호를 집어넣는 게임이다.

1 □ 2 □ 3 □ 4 □ … □ 17 □ 18 □ 19 □ 20 = 짝수? 홀수?

이때 계산 결과가 짝수이면 첫 번째 사람이, 홀수이면 두 번째 사람이 이긴다고 하면, 이 게임은 누가 이기겠는가?

아벨상

ABEL
PRISEN

아벨상(Abel prize)은 수학자 아벨(Abel, Niels Henrik, 1802-29)의 이름을 딴 상으로, 노르웨이 왕실에서 수여하는 권위 있는 상이다. 2003년부터 수상이 시작되었다.

아벨상의 제정은 두 가지 이유 때문이다.

첫째, 노벨상에는 과학의 가장 중요한 분야 중의 하나인 수학에 대한 상이 없다. 한편, 수학 분야에서는 필즈상이 있는데 이 상은 4년에 한 번, 만 40세 이하의 순수수학을 연구하는 젊은 수학자에게만 수여하여 응용수학 방면에서는 아무리 훌륭한 업적을 남겨도 필즈상을 받기가 어렵다(응용수학 분야에는 세계수학자대회에서 4년마다 1명에게 수여하는 롤프네반린나상이 있다). 또한 노벨상의 상금이 100만 달러에 상당하는 데 반해 필즈상은 1만 달러 상당의 적은 상금이 주어진다는 것도 필즈상의 미흡한 점으로서 거론되어 연령 제한 없이, 수학 분야에 주어지는 권위 있는 상을 제정하자는 움직임이 있었었고, 이에 따라 아벨의 조국인 노르웨이에서 주관하는 아벨상이 제정되었다.

아벨상은 매년 순수·응용수학 분야의 심도 있고 영향력 있는 연구 성과에 대해 주어진다. 예를 들면 수학의 어느 분야의 근본 문제라 할 만한 것을 해결하거나, 유용한 새 문제 해결법을 창출해 내거나, 기존의 여러 결과를 아우르는 통합 원리를 제시하거나 새로운 연구 분야를 개척하는 것이 그에 해당한다.

제 9 장

매칭 이론의 수학적 원리

어떤 TV프로를 보면 처녀 총각들이 나와서 커플 놀이를 하고 있다. 같은 수의 처녀, 총각들이 나와서 커플를 하고 있으므로 잘 하면 출연한 처녀 수만큼의 짝이 생길 수도 있고, 그와 반대로 한 쌍의 짝도 나타나지 않을 수도 있다. 이러한 경우 짝이 이루어질 수 있는 경우의 수는 출연한 처녀(총각)의 수가 n명일 때 즉 n쌍이 탄생할 경우의 가짓수는 $n!$ 이다.

이 때 처녀(총각)들은 마음속으로 자기가 가장 좋아하는 총각(처녀)을 선택할 것이고 총각(처녀)들도 마찬가지로 자기가 가장 좋아하는 처녀(총각)를 선택하게 된다. 두 사람의 선택이 서로 맞아떨어지면 완벽한 한 쌍이 탄생한다. 그러나 처녀(총각)가 마음속으로 선택한 총각(처녀)이 다른 처녀(총각)를 선택하면 그 처녀는 할 수 없이 다른 총각과 결혼을 하게 되고 그 처녀의 마음속에는 항상 아쉬움이 남게 되어 완벽하고 사이좋은 한 쌍의 커플로 탄생하는 것을 기대하기는 어렵다. 이러한 여러 문제들에 대하여 좀 더 이론적이고 체계적으로 알아보고자 한다.

9.1 금슬 좋은 부부가 되기 위한 매칭

1. 용어 정의와 예

H와 F를 n개의 원소들을 갖는 2개의 유한 집합이라 하자.

H를 총각 $A_1, A_2, \cdots, A_n$의 집합이라 하고, F를 처녀 $a_1, a_2, \cdots, a_n$의 집합이라 할 때, 완전한 결혼(complete marriage) 또는 완전한 매칭(matching)이라는 말의 의미는 총각들과 처녀들 사이의 1부 1처제하의 결혼을 의미한다. 즉 수학적인 표현으로는 집합 H로부터 집합 F로의 일대일 대응의 관계를 말한다.

집합 H에 속한 n명의 총각들은 그들의 배우자로 집합 F에 속한 처녀들을 그들의 선호도에 따라 순서대로 등위를 매긴다. 이때 같은 등위는 허용되지 않고 반드시 모든 처녀들을 선호도에 따라 순위를 매겨야만 한다. 이 등위는 반드시 서수(순서수) $1, 2, 3, \cdots, n$으로 표시한다. 마찬가지로 집합 F에 속한 처녀들도 마음속으로 좋아하는 선호도에 따라 순위를 매기며, 그 등위는 반드시 서수(순서수) $1, 2, 3, \cdots, n$으로 표시한다. 그리고 앞에서 언급한 완전한 결혼은 모두 $n!$ 방법이 있다. 그러나 이런 매칭이 원만하고 안정적(stable)인 결혼이 될 수 있을 것인가는 미지수이다. 요사이 이혼율이 부쩍 증가하고 있는 추세도 따지고 보면 안정적인 매칭이 이루어지지 않은 데서 비롯된다고 볼 수 있다.

같은 수의 모든 총각과 처녀들이 자기가 좋아하는 이성들에 대하여 선호도의 순위를 갖는다고 하자. 이러한 이성들에 대한 선호도는 $n \times n = n^2$(정사각형)의 도표로 나타낸다.

하나의 커플이 안정적(stable) 매칭이라는 말을 설명하기 위하여 먼저 안정적이지 못한(unstable) 매칭을 정의해 보자. 총각 A, B와 처녀 a, b가 있는데, A는 a를 그의 배우자로 가장 선호했고 마찬가지로 a는 그녀의 배우자로 A를 가장 선호했는데 A와 a가 결혼을 하지 못한 경우 이 매칭은 불안정(unstable)하다고 말한다. 다시 설명하면,

- A는 b와 결혼했고
- a는 B와 결혼했는데
- A는 b보다 a를 자기의 배우자로 더 좋아했고
- a는 B보다 A를 자기의 배우자로 더 좋아했을 때

이런 상황이 일어났을 때 불륜의 위험성이 따른다. 따라서 이런 경우의 매칭은 불안정한 결혼이다. 그 대신 이러한 상황이 일어나지 않

은 결혼을 안정적(stable)이라 말하며, 안정된 완전한 결혼(stable complete marriage)이라 한다.

보기 |

네 남자 $\{A, B, C, D\}$와 결혼한 네 여자 $\{a, b, c, d\}$가 있다. 결혼할 당시 그들의 선호도를 도표로 만들어 보았더니 다음과 같았다.

남자	선호도 순위			
A	c	b	d	a
B	b	a	c	d
C	b	d	a	c
D	c	a	d	b

여자	선호도 순위			
a	A	B	D	C
b	C	A	D	B
c	C	B	D	A
d	B	A	C	D

위의 표를 다음과 같이 순위로 바꾸어 나타낼 수도 있다.

남자	선호도 순위			
A	4	2	1	3
B	2	1	3	4
C	3	1	4	2
D	2	4	1	3

여자	선호도 순위			
a	1	2	4	3
b	2	4	1	3
c	4	2	1	3
d	2	1	3	4

그리고 2개의 도표를 하나의 표로 다음과 같이 나타내는 방법도 있다.

$$\begin{array}{c} \\ A \\ B \\ C \\ D \end{array} \begin{array}{c} \begin{array}{cccc} a & b & c & d \end{array} \\ \begin{bmatrix} 4,1 & 2,2 & 1,4 & 3,2 \\ 2,2 & 1,4 & 3,2 & 4,1 \\ 3,4 & 1,1 & 4,1 & 2,3 \\ 2,3 & 4,3 & 1,3 & 3,4 \end{bmatrix} \end{array}$$

위 표를 구성하는 순서짝의 첫 번째 숫자는 그 행에 있는 남자가 여자를 선호하는 선호도 순위이며 두 번째 숫자는 그 열에 있는 여자가 남자를 선호하는 선호도 순위이다. 이 행렬을 선호도 순위행렬(preferential ranking matrix)이라 한다.

이 경우 만약에 결혼이 $\{Aa, Bb, Cc, Dd\}$와 같이 이루어졌다면 A는 a보다 다른 여자(b)를 더 선호하였고, b는 B보다 다른 남자(A)를 더 선호하였으므로 이 결혼은 안정적이지 못하다.
그래서 두 부부 Aa와 Bb가 이혼을 하고 A와 b가 재혼을 한다고 하자. 그러면 완전결혼을 위하여 남아 있는 a와 B의 선택은 B가 a와 결혼하는 것뿐이다.
이렇게 짝을 고쳐서 $\{Ab, Ba, Cc, Dd\}$와 같은 결혼이 이루어진다. 그러면 이 결혼들은 안정적인 완전한 결혼일까? 이 경우에도 역시 b는 A보다 C를 C는 c보다 b를 더 선호하였으므로 안정적이지 못하다.
따라서 두 부부 Ab와 Cc가 이혼을 하게 되고 A와 c, C와 b가 재혼을 한다고 하면 완전한 결혼을 위하여 남아 있는 D와 d는 그대로 결혼을 하게 될 것이다.
앞에서와 같은 과정을 되풀이하여 모두 안정된 완전한 결혼에 도달할 때까지 매칭을 계속하면 다음과 같은 짝의 열(列)을 얻을 수 있다.

Aa, Bb, Cc, Dd : 안정적이지 못한 결혼
Ab, Ba, Cc, Dd : 안정적이지 못한 결혼
Ac, Ba, Cb, Dd : 안정적이지 못한 결혼
Ad, Ba, Cb, Dc : ♡안정적인 결혼♡

이 짝들이 진실로 안정된 결혼이었나를 확인하기 위하여 자기 자신보다 더 좋아하는 남자를 배우자로 갖는 부인들의 기록을 만들어 보면 충분할 것이다.

A는 d보다 b, c를 더 좋아한다.

B는 a보다 b를 더 좋아한다.
C는 첫 번째 선택을 택한다.
D는 첫 번째 선택을 택한다.

그리고 부인들이 각기 그 여자 자신보다 더 좋아하는 여자를 배우자로 둔 남편들의 기록을 보자.

a는 B보다 A를 더 좋아한다.
b는 그 여자의 첫 번째 선택을 택한다.
c는 D보다 B, C를 더 좋아한다.
d는 A보다 B를 더 좋아한다.

위의 기록을 살펴보면 우리는 A의 선택을 개선할(바꿀) 수 없다. 왜냐하면 c나 b 어느 누구도 그 여자의 남편보다 그를 더 선호하지 않기 때문이다. B도 자신이 가장 선호하는 b가 이미 그 여자 자신이 가장 선호하는 남자를 배우자로 선택하였으므로 B의 선택을 개선할 여지가 없다. 그러므로 이들 짝들이 가장 안정적인 결혼이다. 이와 같은 방법으로 부인들의 선택을 개선해 나가면 가장 안정적인 짝들을 구할 수 있다.

앞에서와 같이 연속적인 이혼 과정과 재혼을 거쳐 안정적인 결혼을 얻어낼 수도 있지만 아무리 노력해도 유일한 안정적인 결혼을 얻어내지 못하는 경우도 있다. 다음 보기에서 알 수 있다.

보기 2

남자의 선택				여자의 선택			
A :	b	a	c	a :	A	C	B
B :	어떤 경우도 무방			b :	C	A	B
C :	a	b	c	c :	어떤 경우도 무방		

이혼과 재혼의 과정을 나열하여 보면 안정적인 해답에서 끝이 나지 않고 순환(cycle)을 되풀이하는 것을 알 수 있다. 그럼에도 불구하고 예를 들면 $\{Ab, Bc, Ca\}$와 $\{Aa, Bc, Cb\}$ 같은 2개의 답이 존재한다.

$$\boldsymbol{A}a \quad B\boldsymbol{b} \quad Cc$$
$$\swarrow$$
$$A\boldsymbol{b} \quad Ba \quad \boldsymbol{C}c$$
$$\searrow \searrow \searrow$$
$$Ac \quad B\boldsymbol{a} \quad \boldsymbol{C}b$$
$$\searrow$$
$$\boldsymbol{A}c \quad Bb \quad C\boldsymbol{a}$$
$$\swarrow \swarrow \swarrow$$
$$\boldsymbol{A}a \quad B\boldsymbol{b} \quad Cc$$

보기 3

(순환적인 수열에서의 선택)

	남자의 선택				
A	a	b	c	d	e
B	b	c	d	e	a
C	c	d	e	a	b
D	d	e	a	b	c
E	e	a	b	c	d

	여자의 선택				
a	B	C	D	E	A
b	C	D	E	A	B
c	D	E	A	B	C
d	E	A	B	C	D
e	A	B	C	D	E

이 경우 다음과 같은 5개의 안정적인 완전한 결혼이 존재한다.

① $Aa,\ Bb,\ Cc,\ Dd,\ Ee$
② $Ab,\ Bc,\ Cd,\ De,\ Ea$
③ $Ac,\ Bd,\ Ce,\ Da,\ Eb$
④ $Ad,\ Be,\ Ca,\ Db,\ Ec$
⑤ $Ae,\ Ba,\ Cb,\ Dc,\ Ed$

①의 안정적인 결혼의 경우를 보면, 모든 남자들은 각각 자기의 선호도에 따라 선호도 순위가 가장 높은 여자를 선택하여 결혼을 하였으나 여자들의 경우에는 정반대로 자기의 선호도가 가장 낮은 남자들과 결혼한 경우이다. ②의 경우에는 여자들의 경우 ①과 비교하여 볼 때 한 단계 높은 선호도를 가진 남자들과 결혼했던 반면, 남자들은 자기가 좋아하는 여자들의 선호도가 한 단계 낮아진 것을 볼 수 있다.

이와 같이 ③, ④, ⑤의 경우를 살펴보면, 마지막 ⑤는 ①의 경우와 정반대로, 여자는 선호도 순위가 가장 높은 남자를 선택하여 결혼하였는데 남자의 입장에서 보면 선호도 순위가 가장 낮은 여자들과 결혼한 것을 알 수 있다. 따라서 우리는 완전한 안정적인 매칭를 선택하여 유일한 답으로 하는 기준을 정의하는 물음에 흥미로운 갈등이 생긴다. 우리는 여자의 입장에서 선택하였는지, 남자의 입장에서 선택하였는지 관점의 차이이다.
위의 선호도 순위표에서는 단 5가지의 안정적인 결혼만이 답이다. 그 이유를 알아보면, 완전한 결혼이 되기 위하여 A는 a, b, c, d, e 중 어느 한 여자를 선택하여 결혼을 해야 한다. 만약 안정적인 결혼에 Aa가 선택되었다고 가정하자. 그런 경우 만약 E가 b, c, d 중 어느 한 여자와 결혼을 하게 되면 E는 그 부인(b나 c 또는 d)보다 a를 더 좋아하고 있으며 a 역시 A보다 E를 더 좋아하여 안정적이지 못한 결혼이 될 것이다. 따라서 짝 Ee가 반드시 포함되어야 한다.(A가 a와 결혼을 하면 E는 반드시 e와 결혼을 해야 한다.) 즉, $Aa \Rightarrow Ee$를 얻고 이

과정을 계속하면

$$Aa \Rightarrow Ee \Rightarrow Dd \Rightarrow Cc \Rightarrow Bb \Rightarrow Aa$$

를 얻는다.
다음 안정적인 결혼에 Ab가 포함되었다고 하면 앞에서와 같은 이유로 Ee 또는 Ea를 포함해야만 한다. 그러나 위의 경우에서 $Ee \Rightarrow Aa$이므로 다음과 같은 짝들을 얻을 수 있다.

$$Ab \Rightarrow Ea \Rightarrow De \Rightarrow Cd \Rightarrow Bc \Rightarrow Ab$$

같은 방법으로,

$$Ac \Rightarrow Eb \Rightarrow Da \Rightarrow Ce \Rightarrow Bd \Rightarrow Ac$$
$$Ad \Rightarrow Ec \Rightarrow Db \Rightarrow Ca \Rightarrow Be \Rightarrow Ad$$
$$Ae \Rightarrow Ed \Rightarrow Dc \Rightarrow Cb \Rightarrow Ba \Rightarrow Ae$$

를 얻을 수 있고 모두 다섯 가지 안정적인 결혼을 얻을 수 있다.
n쌍의 남녀가 있을 때 선호도 순위표에 따라 n개의 안정적인 결혼을 얻을 수 있을 것인가 하는 의문이 생기고 일반적인 경우 n이 홀수이냐 짝수이냐에 따라서 일반적인 해의 개수가 다르다는 것을 알 수 있다.

9.2 안정적인 결합을 위한 기본적인 알고리즘

9.1절에서 안정적인 완전한 결합을 구하는 방법에 대하여 공부하였다. 그러면,

"어떤 모양의 선호도를 갖는 경우에도 항상 안정적인 완전한 결혼이 존재하는가?"

하는 의문이 생긴다.
우리는 지금 이 문제를 그래프 이론을 이용하여 수학적인 모델을

구성하여 체계적으로 공부하여 해결하여 보자.(그래프 이론은 10장에서 공부할 것임.)

n 명의 남자들의 집합을 $M=\{m_1, m_1, \cdots, m_n\}$, n 명의 여자들의 집합을 $W=\{w_1, w_1, \cdots, w_n\}$ 이라 하자.

완전한 결혼이란 두 집합 M과 W 사이에 일대일 대응을 말한다. 그래프 이론으로 보면 각 m_i, w_j 를 꼭짓점으로 나타내고 각 짝 $\{m_i, w_j\}$ 은 하나의 모서리를 의미한다.

앞 절에서 설명한 선호도 순위행렬에서 i 행 j 열의 $\{m_i, w_j\}$ 에 대한 수 p, q 는 m_i 가 w_j 를 선호하는 선호도 순위가 p 이고, w_j 가 m_i 를 선호하는 선호도 순위가 q 일 때를 말한다.

이렇게 이루어진 선호도 순위행렬은 $n \times n$ 정사각행렬이며, i 행은 남자 m_i 가 여자들을 좋아하는 선호도 순위이며 j 열은 여자 w_j 가 남자들을 좋아하는 선호도 순위이다.

완전한 결혼은 선호도 순위행렬이 정확히 한 행으로부터 한 순위만 포함하고 한 열로부터 한 순위만 포함하는 행렬의 n 등위의 집합에 일대일로 대응한다.

보기 4

$n=2$ 일 때 다음 행렬을 선호도 순위행렬이라 하자.

$$\begin{array}{c} \\ m_1 \\ m_2 \end{array} \begin{array}{c} \begin{matrix} w_1 & w_2 \end{matrix} \\ \begin{bmatrix} 2,1 & 1,2 \\ 2,2 & 1,1 \end{bmatrix} \end{array}$$

이 행렬에서, 1행 1열의 원소 (2, 1)를 살펴보면 m_1 은 그 남자의 여자 선호도 순위를 w_1 을 2위로 하고 w_1 은 그 여자의 남자 선호도 순위로 m_1 을 1위로 기록하고 있음을 의미한다.
이 선호도 순위행렬로부터 2가지의 다음과 같은 완전한 결혼이 있음을 알 수 있다.

(1) $m_1 \leftrightarrow w_1,\ m_2 \leftrightarrow w_2$
(2) $m_1 \leftrightarrow w_2,\ m_2 \leftrightarrow w_1$

이 때, (1)의 경우는 안정된 완전한 결혼으로 쉽게 이해할 수 있지만, (2)의 경우에는 m_2 가 그 남자의 배우자인 w_1 보다 남의 여자 w_2 를 더 좋아하며, w_2 도 자기의 배우자인 m_1 보다 남의 남자인 m_2 를 더 좋아하기 때문에 안정적이지 못한 결혼이다.

보기 5

$n=3$ 일 때, 선호도 순위행렬을 보자.

$$\begin{bmatrix} 1,3 & 2,2 & 3,1 \\ 3,1 & 1,3 & 2,2 \\ 2,2 & 3,1 & 1,3 \end{bmatrix}$$

이 경우, 가능한 완전 결혼은 $3! = 6$ 가지가 있다.
그 중 한 경우 $m_1 \leftrightarrow w_1,\ m_2 \leftrightarrow w_2,\ m_3 \leftrightarrow w_3$ 을 생각해 보면 세 남자 모두 각각 자기가 가장 좋아하는 여자를 자기의 배우자로 선택하였으므로 비록 세 여자 모두가 각각 자기가 가장 선호하지 않는 남자를 배우자로 선택하였다고 하더라도 이 결혼들은 안정적인 완전한 결혼이다.
또 다른 하나, $m_3 \leftrightarrow w_2,\ m_1 \leftrightarrow w_3,\ m_2 \leftrightarrow w_1$ 의 경우는 앞의 경우와 정반대로 세 여자 모두 각각 자기가 가장 좋아하는 여자를 자기의 배우자로 선택하였으므로 비록 세 남자 모두 각각 자기가 가장 선호하지 않는 여자를 배우자로 선택하였다고 하더라도 하나의 안정적인 완전한 결혼이다. 그러나 일방적으로 모든 여자(남자)가 자기가 가장 좋아하는 선택으로 배우자를 고르는 것이 완전한 결혼이 아닐 수도 있다. 예를 들면, 모든 여자가 좋아하는 순위가 같고 모든 남자가 좋아하는 순위가 같을 때는 안정된 완전한 결혼이 성립할 수 없는 경우도 있다.

그러나 우리는 어떤 경우의 선호도 순위행렬에 대하여도 항상 안정적인 완전한 결혼(매칭)이 적어도 하나 존재한다는 것을 알 수 있다. 그러면 어떻게 하여 안정적인 완전 결혼이 존재하는지를 알아보기 위하여 안정적인 완전 결혼을 결정하는 알고리즘에 대하여 알아보자.

정의 I

어떠한 선호도 순위행렬에서도 반드시 안정된 완전 결혼이 존재한다.

증명

먼저 안정적인 결혼을 결정하기 위하여 청혼을 받아들이는 것을 미루는 알고리즘(deferred acceptance algorithm)을 정의하여 보자.

■ 청혼을 받아들이는 것을 미루는 알고리즘

청혼을 거절로써 표현한 모든 여자들로부터 시작하자. 거절당한 여자가 존재하는 동안은 다음과 같은 과정이 진행된다.

(1) 거절당한 모든 여자는 아직 그 여자를 거절하지 않는 모든 남자들 가운데서 그 여자가 선호한 등위가 가장 높은 남자를 선택한다.

(2) 모든 남자들은 그를 선택한 여자들 중에서 아직까지 그가 거절하지 않았던 그가 선호한 등위가 가장 높은 여자를 선택하여 그 여자를 배우자로 결정하는 것은 잠시 미루고 바로 다른

여자들의 청혼은 거절한다.

즉, 이 알고리즘을 실행하는 동안 여자들은 남자들에게 청혼을 하게 되고 어떤 남자와 어떤 여자는 약혼을 하게 된다. 그러나 그 남자들은 만약 그들이 더 좋은 여자로부터 청혼을 받게 되면 약혼을 파기하게 될 것이다. 일단 한 남자가 약혼을 하게 되면 알고리즘이 실행되는 전 과정을 통하여 약혼(결혼이 아님)한 상태로 남아 있고 그의 약혼녀는 바뀔 수도 있다. 그의 입장에서는 약혼녀를 바꾸는 것은 향상을 의미한다. 어쨌든 한 여자는 약혼을 할 수도 있고 이 알고리즘이 진행되는 동안 여러 번 파혼을 할 수도 있다. 이때의 새로운 약혼은 결과적으로 그녀에게는 덜 만족스러운 남자와 한 약혼이 된다.

이 알고리즘의 서술을 보면 청혼을 거절당하지 않은 여자가 생기면 바로 그 한 여자와 약혼을 하게 되고, 여자의 수와 남자의 수가 같으므로 모든 여자는 정확히 한 남자와 약혼을 한다. 이와 같이 하면 하나의 완전한 결혼을 얻게 된다.

다음은 이 결혼이 안정적임을 밝혀보자.

두 남자 A와 B, 두 여자 a와 b가 있는데 A는 a와 B는 b와 약혼을 했으나 A는 a보다 b를 더 좋아하는 경우를 생각해 보자. 우리는 b가 B보다 A를 더 좋아할 수 없다는 것을 보이자. 이 알고리즘이 진행되는 동안 A는 a보다 b를 더 좋아하므로 A는 b를 선택하나 그 여자가 더 좋은 순위에 올라 있는 어떤 남자를 선택하기 위하여 b는 A를 거절한다. 그러나 그 여자 b는 결국에, 알고리즘이 진행되는 동안 그 여자가 거절한 어떤 남자(그의 선호도 순위가 가장 높은)와 약혼을 하게 된다. A가 b에 의하여 거절당하였으므로, b는 A보다 B를 더 선호하여야만 한다. 즉, 불안정한 짝이 없고 이 완전한 결혼이 안정적임을 알 수 있다.

보기 6

다음 선호도 순위행렬로부터 청혼을 받아들이는 것을 미루는 알고리즘을 이용하여 안정적인 완전 결혼을 구하여 보자.

$$\begin{array}{c} \\ A \\ B \\ C \end{array} \quad \begin{array}{c} \begin{array}{ccc} a & b & c \end{array} \\ \begin{bmatrix} 1,3 & 2,2 & 3,1 \\ 3,1 & 1,3 & 2,2 \\ 2,2 & 3,1 & 1,3 \end{bmatrix} \end{array}$$

A는 a를 선택하고 B는 b를 선택하고 C는 c를 선택하여 짝을 이루었다면 아무런 거절이 없으므로 이 알고리즘은 끝이 난다. 즉, $A \leftrightarrow a$, $B \leftrightarrow b$, $C \leftrightarrow c$와 같이 짝을 이뤄 결혼하고 그들은 그 후 행복하게 살 것이다. 즉, 이 매칭은 안정적인 완전한 결혼이다.

보기 7

선호도 순위 행렬

$$\begin{array}{c} \\ A \\ B \\ C \\ D \end{array} \quad \begin{array}{c} \begin{array}{cccc} a & b & c & d \end{array} \\ \begin{bmatrix} 1,2 & 2,1 & 3,2 & 4,1 \\ 2,4 & 1,2 & 3,1 & 4,2 \\ 2,1 & 3,3 & 4,3 & 1,4 \\ 1,3 & 4,4 & 3,4 & 2,3 \end{bmatrix} \end{array}$$

로부터 안정된 완전 결혼을 구하여 보자.

(i) A, B, C, D는 자기의 입장에서 각각 자기들이 가장 좋아하는 A는 a를 선택하고, B는 b를 선택하고, C는 d를 선택하고, D는 a를 선택하여 청혼한다. 그러면 a는 A와 D로부터 청혼을 받았으므로 선택권을 갖게 되고 a는 D보다는 A를 더 선호하므로 D를 거절한다.

(ii) 그러면 D는 할 수 없이 다시 다음 순위인 d를 선택한다. (i)과 같

은 이유로 d는 C를 거절한다.

(iii) C는 다시 a를 선택하게 되고 마찬가지로 a는 A를 거절한다.

(iv) A는 다시 b를 선택하고 b는 B를 거절한다.

(v) B는 다시 a를 선택하게 되고 a는 B를 거절한다.

(vi) B는 할 수 없이 c를 선택하게 되고 아무런 거절이 없으므로 과정도 끝이 나고 하나의 안정적인 완전결혼 $A \leftrightarrow b$, $B \leftrightarrow c$, $C \leftrightarrow a$, $D \leftrightarrow d$을 얻을 수 있다.

만약에 청혼을 거절하는 것을 미루는 알고리즘에서 남자와 여자의 역할을 바꾸어서 여자가 남자를 자기의 선호도 순위에 따라 먼저 선택한다면 같은 방법으로 우리는 하나의 안정적인 완전한 결혼을 얻게 될 것이다. 남자가 여자를 선택하여 얻은 결혼과 다를 필요는 없다.

보기 8

앞의 [보기 4]의 선호도 순위행렬로부터 여자가 자기의 선호도 순위에 따라 남자를 선택하여 안정적인 완전한 결혼을 구하여 보기로 하자.

(i) a, b, c, d는 자기들의 입장에 따라 각각 자기들이 가장 좋아하는 a는 C를 선택하고, b는 A를 선택하고, c는 B를 선택하고, d는 A를 선택하여 청혼한다. 그러면 A는 b와 d로 청혼을 받았으므로 선택권을 갖게 되고 A는 d보다 b를 선호하므로, d를 거절한다.

(ii) 그러면 거절당한 d는 할 수 없이 다음 순위인 B를 선택한다. 그러나 (i)에서와 같은 이유로 B는 d를 거절한다.

(iii) 거절당한 d는 다시 D를 선택한다. 이때에는 거절이 없다. 따라서 하나의 완전한 결혼 $a \leftrightarrow C$, $b \leftrightarrow A$, $c \leftrightarrow B$, $d \leftrightarrow D$이 얻어지고 이 결혼은 안정적인 완전한 결혼이다.

이것은 선택하는 주체만 바꾸고 같은 알고리즘을 사용하여 얻은 결과인데 [보기 4]의 경우와 같은 결과를 얻는다.

보기 9

[보기 3]의 선호도 순위행렬로부터 선택의 주체를 바꾸어 선택하여 보면

(i) a는 B를 선택하고, b는 C를 선택하고, c는 A를 선택한다. 이 경우 아무런 거절이 없으므로, $a \leftrightarrow B$, $b \leftrightarrow C$, $c \leftrightarrow A$가 안정적인 완전 결론이다. 그러나 이 결혼은 [보기 3]에서 다른 방법으로 얻은 안정적인 완전한 결혼과는 다르다.

모든 안정적인 완전한 결혼 중에서 여자들이 자기의 배우자로 선호도가 가장 높은 남자들을 선택하여 이루어진 안정된 완전 결혼을 여자에 대한 최적(optimal)이라 부른다. 바꾸어 말하면 여자들이 좋아하는 자기의 선호도 순위보다 더 높은 순위를 갖는 남자를 배우자로 갖는 안정된 완전 결혼이 없다는 것이다.

모든 여자가 모두 최적인 안정된 완전 결혼을 여자 최적(women-optimal)이라 부른다. 같은 방법으로 남자 최적(men-optimal)을 정의할 수 있다.

정의 2

여자가 남자를 선택하는 청혼을 받아들이는 것을 미루는 알고리즘으로부터 얻은 안정된 완전 결혼이 여자 최적이다. 마찬가지로 남자가 여자를 선택하는 청혼을 받아들이는 것을 미루는 알고리즘으로부터 얻은 안정된 완전 결혼이 남자 최적이다.

증명 생략

보기 10

$2n$ (짝수)명의 여학생들이 룸메이트(두 명씩)로 매칭을 원한다. 각 여학생들은 자기가 좋아하는 순위에 따라 다른 여학생들의 선호도 순위를 $1,\ 2,\ 3,\ \cdots,\ 2n-1$ 로 매겼다. 이런 상황에서, 완전 매칭은 n 쌍으로 연결하는 일이다. 그런데, 만약 두 명의 여학생들이 모두 현재의 자기 짝보다 더 좋아하는 다른 여학생들이 있다면 이 완전한 매칭은 안정적이지 못하다. 안정적이지 못한 완전 매칭이 아닌 매칭을 안정적인 완전 매칭이라 한다. 그러면 어떠한 경우라도 안정적인 완전 매칭이 존재할까?

네 명의 여학생 A, B, C, D 가 있다. 네 명의 여학생들은 각각 자기의 짝으로 A 는 B 를 제일 원했고, B 는 C 를 제일 원했고, C 는 A 를 제일 원했고, A, B, C는 모두 D 를 제일 싫어했다.

이런 경우, A 와 D 가 룸메이트가 되었다고 가정하자. 그러면 B 와 C 가 룸메이트가 될 것이다. 그러나 C는 B보다 A 를 더 좋아하고, A 는 D 를 제일 싫어했으므로 A 는 D 보다 C를 더 좋아하므로 이 완전 매칭은 불안정하다. 마찬가지로, B 와 D 가 룸메이트가 되든가 C 와 D 가 룸메이트가 될 경우에도 같은 결론이 나온다. 즉 어떠한 경우에도 안정적인 완전한 매칭은 없다.

보기 11

어느 항공사에 기장 A, B, C, D, E 5명과 부기장 a, b, c, d, e, f 6명이 있다. 그런데 이들 조종사들은 국적이 다르고 언어와 종교 등의 문제로 기장 1명과 부기장 1명 계 2명으로 구성하는 비행단을 편성하기가 쉽지 않았다. 다음 표는 비행단을 편성할 수 있는 상태이다. 그들이 최대로 편성할 수 있는 비행단의 수와 방법은 무엇인가?

기 장	편성할 수 있는 부기장
A	a, c
B	a, f
C	b, d, e
D	b
E	e

기장 D, E는 유일하게 각각 부기장 b, e와 비행조를 편성할 수 있기 때문에 Db, Ee로 편성한다. 다음 나머지 조종사들로 비행조를 구성하면 C는 단지 d로 하여 Cd로 편성하고 나머지 기장 A, B와 부기장 a, b, f 중에서 가능한 매칭을 구하면 Aa, Bf ; Ac, Ba ; Ac, Bf 밖에 없다. 그러므로 모두 5개조를 편성할 수 있다. 그 종류는 모두 3가지가 있다.

9.3 안정적인 결혼의 존재*

(컴퓨터를 이용한 기본적인 알고리즘)

안정적인 결혼(매칭)을 구하기 위하여 기본적인 알고리즘이 지금 개발될 것이다. 이것은 적어도 하나의 안정된 결혼이 존재한다는 것을 증명함으로써 그것 자체가 하나의 알고리즘이 만들어지는 것이다. 우리는 앞에서 청혼을 받아들이는 것을 미루고 청혼을 해온 사람보다 더 높은 선호도를 가진 청혼자가 나타나면 그 앞의 청혼을 거절해 가면서 안정된 매칭에 도달하는 것을 보았다. 기본적인 알고리즘에서 이혼은 약혼 횟수와 같다. 바꾸어서 남자들은 한 사람 한 사람 그들의 선호도에 따라서 거절하든가 받아들이는 여자들의 선호도 순위를 향상시키는 구혼자로서의 역할을 하게 된다. 이런 것들로부터 우리는 항상 안정적인 답을 구하게 됨을 알 수 있다. 이 알고리즘에는 3개의

* 수학적인 관심이 높은 독자만 읽기 바란다.

변수 k, X, x 그리고 2개의 상수 n과 Ω가 사용된다.

n : 남자의 수 = 여자의 수
k : 이미 이루어진 짝의 수
X : 구혼자
x : 구혼자의 선호도 순위를 향상시켜주는 여자
Ω : 상상의 남자

알고리즘의 기술

```
k ← 0 ; all the women are (temporarily) engaged to Ω ;
While k < n do
    begin X ← ( k + 1 )-st man ;
    While X ≠ Ω do
        begin k ← best choice remaining on X's list ;
        if x prefers X to her fiance then
           begin engage X and x ;
          X ← preceding fiance of x
           end
        if X ≠ Ω then withdraw x from X's list ;
        end ;
    Celebrate n weddings.
```

ALGOL과 같은 언어에 익숙하지 않은 사람을 위하여 몇 가지를 설명하여 보면, $k \leftarrow 0$ 은 변수 k 가 값이 0이라는 것을 의미하며 언어 begin과 대응하는 언어 end 사이에 지시어들의 열은 단순 열을 구성한다. 이 열(列)은 지시 while <…> do 후에 프로그램에서 그것이 나타날 때까지 조건 <…> 이 만족되는 한 계속 되풀이될 것이다.

보기 12

이 알고리즘을 이해하기 위하여 9.1절의 [보기 1]을 응용하여 보자.

$$\begin{array}{lllll} A: & c & b & d & a \\ B: & b & a & c & d \\ C: & b & d & a & c \\ D: & c & a & d & b \end{array} \qquad \begin{array}{lllll} a: & A & B & D & C \\ b: & C & A & D & B \\ c: & C & B & D & A \\ d: & B & A & C & D \end{array}$$

[참고] 각 여자가 선호도 순위 기록의 끝에 Ω를 첨가시킨다. 처음 알고리즘을 실행할 때 k는 0 값을 갖고 각각 여자는 Ω와 약혼한다.

첫 번째 우리는 $k < n$임을 밝힌 후 변수 X는 값 A (첫 번째 남자)를 택한다. 다음에 우리는 $X \neq \Omega$임을 밝히고 그 때 이 지시를 실행한다.

$$k \leftarrow \text{ best choice remaining for } X,$$

즉,

$$k \leftarrow c.$$

이런 과정에서 3개의 변수들 k, X와 x에 의하여 취해진 값들은 다음과 같다.

$$k = 0,\ X = A,\ x = c.$$

c가 Ω보다 A를 더 좋아하므로 c와 A는 약혼하게 된다. 즉, X의 값은 c 이전의 약혼자인 Ω가 된다. $X = \Omega$이므로, 명령어

$$\text{withdraw } x \text{ from } X\text{'s list}$$

를 실행시키지 못한다. 대신 지시어

$$\text{While } X \neq \Omega \text{ do}$$

로 되돌아간다. $X = \Omega$이므로, 우리는 이 지시를 가지고 시작한

"advances"의 열을 빠져나간다. 첨자 k 는 즉 $(k \leq k+1)$로 증가한다.

두 번째 $k < n$이므로 우리는 지시

$$X \leftarrow (k+1)\text{-st man}$$

를 실행하고 그러므로 X는 값 B 를 취한다. B가 새로운 배우자가 된다. 우리는 $X \neq \Omega$임을 밝히고 다음 지시를 실행한다.

$$k \leftarrow \text{best remaining for } X,$$

즉,

$$k \leftarrow b$$

이때의 상황은

$$k = 1, X = B, x = b.$$

이다. B 의 프러포즈는 b 에게도 첫 번째 진정한 진전이 있어서 짝 Bb 가 생겨난다. X는 Ω가 되고 k 는 다시 증가한다.

세 번째 이번 회는 앞의 첫 번째, 두 번째 회와는 다르다.
$k = 2 < n$임을 밝힌다. 즉, $X \leftarrow C$. C의 기록에 남아 있는 최선의 선택은 b 이다. 그러므로 짝 Cb가 생기고 X는 b의 이전의 약혼자인 B가 된다. $X \neq \Omega$ 임을 규명한 후에 X의 기록으로부터 x를 제거한다. (즉, 후에 B의 기록으로부터 b를 제거한다.)
X가 값 B를 가지므로, 지시어

$$\text{while } X \neq \Omega \text{ do}$$

은 다시 새 배우자로써 B를 취하는 "진전"의 열의 실행을 포함한다. B에 대하여 남아있는 최선의 선택은 a 이다. 그러므로 $k \leftarrow a$이고

$$k = 2, X = B, x = a.$$

여자 a 가 Ω보다 B를 더 좋아한다. 아무나 그보다는 더 좋다. 즉 우리는 짝 Ba 를 만들고 X는 그 여자의 이전의 약혼자인 Ω가 된다. 다

시 우리는 지시어 while $X \neq \Omega$ do를 가지고 시작하는 진전의 열을 남긴다. k가 다시 증가한다.

네 번째 $k = 3 < n$을 증명한다.
즉, $X \leftarrow D$이고 새로운 상황이 생긴다.

$$k = 3, \quad X = D, \quad x = c.$$

여자 c 는 그 여자의 최근의 파트너인 A 보다 D 를 더 좋아한다. 그 여자는 파트너를 바꾸고 A 가 새로운 배우자 X 가 된다. 그때 c 는 A 의 기록에서 삭제된다. A 의 기록에 남아 있는 최선의 선택은 b 이다. 그러므로

$$k = 3, \quad X = A, \quad x = d.$$

이다. 그 여자가 바람직하지 못한 Ω보다 A를 더 좋아하므로, 즉 $X \leftarrow \Omega$이고 우리는 "진전"의 열을 남긴다. 그래서 변수 k가 증가한다.

끝. $k = n = 4$에 도달하자마자 이 되풀이는 끝난다.

while $k < n$ do.

우리는 위에서 볼 수 있었던 것처럼 결혼(매칭)이 안정적이므로 네 쌍의 탄생(결혼)을 축하할 수 있다.

[참고] 우리는 이 알고리즘이 지시어들

while $X \neq \Omega$ do $\cdots$,

과

if $X \neq \Omega$ then $\cdots$

안에 $X \neq \Omega$의 2개의 테스트를 포함하는 이유를 알아보아야 한다. 어떤 컴퓨터 과학자들은 명령어 go to를 사용하는 것보다 여분의 테스트들을 만드는 것이 더 낫다는 것을 믿고 있다.

9.4 연습문제

1. 청혼을 받아들이는 것을 미루는 알고리즘을 이용하여 다음 선호도 순위행렬로부터 안정적인 완전한 결혼(매칭)을 구하여라.

①

$$\begin{array}{c} \\ A \\ B \\ C \\ D \end{array} \begin{array}{c} \begin{array}{cccc} a & b & c & d \end{array} \\ \begin{bmatrix} 1,3 & 2,3 & 3,2 & 4,3 \\ 1,4 & 4,1 & 3,3 & 2,2 \\ 2,2 & 1,4 & 3,4 & 4,1 \\ 4,1 & 2,2 & 3,1 & 1,4 \end{bmatrix} \end{array}$$

②

$$\begin{array}{c} \\ A \\ B \\ C \\ D \end{array} \begin{array}{c} \begin{array}{cccc} a & b & c & d \end{array} \\ \begin{bmatrix} 1,3 & 2,2 & 3,1 & 4,3 \\ 1,4 & 2,3 & 3,2 & 4,4 \\ 3,1 & 1,4 & 2,3 & 4,2 \\ 2,2 & 3,1 & 1,4 & 4,1 \end{bmatrix} \end{array}$$

③

$$\begin{array}{llllll} A: & e & d & c & b & a \\ B: & a & e & d & c & b \\ C: & b & a & e & d & c \\ D: & c & b & a & e & d \\ E: & d & c & b & a & e \end{array} \qquad \begin{array}{llllll} a: & A & B & C & D & E \\ b: & B & C & D & E & A \\ c: & C & D & E & A & B \\ d: & D & E & A & B & C \\ e: & E & A & B & C & D \end{array}$$

④

$$\begin{array}{lllll} A: & c & b & d & a \\ B: & b & a & c & d \\ C: & b & d & a & c \\ D: & c & a & d & b \end{array} \qquad \begin{array}{lllll} a: & A & B & D & C \\ b: & C & A & D & B \\ c: & C & B & D & A \\ d: & B & A & C & D \end{array}$$

2. 9.1절의 [보기 1]에서 나타난 네 쌍의 남녀에 대한 서로의 선호도 순위를 나타낸 표이다. 안정적인 완전 결혼을 위한 매칭을 모두 구하여라.

$$\begin{array}{lllll} A: & a & b & c & d \\ B: & b & a & d & c \\ C: & c & d & a & b \\ D: & d & c & b & a \end{array} \qquad \begin{array}{lllll} a: & D & C & B & A \\ b: & C & D & A & B \\ c: & B & A & D & C \\ d: & A & B & C & D \end{array}$$

최초 여성수학자 히파티아의 비극

인류 최초의 여성 수학자이자 철학자인 히파티아(Hypatia, 370?~415)는 이집트 알렉산드리아의 수학자인 테온의 딸이다. 그녀는 아버지를 도와 고대 천문학을 집대성한 《알마게스트》에 관한 논문을 작성했다. 또 유클리드의 《기하학 원론》을 개정하고 디오판토스의 《산학》, 아폴로니오스의 《원뿔곡선론》에 관한 책도 집필했다고 알려졌다. 신플라톤주의 학자였던 그녀는 플라톤과 아리스토텔레스에 대해 강의하면서 높은 학식과 덕망으로 존경을 한몸에 받았고, 학문의 여신인 '뮤즈' 라는 별명을 얻기도 했다. 아름답고 우아한 그녀에게 청혼하는 남성도 많았지만 그녀는 "나는 이미 진리와 결혼했다" 고 거절하며 독신을 고집했다. 당시 알렉산드리아 기독교도들은 히파티아의 신플라톤주의 철학과 자유분방한 그녀의 행실을 이교도적이며 기독교에 대해 위협적인 것으로 생각했다. 기독교도들은 여성이 수학을 잘하는 것을 마녀라고 간주했으며 남성 추종자들이 유난히 많았던 것도 마음에 들어 하지 않았다. 결국 알렉산드리아 대주교의 미움을 사게 되었고, 이교(異教)의 선포자라는 이유로 기독교인들로부터 무참하게 살해당했다.

제10장

생활 속 그래프 이론

우리가 살고 있는 도시의 거리(가로)가 잘 나타나 있는 지도에서 어느 한 지점을 굵은 점(•)으로 표시하면 이 점들은 2개 혹은 그 이상의 도로(거리)를 지나든가 혹은 막다른 골목이 되어 단 하나의 도로만으로 연결된다. 여기서 그래프(graph)라는 하나의 예를 얻을 수 있다. 도시의 어떤 도로는 한 방향으로만 통행(자동차)이 가능한 일방로라는 것이 있어서 통행이 가능한 방향으로 →를 사용하고 양방향으로 통행이 가능한 일반도로는 ↔를 사용하여 표시하여 보면 또 다른 하나의 그래프의 예를 얻을 수 있다. 계속하여 어떤 집단에서 자기가 좋아하는 사람들끼리 선으로 이어보면(좋아하는 사람 쪽으로 →를 사용) 또 다른 하나의 예를 얻을 수 있는데 앞으로 논의할 방향그래프(digraph)의 하나의 예이다. 이외에도 분자구조, 동물들의 먹이사슬, 가계도, 지휘계통도 등 … 이루 헤아릴 수 없을 만큼 많은 것들을 그래프로 나타낼 수 있다.

먹이사슬 같은 것은 먹이가 되는 동물 방향으로 →를 사용하면 하나의 방향그래프를 얻을 수 있고, 각 도시를 잇는 도로망을 선으로 나타내면 또 하나의 그래프를 얻을 수도 있다.

위에서 언급한 그래프와 방향그래프는 같은 방법 또는 다른 방법으로 관계 맺은 대상들의 수학적인 모델을 제공한다. 그래프 이론에 대한 최초의 논문은 1736년 스위스의 유명한 수학자 오일러(Leonhard Euler)가 썼고 많이 알고 있듯이 쾨니히스베르크(Königsberg) 다리 문제를 다루었다.

그래프 이론은 수수께끼나 게임 같은 것에서 그 역사적인 근원을 찾을 수 있었으나 현재에는 네트워크, 화학, 심리학, 사회학, 생태학, 유전학 등과 같은 많은 분야에서 연구 조사를 위한 골격과 매우 중요한 언어와 특성을 제공하기도 한다.

최근에는 거미나 개미 같은 곤충의 지혜를 활용하여 인터넷과 같은 네트워크의 복잡한 문제를 해결하는 연구가 진행되고 있다.

거미는 먹이가 거미줄에 걸렸을 때 가장 짧은 길을 선택하여 먹이를 찾아가는 능력이 있다. 또 그 길이 장해물로 막혀 있든지 손상되어 있으면 재빨리 다른 최단의 길을 찾아낸다. 이것은 인터넷과 도로, 전화, 전력공급 등에서 통로가 막혔을 때 소통을 원활하게 하는 새로운 길을 찾는데 응용할 수 있다.

개미는 여럿이 모이면 현명하게 난관을 극복하는 '공동체 지능'을 발휘한다. 그 비결은 무엇일까? 개미는 페르몬이라는 호르몬을 길에 분비하고 다닌다. 이것을 다른 개미들이 감지해서 따라간다.

이 점에 착안하여 미국에서는 최근 가상 개미가 전자 지도를 활용하는 가상 시스템을 만들었다. 이 개미들이 전혀 막힘이 없이 목적지에 도착하면 소통이 잘 되는 위치임을 표시하는 가상 페르몬을 분비한다. 그러면 다른 가상 개미들도 이 길을 찾게 되고 자동적으로 네트워크상에서 최상의 길이 지도에 그려진다.

그래프는 많은 문제들이 그래프 알고리즘에 의하여 쉽게 표현되어 연구되고 그 중에서도 필요한 해답을 제공하는 것들은 가장 유용한 수학적 모델의 하나가 되었다.

10.1 그래프의 기본 성질

하나의 그래프 G는 두 형태의 대상으로 되어 있다. 그 하나는 꼭짓점이라고 하는 유한집합 $V = \{a, b, c, \cdots\}$이고 다른 하나는 서로 다른 2개의 꼭짓점의 짝으로 이루어진 모서리라고 하는 집합 E이다.

우리는 그래프 G를 꼭짓점의 집합 V와 모서리의 집합 E의 순서쌍

$$G = (V, E)$$

으로 나타내기로 한다. 꼭짓점의 집합 V의 원소의 개수, 즉 꼭짓점의 개수를 그래프 G의 위수(order)라 한다.

만약,

$$\alpha = \{x, y\} = \{y, x\}$$

가 G의 하나의 모서리이면 모서리 α는 꼭짓점 x와 y를 연결시키고, 두 꼭짓점 x와 y는 이웃(인접)해 있다고 말한다. 그리고 x와 y는 모서리 α의 꼭짓점이라고 한다.

그래프는 하나의 추상적인 수학적 실체를 정의한 것이다. 그러나 평면 위에서 도표를 그리고 그것을 나타내는 기하학적인 실체로 생각할 수도 있다. 하나의 확실한 점을 취하여 그 점을 꼭짓점(vertex point)이라 하고 2개의 꼭짓점이 곡선으로 연결되어 있으면 2개의 꼭짓점이 그래프 G의 한 모서리 α를 결정한다는 것을 의미한다. 이때 이러한 곡선을 모서리 곡선이라 하고 α라 칭한다.

보기 1

$V = \{a, b, c, d, e\}$,
$E = \{\{a, b\}, \{b, c\}, \{c, d\}, \{d, a\}, \{e, a\}, \{e, b\}, \{e, c\}\}$라 할 때
$G = (V, E)$는 위수 5인 다음의 그래프이다. 즉, $G = (V, E)$일 때 이 그래프의 기하학적 그림은 [그림 10.1]과 같이 나타내기도 한다.

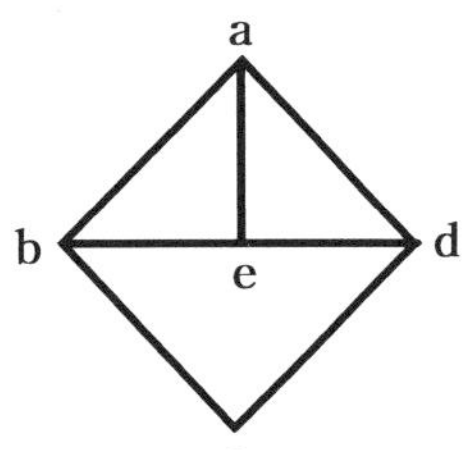

[그림 10.1]

만약 우리가 그래프의 정의를 2개의 꼭짓점을 잇는 모서리를 2개 이상씩 갖는 것도 허용하는 것으로 바꾼다면, 이러한 그래프는 중복그래프(multigraph)로 정의가 바뀔 것이다. 이때 중복그래프 $G=(V, E)$에서 E는 중복집합이다. 모서리 $\alpha=\{x, y\}$의 중복도(multiplicity)는 $\{x, y\}$의 개수 $m\{x, y\}$이다. 모서리 $\{x, x\}$를 허용하여 루프(loops)라는 모서리를 도입하면 일반 그래프라고 하는 그래프로 그 영역을 넓힐 수 있다.

보기 2

다음 그래프 [그림 10.2]는 위수가 4이고 모서리가 9개인 중복그래프이다.

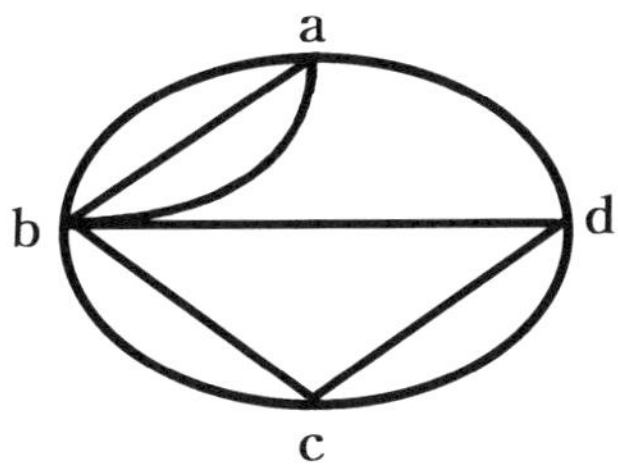

[그림 10.2]

그래프에서 모든 모서리는 반드시 꼭짓점에서만 서로 만나게 되어 있는 것으로 알고 있으나 우리가 그래프(중복그래프, 일반그래프)를 기하학적으로 평면 위에 나타내면 모서리끼리 서로 다른 모서리를 가로지르는 경우가 있다.

위수 n 인 그래프가 서로 다른 모든 꼭짓점들의 짝이 각각 하나의 모서리를 구성할 때 이 그래프를 완전그래프(complete graph)라 한다. 즉, 완전그래프에서는 모든 꼭짓점들이 서로 이웃해 있다는 것을 알 수 있다. 위수 n 인 완전그래프는 $\frac{n(n-1)}{2}$ 개의 모서리를 갖고 K_n 으로 나타낸다.

보기 3

다음 그래프는 완전그래프이다.

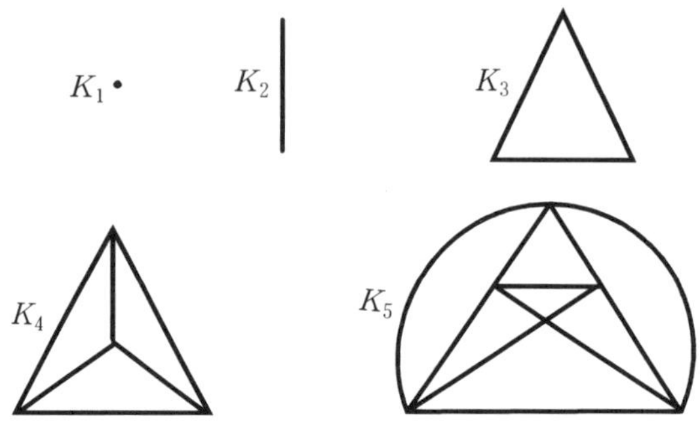

[그림 10.3]

그래프 K_5를 보면 어떤 방법으로 그래프를 그리더라도 2개의 모서리 곡선이 꼭짓점이 아닌 곳에서 서로 교차하는 것을 알 수 있다. K_5를 다른 방법으로 그려보면 오각형 모양으로 그려지기도 한다.

2개의 모서리 곡선이 꼭짓점에서만 교차하는 방법으로 평면 위에 그려질 수 있는 그래프를 평면그래프(planar)라 부른다. 위의 [그림 10.3]에서 K_1, K_2, K_3, K_4는 평면그래프이다. 그러나 K_5를 보면 2개의 모서리가 꼭짓점이 아닌 곳에서 교차하므로 평면그래프가 아니다. 평면그래프에 대하여 앞으로 좀 더 자세히 공부하게 될 것이다.

다음 그래프들은 변이 꼭짓점에서만 만나게 다시 그릴 수 있으므로 모두 평면그래프이다.

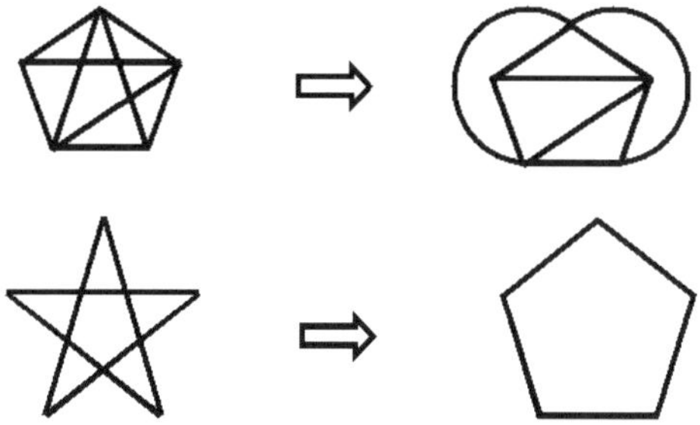

[그림 10.4]

일반그래프 G에서 한 꼭짓점 x의 **차수**(degree, valance)라는 것은 꼭짓점 x를 끝점으로 갖는 모서리의 개수 $\deg(x)$이다. 만약 $\alpha = \{x, x\}$가 꼭짓점 x를 연결하는 루프이면 x의 차수는 2이다.

모든 일반그래프 G를 모서리들의 차수를 감소 수열로 나타내어 결합시켜 나타내는 방법도 있다.

$$(d_1, d_2, \cdots, d_n), \quad d_1 \ge d_2 \ge \cdots \ge d_n \ge 0$$

이것을 G의 **차수 수열**(degree sequence)이라고 한다.

[보기 2]의 [그림 10.2]의 차수수열은 (6, 4, 4, 4)이고 완전그래프 K_n의 차수수열은 $(n-1, n-1, \cdots, n-1)$, 즉 $(n-1)$이 n개이다.

일반그래프 G에서 모든 모서리는 각각 2개씩의 꼭짓점들을 공유하므로 G의 모든 꼭짓점의 차수의 합 $d_1 + d_2 + \cdots + d_n$은 짝수이고, 따라서 홀수 차수를 갖는 G의 꼭짓점의 개수는 반드시 짝수개임을 알 수 있다. 따라서 꼭짓점들의 차수의 합은 모서리 개수의 두 배이다.

보기 4

어떤 모임에 참가한 손님들이 서로 악수를 한다.(모든 참석자가 악수를 할 필요는 없다.) 모임이 끝날 때 홀수 번씩 악수를 한 손님들의 수는 항상 짝수이다. 이러한 상황을 일반그래프로 나타낼 수 있다. 이때 꼭짓점들은 손님들을 나타내고 두 사람이 악수를 한 사건을 새로운 모서리로 나타낸다.

2개의 일반 그래프 $G = (V, E)$와 $G' = (V', E')$에서 $\overline{V}$와 $\overline{V}'$사이에 일대일 대응

$$\theta : V \to V'$$

가 존재하여

$$E' = \{\{\theta(x), \theta(y)\} : \{x, y\} \text{ in E }\}$$

를 만족하면 두 그래프 G와 G'는 동형(isomorphic)이라 한다. 바꾸어 말하면 그래프 G의 2개의 꼭짓점 x와 y를 연결하는 모서리에 대하여 그래프 G'의 꼭짓점 $\theta(x)$, $\theta(y)$를 연결하는 모서리가 하나씩 대응하여 존재할 때이다. 이러한 일대일 대응 θ를 G와 G'의 동형사상이라 부른다. 동형의 의미는 같음을 뜻한다. 2개의 일반그래프 G와 G'가 동형이라 함은 각 꼭짓점에 라벨을 붙이면 그들이 서로 같다는 것을 의미하기도 한다. 또 두 그래프 G와 G'가 동형이라는 것은 G의 꼭짓점의 집합 V와 G'의 꼭짓점의 집합 V' 사이에 일대일 대응 함수가 존재하여 G에서 이웃한 2개의 꼭짓점들이 G'에서 이웃한 2개의 꼭짓점들에 대응할 때를 말한다.

보기 5

다음 두 그래프 G와 G'는 동형이다.

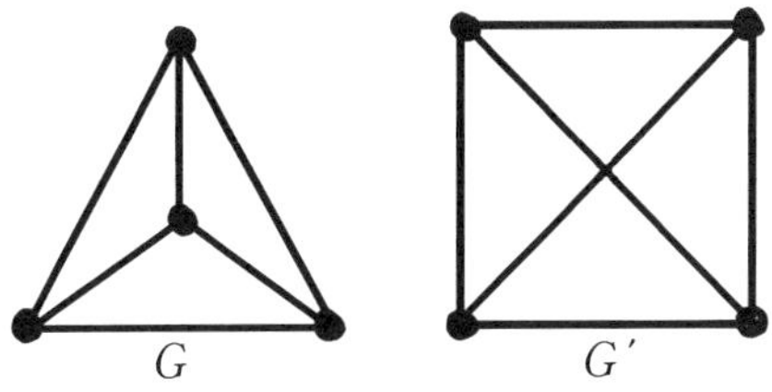

[그림 10.5]

[보기 5]에서 보면 동형인 두 그래프는 위수가 같고 모서리의 개수도 같다는 것을 알 수 있다. 그러나 두 그래프의 꼭짓점의 개수가 같고 모서리의 개수가 같아도 동형이 아닌 경우도 있다. [그림 10.6]
실제로 [보기 5]의 두 그래프는 각각 위수 4인 그래프이고 서로 다른 꼭짓점들의 짝들이 서로 이웃해 있어서 동형임을 알 수 있고, 이들 그래프는 위수 4인 완전 그래프이다. 그리고 하나의 그래프가 여러 가지 방법으로 그려질 수 있다는 것도 알 수 있다. 여기서 그래프 G는 평면그래프이고 그래프 G'는 평면그래프가 아니다.

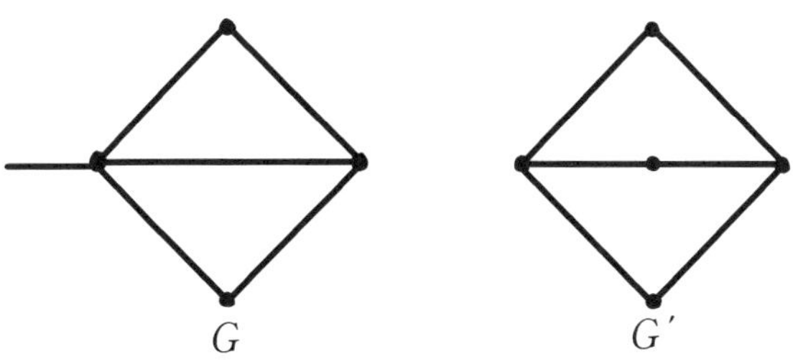

[그림 10.6]

[그림 10.6]에서 그래프 G와 그래프 G'는 꼭짓점의 개수가 각각 5개로 같고 모서리의 개수도 각각 6개씩 같다. 그러나 그래프 G는 차수가 1인 꼭짓점이 하나 있는 반면에 그래프 G'에는 차수가 1인 꼭짓점이 없다. 이러한 상황은 그래프 G와 G'가 동형인 경우에는 일어날 수 없다. 따라서 그래프 G와 그래프 G'는 동형이 아니다. 이러한 결

과들을 토대로 하여 다음과 같은 결론을 얻을 수 있다.

2개의 일반 그래프가 동형일 필요조건은 두 그래프가 같은 차수 수열을 갖는 것이다.

보기 6

다음 그래프 G와 G'는 똑같은 차수 수열 (3, 3, 3, 3, 3, 3)을 가진다. 그러나 동형은 아니다.

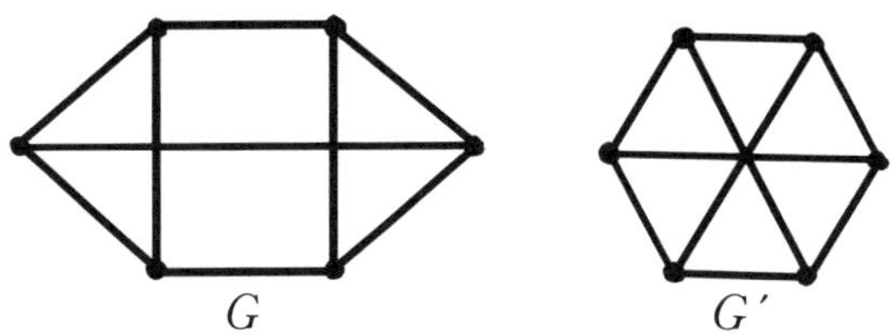

[그림 10.7]

$G = (V, E)$를 하나의 보통 그래프라 하자. 이 그래프로부터 개개의 모서리 수열

$$\{x_0, x_1\}, \{x_1, x_2\}, \cdots, \{x_{m-1}, x_m\} \qquad (1)$$

을 생각할 수 있는데 이 수열을 길이 m인 길(walk of length m)이라 하고, 이 길은 꼭짓점 x_0와 x_m을 연결시켜줌을 알 수 있다. 이 수열은

$$x_0 - x_1 - x_2 - \cdots - x_m \qquad (2)$$

으로 나타낼 수도 있다.

식 (1)에서 $x_0 = x_m$이면 이 길은 닫혀있다(closed)고 하고, $x_0 \neq x_m$이면 이 길은 열려있다(open)고 한다. 하나의 길은 어떤 모서리가 되풀이 될 수도 있다. 만약에 어떤 길이 모두 다른 모서리들로만 되어 있으면 그 길을 오솔길(trail)이라 한다. 그리고 어떤 길이 모두 다른 꼭짓점

들만 공유하면 그 길은 사슬(鎖, chain)이라 부르고 닫혀있는 사슬을 순환로(cycle)라 부른다.

보기 7

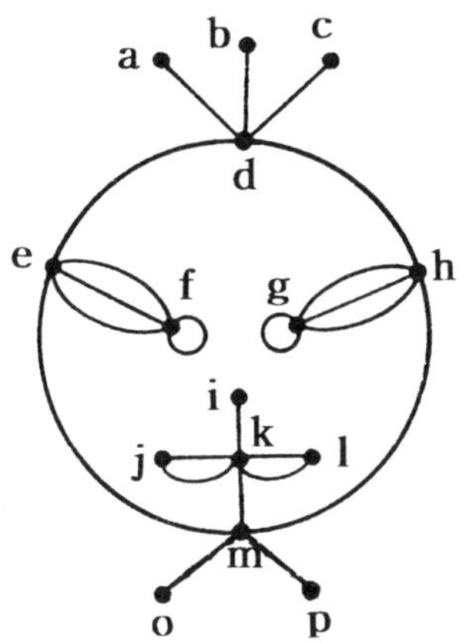

[그림 10.8]

[그림 10.8]의 보통 그래프를 보자.

(i) $a-d-b-d-c-d-h-g-h-m-k-i$는 길이 11인 꼭짓점 a와 꼭짓점 i를 연결하는 길이다. 그러나 이 길은 오솔길(trail)은 아니다.

(ii) $a-d-e-f-e-m-k-l-k-i$은 길이 9인 꼭짓점 a와 꼭짓점 i를 연결하는 오솔길(trail)이다. 그러나 사슬(chain)은 아니다.

(iii) $a-d-e-m-k-i$는 꼭짓점 a와 꼭짓점 i를 연결하는 길이 5인 사슬(chain)이다.

(iv) $d-e-f-e-m-h-d$는 길이 6인 닫혀있는 오솔길이다. 그러나 이것은 순환로(cycle)는 아니다.

(v) $f-f$, $e-f-e$, $d-e-m-h-d$는 모두 순환로

(cycle)이다.

보통그래프 G의 임의의 두 꼭짓점 x, y에 대하여 두 꼭짓점 x와 y를 연결시키는 길이 그래프 G 내에 반드시 존재하면, 그래프 G는 연결되었다고 한다. 그렇지 않는 경우, 즉 그래프 G가 연결되어 있지 않다는 것은 어떤 꼭짓점 x로부터 꼭짓점 y로 가는 길이 존재하지 않는 두 꼭짓점의 짝이 적어도 하나 존재한다는 것을 의미한다.

연결된 그래프에서 두 꼭짓점 x와 y를 연결하는 길의 최단 거리를 $d(x, y)$라 쓰고 두 꼭짓점 x와 y 사이의 거리(distance)라 한다.

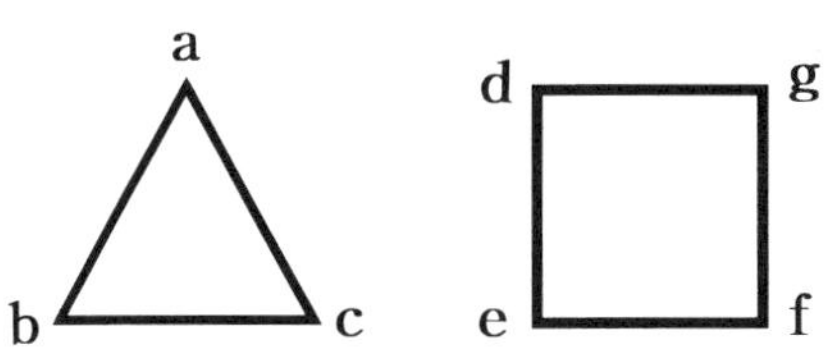

[그림 10.9]

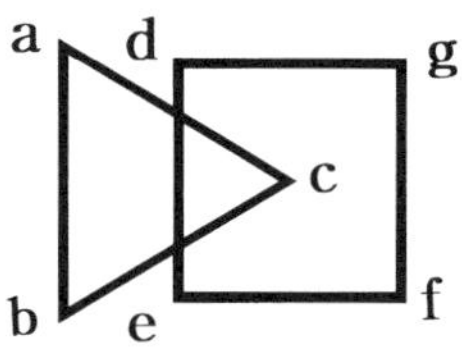

[그림 10.10]

보기 8

[그림 10.9]의 그래프는 연결되지 않는 그래프이다. 실제로 꼭짓점 a와 꼭짓점 d를 연결시키는 길이 존재하지 않아 이 경우에는 겹치지 않는 두 부분의 기하학적 실체로 구성되어 있다. [그림 10.10]의 그래프 역시 연결되어 있지 않는 그래프이다. [그림 10.9]의 그래프와는 그 구성이 다르다.

$G = (V, E)$를 보통그래프라 하자. U를 V의 부분집합이라 하고 F를 E의 부분중복집합으로 F에 있는 모든 모서리들의 꼭짓점들이 U에 속할 때 $G' = (U, F)$는 다시 보통그래프가 되고 이렇게

만들어진 보통그래프를 G의 보통부분그래프(general subgraph of G)라 한다.

만약 F가 U에 속한 모든 꼭짓점들로 이루어진 G의 모든 모서리들로 이루어져 있으면 이 그래프를 G로부터 유도된(induced) 보통그래프라 하고 G_U로 쓴다. 이 경우 $U = V$이면 G'은 생성되었다(spanning)라고 한다. 즉, G의 꼭짓점 중 몇 개의 선택된 꼭짓점과 그 꼭짓점을 연결하는 G의 모든 모서리들로 만들어진 그래프가 G의 유도된 보통부분그래프이다. 그리고 G의 모든 꼭짓점과 U의 모서리 중 몇 개의 선택된 모서리들로 만들어진 그래프가 생성된 보통부분그래프이다.

보기 9

[보기 7]의 [그림 10.8]에서

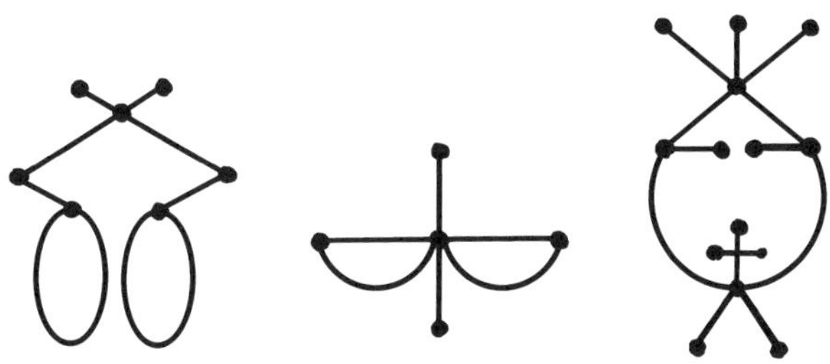

(i)　　　　(ii)　　　　(iii)

[그림 10.11]

(i) 유도된 보통부분그래프도 아니고 생성된 보통부분그래프도 아니다.
(ii) 유도된 보통부분그래프이나 생성된 보통부분그래프는 아니다.
(iii) 생성된 보통부분그래프이나 유도된 보통부분그래프는 아니다.

끝으로, 보통그래프를 정수(음이 아닌)를 성분으로 갖는 행렬

(matrix)로 나타낼 수 있음을 보이자. G를 꼭짓점 $a_1, a_2, \cdots, a_n$(어떤 순서)을 갖는 위수 n인 그래프라 하자. 행렬의 i행 j열, 즉 (i, j) 성분 a_{ij}가 꼭짓점 a_i와 꼭짓점 a_j를 $(1 \leq i,\ j \leq n)$ 연결하는 모서리들의 개수를 나타내는 것이라면 $n \times n$ 행렬 A가 만들어진다. 이 행렬은 항상 $a_{ij} = a_{ji}$이고 a_{ii}는 꼭짓점 a_i에 대한 루프의 개수를 나타낸다. 이 행렬을 그래프 G의 인접도 행렬(adjacency matrix of G)이라 한다.

G가 그래프(보통그래프가 아닌)인 경우, 행렬 A는 그 성분이 0 또는 1이고, $a_{ij} = 1$일 필요충분조건은 a_i와 a_j가 G에서 이웃한 꼭짓점일 경우이다.

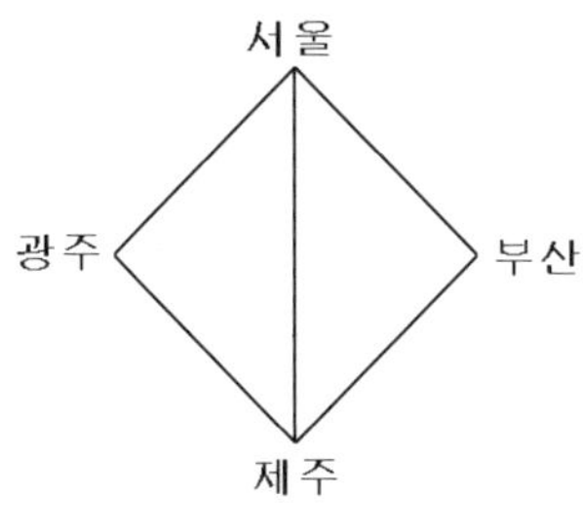

[그림 10.12]

	서울	부산	광주	제주
서울	0	1	1	1
부산	1	0	0	1
광주	1	0	0	1
제주	1	1	1	0

$$\begin{pmatrix} 0 & 1 & 1 & 1 \\ 1 & 0 & 0 & 1 \\ 1 & 0 & 0 & 1 \\ 1 & 1 & 1 & 0 \end{pmatrix}$$

보기 10

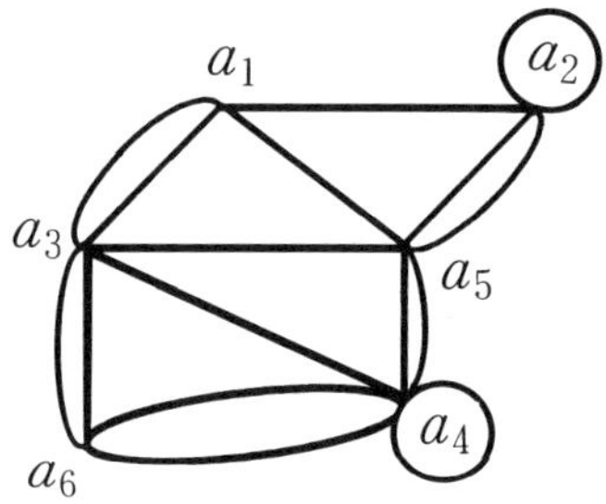

[그림 10.13]

[그림 10.13]의 일반그래프를 6×6 행렬로 나타내 보자.

$$\begin{pmatrix} 0&1&2&0&1&0 \\ 1&1&0&0&2&0 \\ 2&0&0&1&1&2 \\ 0&0&1&1&2&2 \\ 1&2&1&2&0&0 \\ 0&0&2&2&0&0 \end{pmatrix}$$

[참고] 보통그래프는 하나의 인접도 행렬을 결정하고 역으로 하나의 인접도 행렬은 하나의 보통그래프를 나타낸다.

10.2 오일러의 오솔길

쾨니히스베르크 다리 문제(Königsberg bridge problem)로 알려진 유명한 문제를 1736년에 오일러가 그래프 이론의 논문에서 발표하였다. 동러시아에 있는 쾨니히스베르크의 옛 도시는 [그림 10.14]와 같이 프레겔 강의 2개의 섬과 둑을 따라서 도시의 네 부분이 7개의 다리로 연결되어 있었다. 어느 일요일에 쾨니히스베르크의 한 시민이 도시를 산책하다가 문득 한 가지 생각이 떠올랐다. “자기 집에서 출발하여 정확히 한 번씩만 통과하여 다리를 모두 건너서 자기 집으로 되돌아오는 것이 가능한가?”

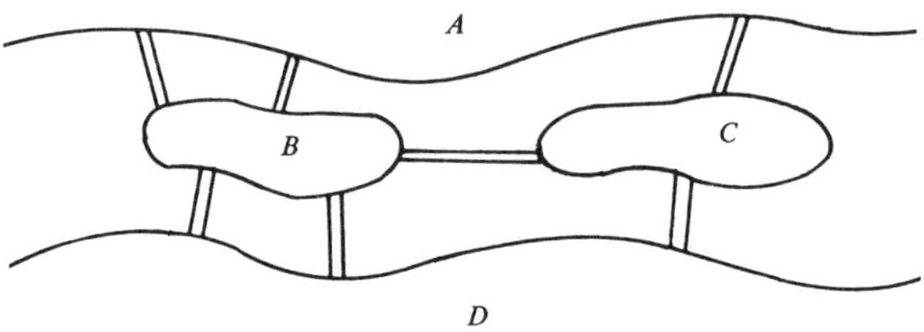

[그림 10.14]

오일러는 쾨니히스베르크 지도를 [그림 10.15]와 같이 보통그래프로 바꾸어 생각하기로 했다.(A, B, C, D 지역은 꼭짓점으로, 각 지역을 연결하는 다리는 모서리로 나타냄)

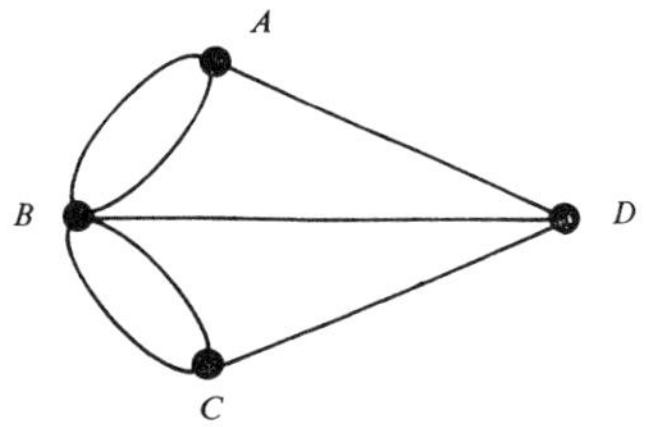

[그림 10.15]

앞에서 논의했던 보통그래프의 이론을 도입하여 보면 위의 문제는 ‘G의 모든 모서리들을 포함하는 닫혀있는 오솔길이 존재하느냐?’ 하는 문제이다.

보기 11

우편집배원이 아침에 자기가 근무하는 우체국에서 시작하여 사전에 할당받은 도로변에 위치한 집들의 우편함에 편지를 배달하고 오후 늦게 지친 몸으로 다시 우체국으로 돌아온다. 이 우편집배원은 할당받은 구역 내에 한 번 편지를 배달한 도로는 다시 지나가지 않기를 원한다. 우리가 도울 수 있는 방법이 있겠는가?(우편집배원을 도로 청소부, 눈을 치우는 사람, 요구르트 배달 아줌마 등으로 바꾸어도 내용은 같다.)

도시의 도로 지도를 보통그래프 G로 바꾸어 생각하자. 그 다음 할당받은 구역의 편지를 배달할 곳을 꼭짓점으로 하고 이들 집들이 연결되어 있는 도로를 모서리로 하여 G의 보통부분그래프 G'를 구한다. 그러면 G'의 모든 모서리들을 단 한 번씩만 포함하는 G'에 있는 닫힌 오솔길을 구하는 문제이다.

위의 보기와 같은 문제들로부터 우리는 다음 장에서 더 많이 다루게 될 어떤 용어에 대한 정의를 만들어 보자.

보통그래프 G에서 G의 모든 모서리를 포함하는 오솔길을 오일러 길(Euler path)이라 한다(한붓그리기 문제와 유사).

쾨니히스베르크의 시민이나 우편집배원 등도 하나의 닫혀 있는 오일러 오솔길을 구하기를 원한다. [그림 10.15]에서 나타난 쾨니히스베르크 보통그래프는 닫혀있는 오일러 오솔길(오일러 순환로로 명명하기로 함)을 갖지 않는다는 것을 쉽게 알 수 있다. 여러 가지 시행착오를 거쳐서 보통그래프 G가 어떤 경우에 오일러 순환로를 갖는지 알 수 있다.

$G=(V, E)$를 적어도 하나 이상의 모서리를 갖는 보통그래프라 하자. 이 그래프 G의 각 꼭짓점의 차수가 짝수이면 G는 오일러 순환로를 가짐을 알 수 있다.

보기 12

다음 보통그래프 G에서 모서리 $\{a,\ b\}$를 포함하는 닫혀있는 오솔길 (closed trail)을 구하여 보자.

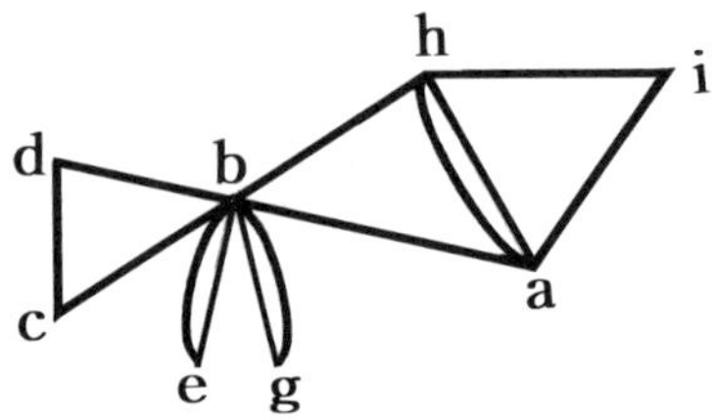

[그림 10.16]

실제로, $a-b-c-d-b-h-a$와 $a-b-h-a$가 모서리 $\{a,\ b\}$를 포함하는 순환로임을 알 수 있다.

> **정의 I**
>
> G가 연결된 보통그래프일 때, G가 오일러 순환로를 가질 필요충분조건은 그래프 G의 모든 꼭짓점들의 차수가 짝수일 경우이다.

증명 생략

보기 13

[그림 10.16]의 그래프 G로부터 오일러 순환로를 구하는 과정을 알아보자. 닫혀 있는 오일러 오솔길을 부분적으로 구하여 연결시키는 방법으로 오일러 순환로를 구한다.

$\gamma_1 = a - b - c - d - b - h - a$

$\gamma_2 = b - e - b$, ($z_1 = b$, 꼭짓점 b에서 오솔길 γ_1과 연결시킨다.)

$$\gamma_1 * \gamma_2 = a - b - e - b - c - d - b - h - a$$
$$\gamma_3 = b - g - b, (z_2 = b)$$
$$\gamma_1 * \gamma_2 * \gamma_3 = a - b - g - b - e - b - c - d - b - h - a,$$
$$\gamma_4 = h - i - a - h, (z_3 = h)$$
$$\gamma_1 * \gamma_2 * \gamma_3 * \gamma_4 = a - b - g - b - e - b - c - d - b - h - i - a - h - a.$$

정의 2

G가 연결된 보통그래프일 때, G가 열린 오일러 오솔길(오일러 path라고도 함)을 가질 필요충분조건은 홀수 차수를 갖는 G의 꼭짓점이 단 2개일 경우이다.

증명 생략

[정리 1]과 [정리 2]를 결합하면 한붓그리기 문제의 해답을 얻을 수 있다.

정의 3

어떤 그래프 G가 한붓그리기가 가능할 필요충분조건은 G의 꼭짓점의 차수가 모두 짝수이든가 또는 홀수 차수를 갖는 꼭짓점이 단 2개만 존재할 경우이다.

보기 14

다음 그래프들은 한붓그리기가 가능한가?

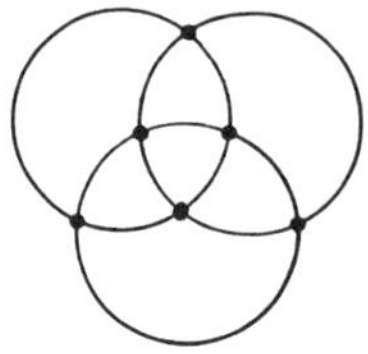

[그림 10.17]

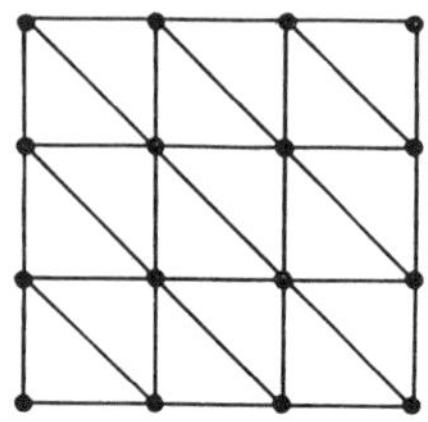

[그림 10.18]

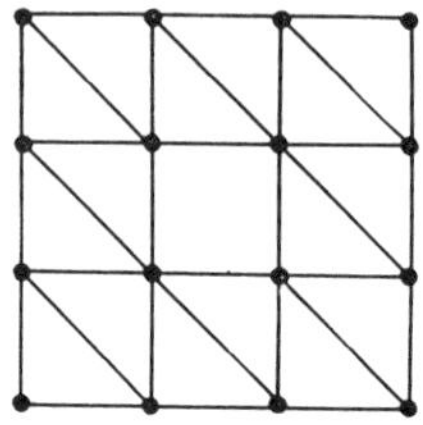

[그림 10.19]

보통그래프 G의 홀수 차수를 갖는 꼭짓점의 개수가 $m > 0$ 이면 이 그래프의 모서리들은 $\frac{m}{2}$ 개의 열린 오일러 오솔길을 가질 수 있고 각 오솔길은 홀수 차수를 갖는 2개의 꼭짓점을 연결한다. 따라서 연필을 종이로부터 떼는 횟수는 $\frac{m}{2}-1$ 번이다.

이러한 문제가 중국 우체부 문제(Chinese postman problem)로 알려져 있다.

중국 우체부 문제

G를 연결된 보통그래프라 할 때, G의 모든 모서리들을 단 한 번씩 빠짐없이 사용하는 최단 길이의 길을 구하여라.

10.3 해밀턴 사슬과 순환로(Hamilton Chains and Cycles)

19세기 윌리엄 로웬 해밀턴 경(Sir William Rowen Hamilton)이 처음으로 정12면체의 한 꼭짓점에서 출발하여 모든 꼭짓점을 단 한 번씩 지나서 처음 꼭짓점으로 되돌아올 수 있는 길을 찾는 수수께끼를 창안하였다. 정12면체를 평면 위의 그래프로 나타내보면 꼭짓점이 20개이고 모서리가 30개인 다음과 같은 그래프로 나타낼 수 있다.

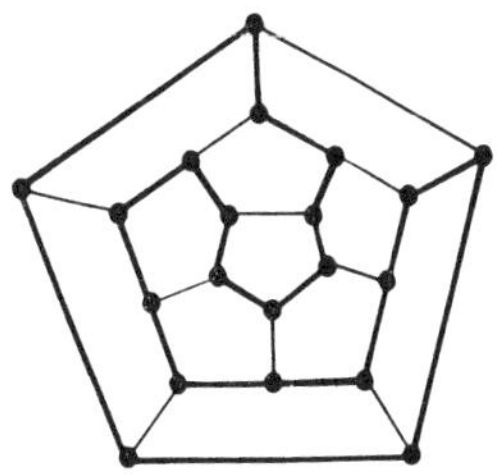

[그림 10.20]

해밀턴의 수수께끼는 몇 번의 시행착오를 거쳐서 쉽게 그 답을 구할 수 있다. 그러면 주어진 그래프에서 해밀턴의 수수께끼의 풀이를 공식화할 수 있을까? 즉, 주어진 그래프 G의 어떤 한 꼭짓점에서 시작하여 모든 다른 꼭짓점들을 정확히 단 한 번씩만 지나서 처음의 꼭짓점으로 되돌아올 수 있는 길이 존재할까?

오늘날에는 그래프 G에 대한 해밀턴 수수께끼의 해답을 해밀턴 순환로라 부른다. 좀더 정확히 말하면, 꼭짓점의 개수가 n인 그래프 G에 대한 해밀턴 수수께끼의 해답은 위수 n인 그래프 G의 순환로이다. 순환로는 첫 꼭짓점과 마지막 꼭짓점이 같은 것을 제외하고는 모든 꼭짓점들이 다른 사슬이다. 그러므로 위수 n인 그래프 G에서의 해밀턴 순환로는 그래프 G의 꼭짓점들의 집합을 $V=\{x_1, x_2, \cdots, x_n\}$, 모서리의 집합을 $E=\{(x_1, x_2), \cdots, (x_{n-1}, x_n)\}$라 할 때

$$x_1 - x_2 - \cdots - x_n - x_1$$

이다. 그래프 G에서 꼭짓점 a와 b를 연결하는 하나의 해밀턴 사슬(Hamilton chain)은 길이 $n-1$인 사슬

$$a = x_1 - x_2 - \cdots - x_n = b$$

이다. 해밀턴 사슬이나 해밀턴 순환로를 구하는 문제는 보통그래프(중

복로를 갖는 모서리가 있는 그래프)나 단순그래프 모두 같음을 알 수 있다.

보기 15

완전그래프 $K_n\,(n \geq 3)$은 해밀턴 순환로를 가진다.

실제로, K_n의 서로 다른 임의의 2개의 꼭짓점의 짝은 하나의 모서리로 연결되어 있으므로 K_n의 n개의 꼭짓점의 각 순열은 하나의 해밀턴 사슬을 만든다. 그런데 이 사슬의 첫 꼭짓점과 마지막 꼭짓점을 연결시키는 모서리가 항상 있으므로 바로 해밀턴 순환로가 생성된다. 즉, K_n에는 $n!$개의 해밀턴 사슬과 같은 수의 해밀턴 순환로가 있다는 것을 알 수 있다.(출발점과 방향을 모두 고려한 경우)

보기 16

다음 그래프에서 해밀턴 사슬 혹은 해밀턴 순환로를 구하여라.

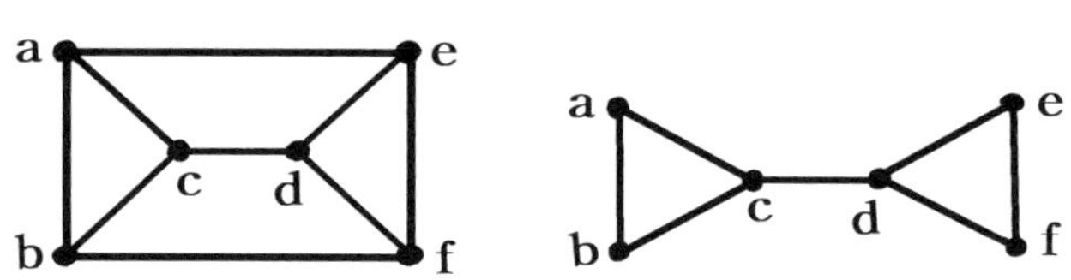

[그림 10.21]

보기 17

순회 외판원 문제(The travelling salesperson problem): 자기가 관리하는 고객들이 사는 도시를 빠짐없이 방문해야만 하는 판매원이 방문 여행계획을 세운다. 회사를 출발하여 모든 고객들이 사는 도시를 방문하고 다시 자기 회사로 되돌아오려고 한다. 그가 방문하여야 할 도시 중 어떤 도시 사이에는 고속버스 노선이 있기도 하고 그렇지 않는 경우도 있다. 그가 정확히 한 번씩 방문하여야 할 모든 도시를 고속버스를 이용하여 방문할 수 있는 계획을 세울 수 있겠는가?(11장에서 좀 더 설명할 것임.)

10.4 2개 부분으로 분할되는 중복그래프

$G = (V, E)$를 중복그래프라 하자. 이 그래프 G의 꼭짓점들의 집합 V가 2개의 부분집합 X와 Y로 분할되고 G의 모서리들의 집합 E는 X에 있는 어떤 꼭짓점 a와 Y에 있는 어떤 꼭짓점 b에 의하여 만들어진 $\{a, b\}$ 형태의 모서리들의 집합이면 그래프 G는 2분할된다고 한다. 이러한 성질을 갖는 X와 Y를 G의 2분할이라 한다. 이때 2분할된 부분집합 X와 Y의 같은 부분에 들어 있는 2개의 꼭짓점들을 연결시키는 모서리는 존재하지 않는다.

보기 18

다음 [그림 10.22]에서 나타난 그래프의 2분할 중복그래프를 구하여라.

$G = (V, E)$

$V = X \cup Y$

$X = \{a, b, c, d\}$

$Y = \{u, v, w\}$

$E = \{(a,u), (a,u), (b,u), (b,v), (b,w), (c,u), (c,v), (d,v), (d,w)\}$

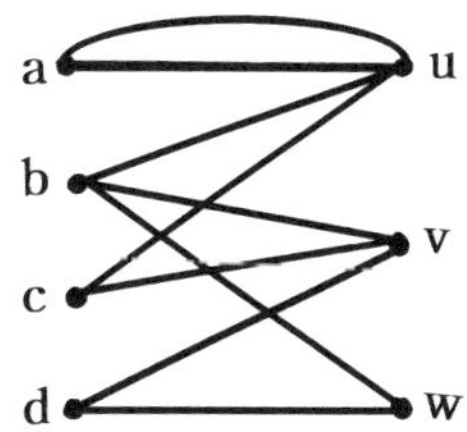

[그림 10.22]

보기 19

[그림 10.23]의 그래프 G는 두 부분으로 나누어져 있지 않은 것처럼 보이나 G는 2분할 그래프이다. 왜냐하면 이 그래프를 다음 [그림 10.24]와 같이 그려보면 그래프 G는 2분할 $X=\{a, c, g, h, j, k\}$, $Y=\{b, d, e, f, i\}$를 갖는다는 것을 알 수 있다.

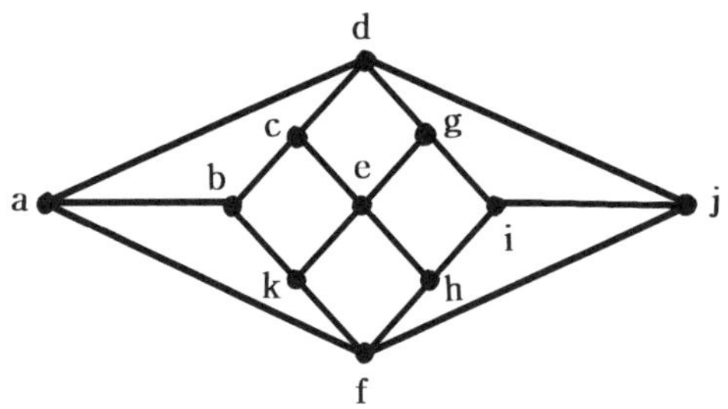

[그림 10.23]

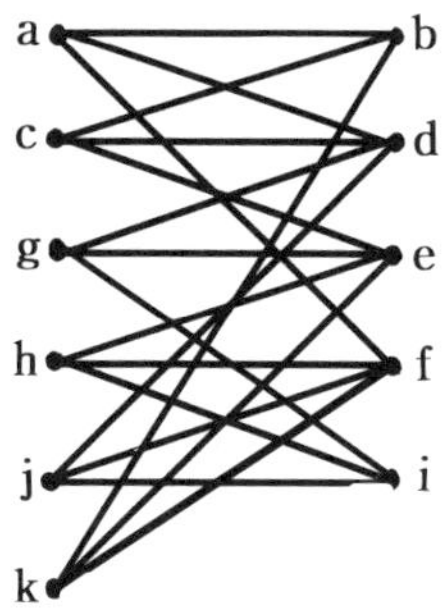

[그림 10.24]

2분할 그래프 G가 2분할 부분 X와 Y를 갖고 X에 들어 있는 모든 꼭짓점과 Y에 들어 있는 모든 꼭짓점이 서로 이웃해 있을 때(짝으로 하는 모서리가 있을 때) 그래프 G를 완전그래프(complete)라 한다. 즉, 만약 X에 m개의 꼭짓점이 있고 Y에 n개의 꼭짓점이 있으면 완전그래프 G에는 $m \times n$개의 모서리가 있다. m개의 왼편 꼭짓점과 n개의 오른편 꼭짓점을 갖는 완전 2분할 그래프를 $K_{m, n}$으로 쓴다.

보기 20

다음 그래프는 완전그래프 $K_{3, 3}$이다.

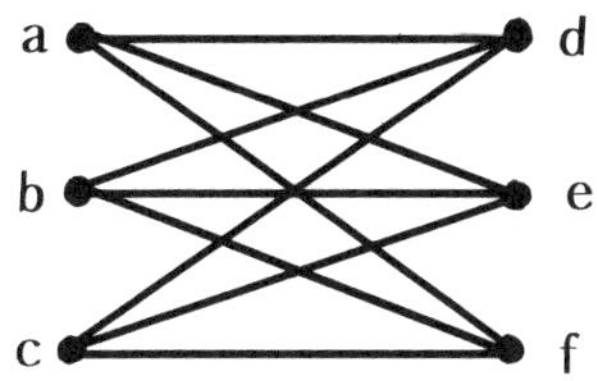

[그림 10.25]

10.5 수형도(Tree)

위수 n 인 연결된 그래프를 모서리 개수가 최소인 그래프로 만들어 보자. 하나의 간단한 방법은 하나의 꼭짓점을 선택하여 나머지 $n-1$ 개의 꼭짓점들과 $n-1$ 개의 모서리를 가지고 연결하는 방법이다. 이렇게 만들어진 그래프는 별(star)이라고 하고 완전 2분할 그래프 $K_{1,\, n-1}$ 이다. 또 다른 방법은 n 개의 꼭짓점들을 일렬로 연결하여 사슬을 만드는 방법이다. 어느 경우이든, 이들 그래프는 $n-1$ 개의 모서리를 갖고 있으며 어느 모서리를 제거하여도 그래프가 2부분으로 나누어진다. 그러면 꼭짓점이 n 개인 그래프 G 에 모서리 개수가 $n-1$ 개보다 더 작은 연결된 그래프가 존재할 것인가 하는 의문이 생긴다. 결론부터 말하자면 그러한 그래프는 존재하지 않는다.

위수 n 인 연결된 그래프는 최소한 $n-1$ 개의 모서리가 있고, 임의의 자연수 n 에 대하여 정확히 $n-1$ 개의 모서리가 있는 연결된 그래프가 항상 존재한다. 그리고 이들 $n-1$ 개의 모서리를 갖는 위수 n 인 연결된 그래프로부터 어느 모서리를 제거하더라도 그래프는 두 부분으로 끊어진다.

정의

위수 n 인 연결된 그래프 G의 모서리가 $n-1$ 개이면 그 그래프를 수형도(tree)라 한다.

수형도에 대한 정의를 다음과 같이 바꾸어 정의할 수도 있다. 위수 n 인 연결된 그래프 G가 그 안에 순환로가 없으면 G는 수형도이다. 또는 G의 임의의 서로 다른 2개의 꼭짓점 x, y를 연결하는 사슬이 단 하나만 존재하는 그래프를 수형도라 한다. 이때, 이 사슬의 길이는 $d(x, y)$이다.

그래프 G에서 차수가 1인 꼭짓점, 즉 끝에 매달린 꼭짓점을 펜던트 꼭짓점(pendant vertex)이라 하고 이 펜던트 꼭짓점을 갖는 모서리를 펜던트 모서리(pendant edge)라 한다.

앞에서 취급한 많은 네트워크(그림)들은 대부분 단일폐곡선을 포함하고 있어서 어느 한 점에서 출발하여 모든 선들을 단 한 번씩 지나서 원래의 점으로 돌아오는 오일러 경로 문제나, 모든 점을 반드시 한 번씩만 지나서 원래의 점으로 돌아오는 해밀턴 경로 문제를 다루었다. 그런데 여기에서는 단일폐곡선을 하나도 포함하고 있지 않은 수형도(tree)에 대하여 공부하기로 한다.

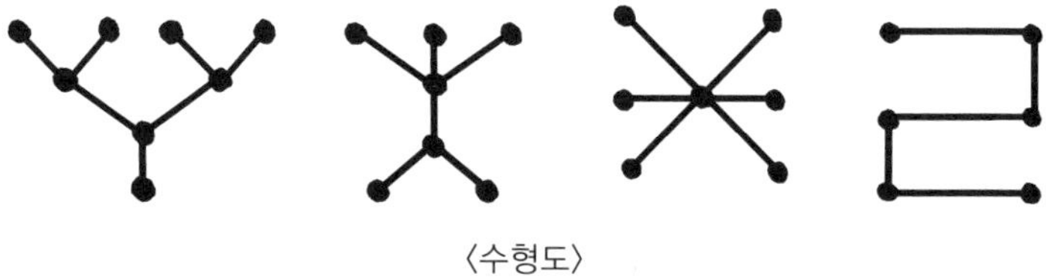

〈수형도〉

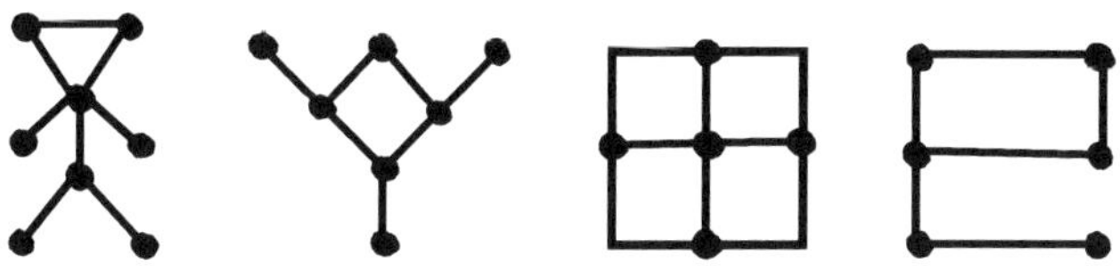

〈수형도 아님〉

[그림 10.26]

수형도에 대한 위상기하학적인 성질들에 대하여는 제11장에서 좀 더 공부할 것이다. 수형도 모양의 네트워크는 수학에서는 경우의 수를 나타낼 때 쓰이고 지도에서는 강줄기와 지류를 나타내는데 쓰이며 유전학자들은 세대 간의 차이를 나타내는 데 사용하기도 하며 화학에서는 분자의 원자배치 등을 나타내는데 쓰이기도 한다. 이 밖에도 운동경기의 토너먼트, 가계도 등 여러 분야에서 많이 쓰이고 있다.

보기 21

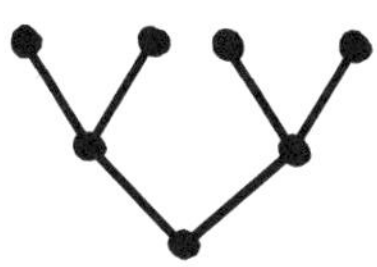

왼쪽 그림은 어느 집안의 3세대를 나타낸 가계도 이다. 이 수형도에는 몇 개의 정점과 몇 개의 호(선)를 갖고 있는가?

보기 22

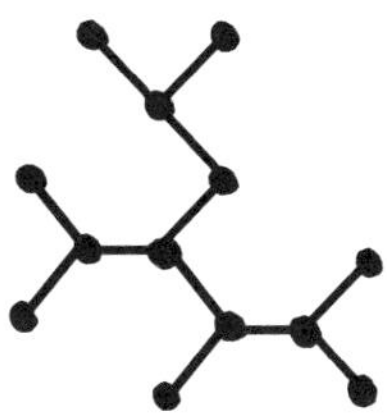

왼쪽 그림은 번개를 나타낸 것이다. 몇 개의 정점과 호(선)가 있는가?

보기 23

9개의 점이 왼쪽과 같이 있다. 이 점들을 연결하여 다음과 같은 여러 가지 수형도를 만들 수 있다.

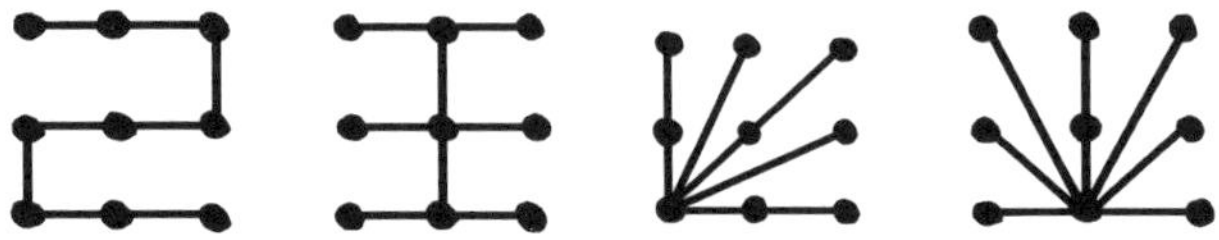

[그림 10.27]

이들 각각의 수형도에서 정점의 수와 호의 수와의 관계를 조사하여 보자. 정점(vertex)의 수를 V, 호(edge)의 수를 E라 하면 E = V − 1임을 알 수 있다. 즉 수형도에서 호의 수는 정점의 수에서 1을 뺀 수와 같다. 그러나 단일폐곡선을 포함하는 다음과 같은 네트워크에서는 성립하지 않음을 알 수 있다.

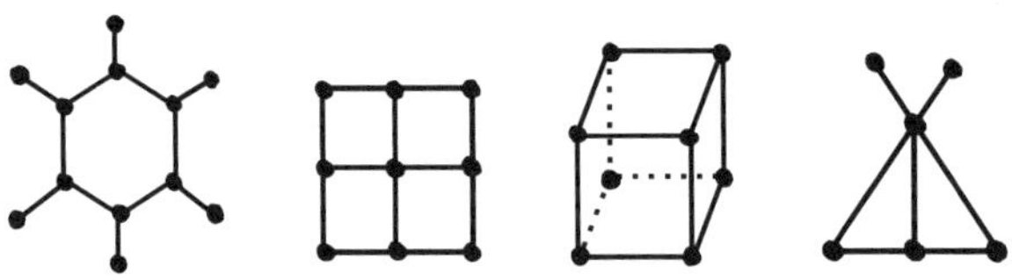

[그림 10.28]

지금 우리는 어떤 모양의 수형도들이 서로 위상기하학적으로 같은 수형도인가에 대하여 알아보기로 한다.

보기 24

다음 수형도들은 모두 정점을 4개씩 갖고 있다. 비틀거나 구부리거나 잡아당겨서 같은 모양으로 만들 수 있는 것은 어느 것인가?

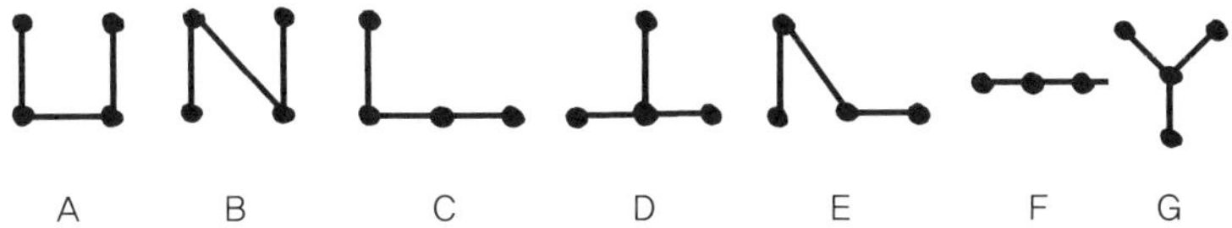

[그림 10.29]

보기 25

다음 수형도들은 모두 정점이 5개씩으로 이루어진 수형도이다.
(1) A와 위상기하학적으로 동형인 것은 어느 것인가?
(2) B와 위상기하학적으로 동형인 것은 어느 것인가?
(3) C와 위상기하학적으로 동형인 것은 어느 것인가?

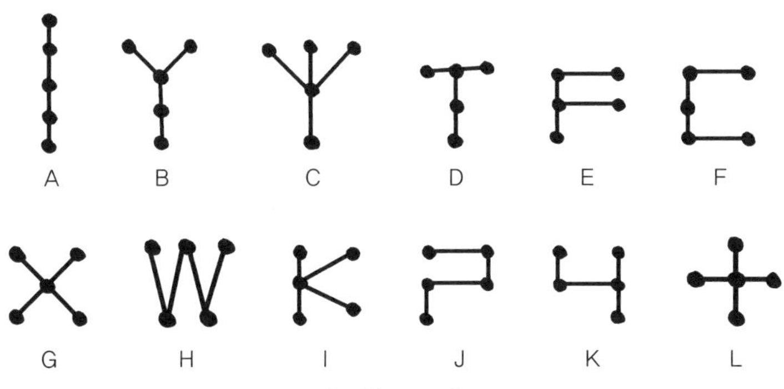

[그림 10.30]

보기 26

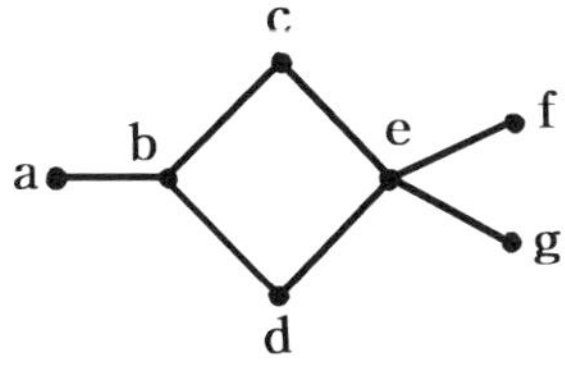

[그림 10.31]

[그림 10.31]의 그래프 G는 위수 $n=7$이며 펜던트 꼭짓점은 a, f, g 3개이며, 펜던트 모서리는 $\{a, b\}$, $\{e, f\}$, $\{e, g\}$ 3개이다. 그리고 이 그래프 G는 순환로 $b-c-e-d-b$를 가지므로 수형도가 아니다.

보기 27

위수 $n \geq 2$인 수형도 G의 펜던트 꼭짓점의 최대 개수와 최소 개수는 무엇인가?

펜던트 꼭짓점의 최대 개수는 수형도가 $K_{1,\, n-1}$인 경우 $n-1$개이고, 최소 개수는 수형도가 양끝에만 펜던트 꼭짓점인 경우, 즉 2개이다.

보기 28

위수가 3, 4, 5, 6인 수형도는 몇 가지 형태가 있는가?

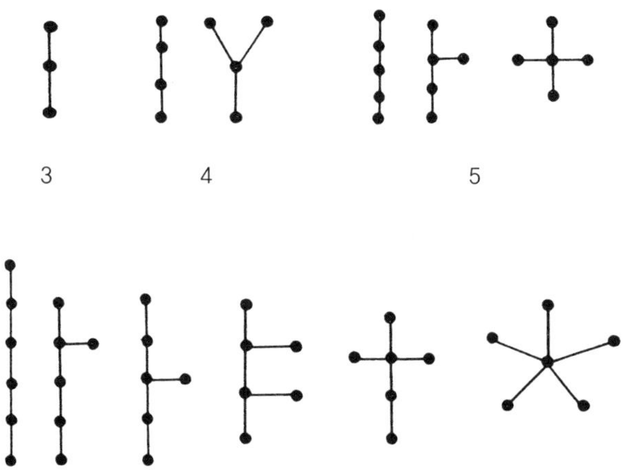

[그림 10.32]

10.6 그래프 이론의 몇 가지 응용문제

보기 29

[그림 10.33]은 어떤 도시의 도로지도의 한 부분이다. 그 도시의 치안을 담당한 경찰 책임자는 모든 구역을 경비하기 위하여 경비초소를 세우기로 한다. 각 경비초소의 가능한 경비구역은 보이는 직선도로의 끝까지라고 할 때 경비초소의 최소 개수는 몇 개인가?(탐조등을 설치하는 문제도 동일함.)

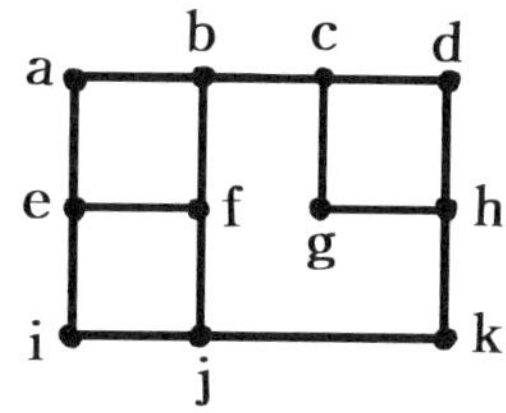

[그림 10.33]

보기 30

쓰레기 수거 차량이 담당지역의 길을 다니면서 쓰레기를 수거하려고 한다. 담당 지역의 지도가 다음과 같을 때, 한번 지나갔던 길을 다시 지나가지 않고 모든 길을 다 다니며 쓰레기 수거를 할 수 있겠는가?

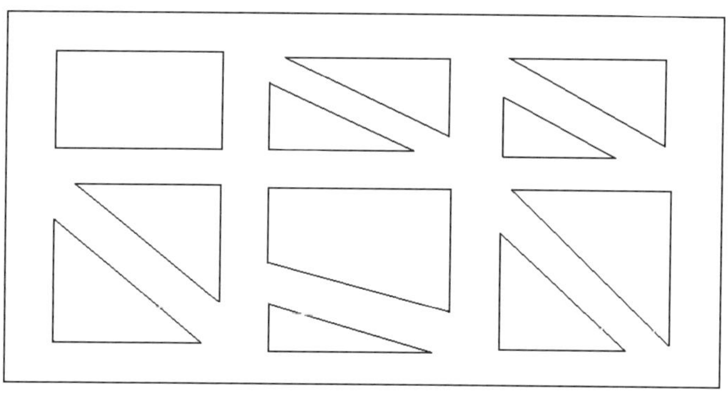

[그림 10.34]

보기 31

다섯 사람 A, B, C, D, E와 이들 다섯 사람이 할 수 있는 직업 a, b, c, d, e가 [그림 10.35]와 같다. 다섯 사람 A, B, C, D, E가 서로 중복 없이 각각 한 직업씩만 가지는 것이 가능한가?

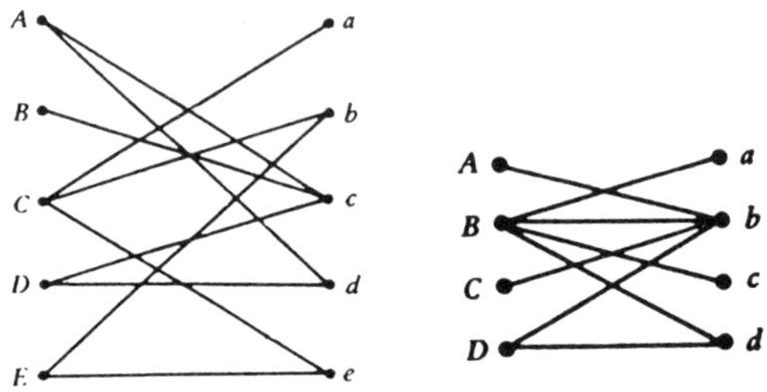

[그림 10.35]

보기 32

다음 그래프들은 동형인가?

①

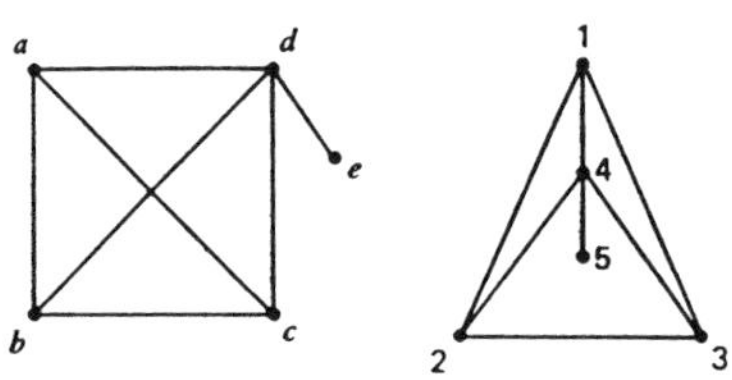

②

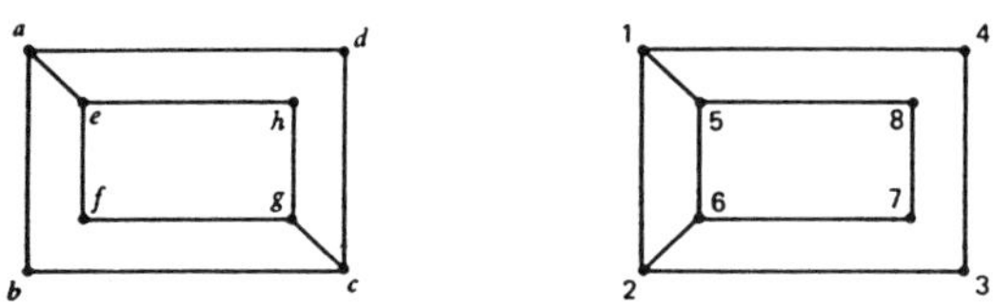

③

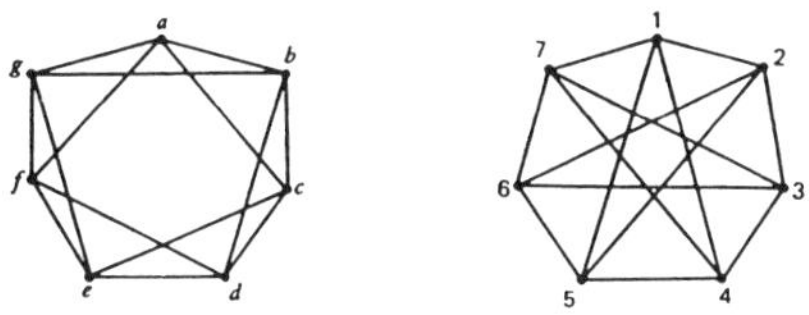

④

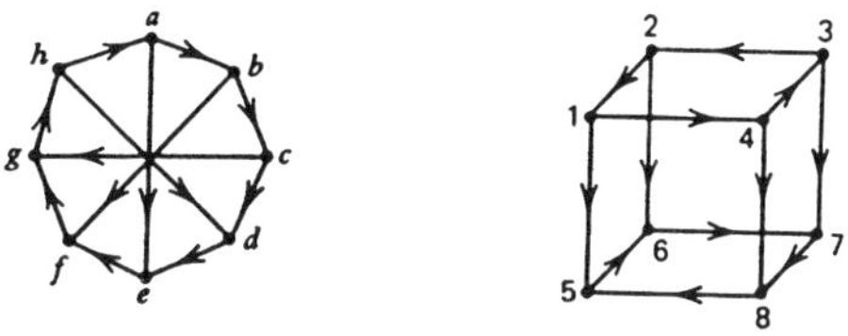

[그림 10.36]

보기 33

다음 그래프들 중 어느 그래프의 짝이 서로 동형인가?

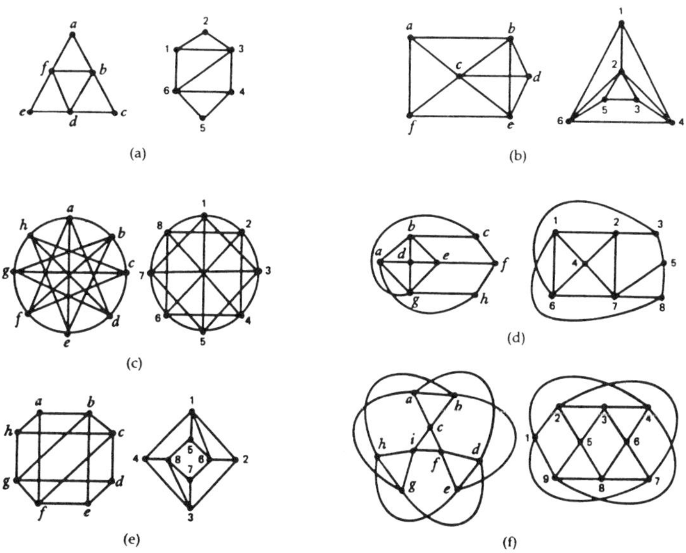

[그림 10.37]

보기 34

다음 그래프에 해밀턴 순환로가 존재하는가?

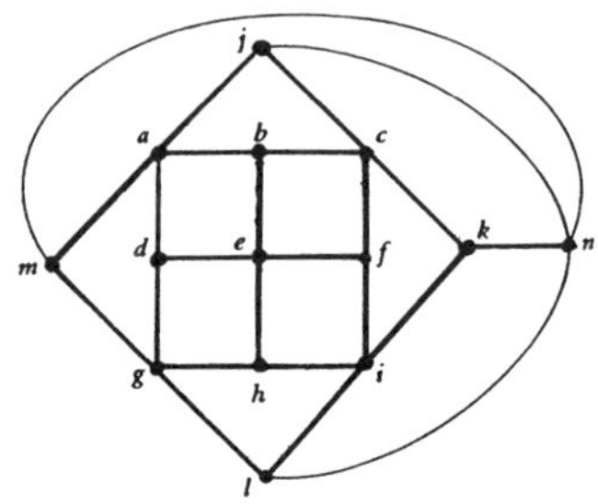

[그림 10.38]

보기 35

다음 그래프에서 해밀턴 순환로를 찾아라.

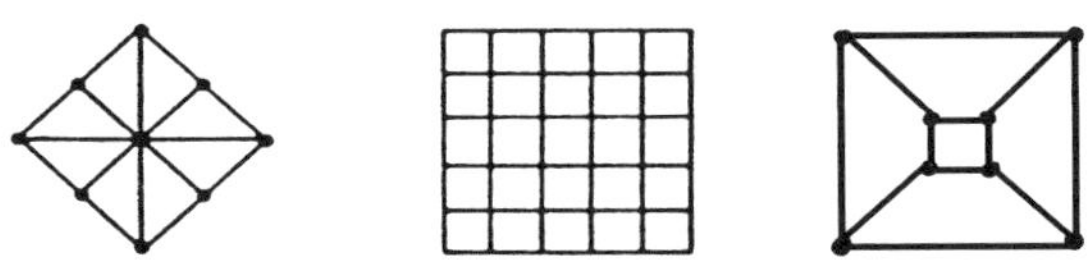

(a) (b) (c)

[그림 10.39]

보기 36

다음 그래프에서 해밀턴 길 또는 해밀턴 순환로를 찾아라.

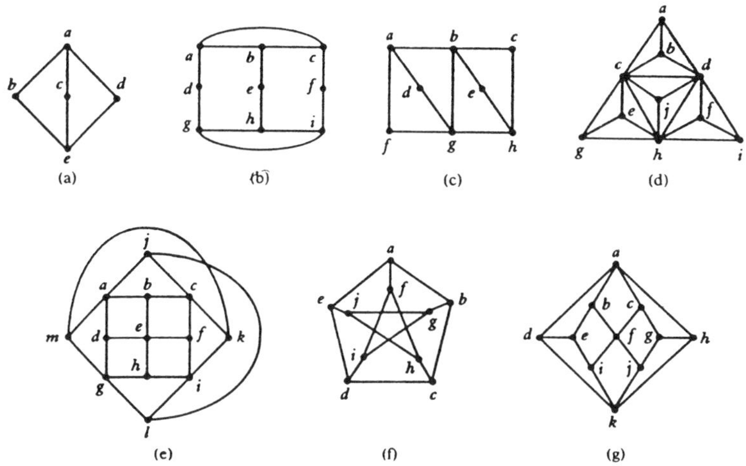

[그림 10.40]

10.7 지도 색칠하기

그래프 이론 중에서 오래된 문제 중의 하나가 지도 색칠하는 문제이다. 이 문제는 경계선이 공통인 나라를 구별하기 위하여 서로 다른 색깔을 칠하는데 필요한 색깔의 종류는 몇 가지인가 하는 문제이다. 일반 지도에서 경계를 구별하기 위하여 색깔을 칠하는데 그래프 이론을 응용하기 위하여, 두 나라의 경계를 모서리로 하고 한 나라의 영역을 하나의 꼭짓점으로 바꾸어 보면 일반 지도는 평면 그래프가 된다. 다음 [그림 10.41] (a)에서 나타난 지도를 위와 같이 일반 그래프로 그리면 [그림 10.41] (b)가 되는데 이 그래프를 지도 (a)의 쌍 그래프(dual graph)라 부른다.

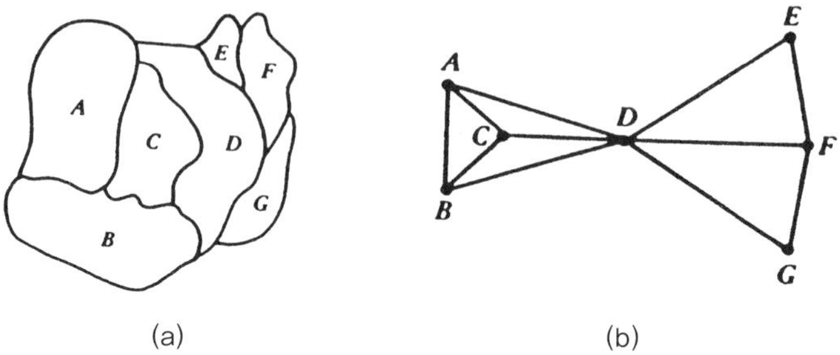

[그림 10.41]

문제는 지금 '이런 그래프에서 이웃해 있는 꼭짓점들이 서로 다른 색깔이 배정되도록 할 때 얼마나 많은 종류의 색깔이 필요한가?'이다. 그래프 (b)의 꼭짓점 A, B, C, D가 만드는 그래프는 완전 부분 그래프가 되어 각 꼭짓점들은 모두 다른 색깔, 즉 네 가지 색깔이 필요하다. 그리고 나머지 꼭짓점 E, F, G가 만드는 그래프는 이들 네 가지 색깔을 적당히 사용하여 칠할 수 있다.

지난 여러 세기 동안 풀리지 않은 가장 유명한 문제 중의 하나가 "단지 네 종류의 색깔만을 사용하여 모든 평면 그래프로 나타낼 수 있는 지도를 색칠 할 수 있겠는가?"이었다. 1976년에 이 문제는 아펠과 하켄(Appel & Haken)이 거대한 컴퓨터를 사용하여 모든 사례들을 분석 연구하여 이 가설이 참이라는 것을 증명하였다.

이런 문제를 해결하기 위해서 좀 더 구체적이고 공식적인 방법으로 평면 위에 그래프를 모서리들이 서로 교차하지 않도록 그리는 방법을 연구하여 보자. 동형인 2개의 그래프 중 하나가 평면 그래프가 아니면 다른 그래프는 모서리들의 교차 없이 그릴 수 없다. 여기서 유의해야 할 기본 개념은 이웃해 있는 2개의 꼭짓점 중 하나가 그래프를 그릴 때 생기는 순환로의 내부에 있고 다른 하나가 외부에 있으면 평면 그래프를 그릴 수 없다는 것이다.

보기 37

다음 그래프 $K_{3,\,3}$는 평면 그래프인가?

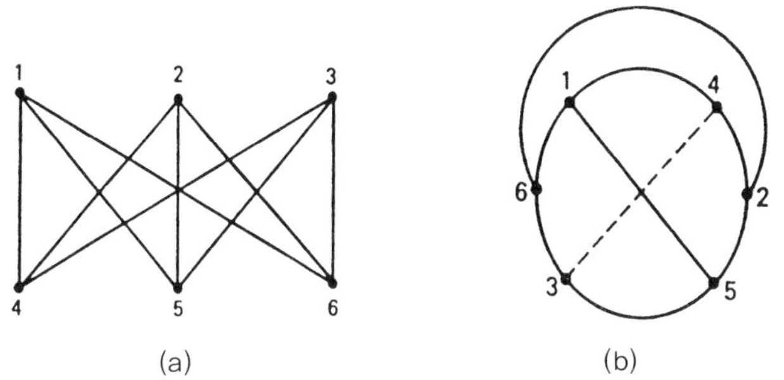

[그림 10.42]

그래프 $K_{3,\,3}$에 있는 6개의 꼭짓점을 모두 포함하는 순환로를 그리고 순환로에 포함되어 있지 않은 나머지 모서리들을 첨가시킨다. 순환로로 [그림 10.42] (b)와 같이 (1, 4, 2, 5, 3, 6, 1)를 선택하였다고 하면 그래프 $K_{3,\,3}$에서의 모서리 (1, 5), (2, 6), (3,4)이 첨가되어야 한다. 먼저 모서리 (1, 5)를 순환로의 내부에 그리고 모서리 (2, 6)을 외부에 서로 교차 없이 그릴 수 있다. 다음에 남아 있는 모서리 (3, 4)를 살펴보자. 한 꼭짓점 3은 순환로 1–5–2–6–1의 외부에 있고 다른 꼭짓점 4는 이 순환로의 내부에 있다. 따라서 모서리 (3,4)는 다른 모서리와 교차하게 되어 그래프 $K_{3,\,3}$은 평면 그래프가 아니다.

보기 38

그래프 K_5는 평면 그래프가 아니다.

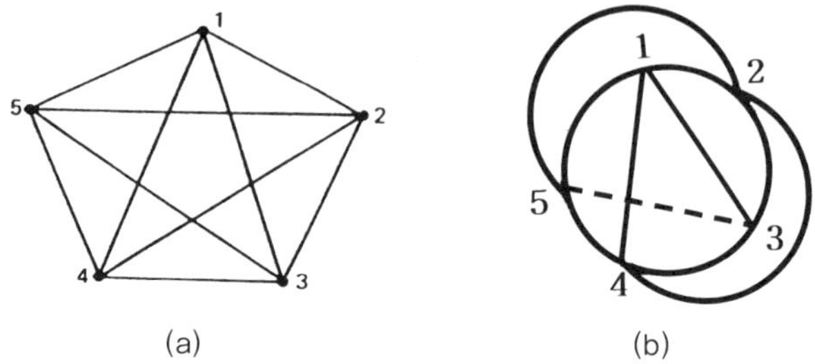

[그림 10.43]

보기 39

다음 그래프 (a)는 평면 그래프인가? (그래프 (b) 참고)

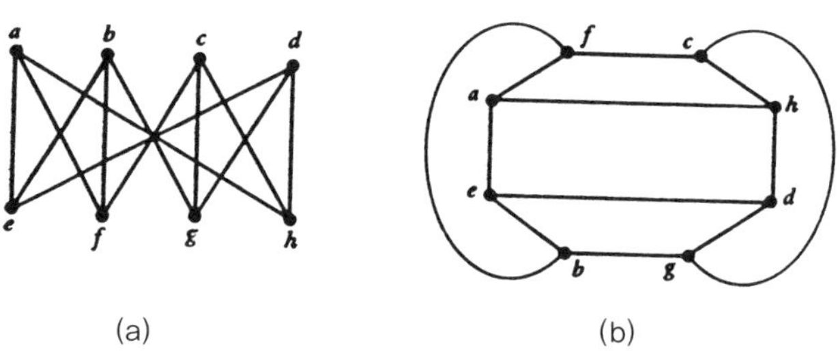

[그림 10.44]

앞의 [보기 1]과 [보기 2]에서 완전그래프 $K_{3,\,3}$와 K_5는 평면 그래프가 아님을 알 수 있다. 이 사실을 이용하면 어떤 그래프 G가 평면 그래프가 아님을 쉽게 알 수 있다.

보기 40

다음 그래프 중에서 평면 그래프를 구하라.

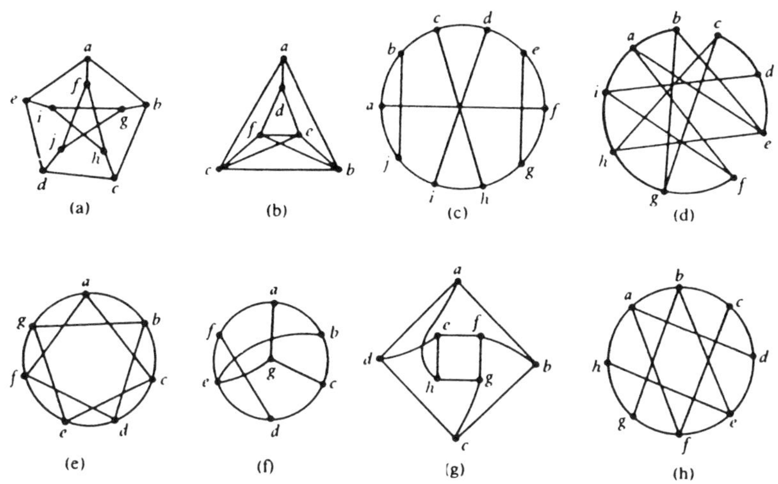

[그림 10.45]

지도에서 인접한 두 나라의 경계를 구별하기 위하여 서로 다른 색깔을 칠하는 것이 지도 색칠하는 문제의 시작이다. 지도에서 나라들을 색칠하는 것은 이웃해 있는 두 꼭짓점에 서로 다른 색깔을 배정하는 것과 같으므로 지도에 나타난 각 나라를 꼭짓점으로 하고 두 나라의 경계선을 하나의 모서리로 갖는 쌍 그래프(dual graph)를 구하는 것이 중요한 과제이다.

주어진 그래프에 필요한 색깔의 최소수를 그래프의 색채수(chromatic number)라 한다. 즉 한 그래프의 색채수가 k 라 함은, $k-1$ 개의 색깔을 가지고는 불가능하여 어느 이웃한 2개의 꼭짓점에 같은 색깔이 배정된다는 것을 알 수 있다.

보기 41

다음 그래프의 색채수를 구하여라.

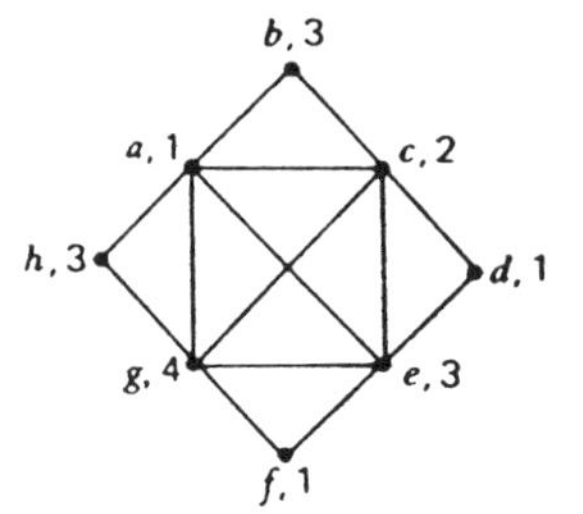

[그림 10.46]

위의 그래프를 살펴보면 꼭짓점 a, g, e, c에 의해서 만들어진 완전 부분 그래프를 가진다. 그래서 세 가지 색깔을 가지고는 같은 색깔의 2개의 이웃한 꼭짓점이 반드시 존재한다. 따라서 이 그래프의 색채수는 4이다.

보기 42

다음 그래프의 색채수를 구하여라.

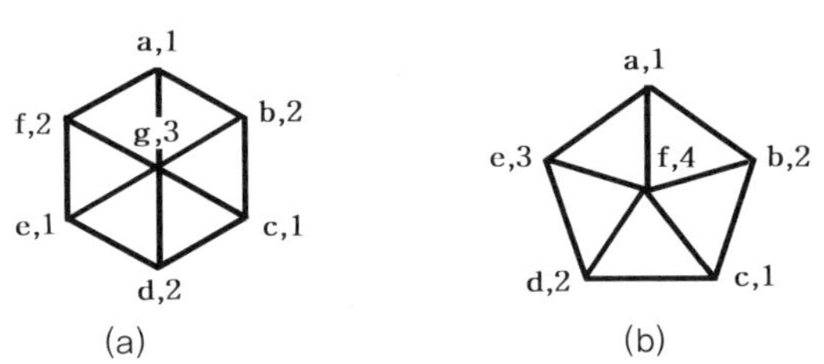

[그림 10.47]

보기 43

다음 그래프의 색채수를 구하여라.

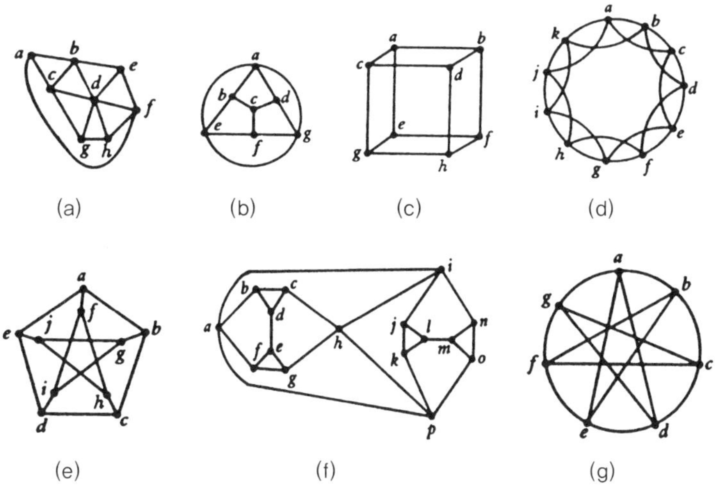

[그림 10.48]

수학자 파스칼의 업적

블레즈 파스칼(Blaise Pascal, 1623~1662)은 종교와 비종교가 끊임없이 반목하는 시대였던 1623년 6월 19일에 프랑스 클레르몽(Clermont)에서 태어났다. 그의 일생은 한 세계와 다른 세계 사이의 끊임없는 분쟁기였다. 파스칼은 16세 때 처음으로 중요한 글을 발표했다. 그것은 수학계에서 돌풍을 일으켰던 원뿔곡선에 관한 소책자였다. 데카르트는 단지 십대에 불과한 소년이 아폴로니오스(Apollonios) 이래 누구도 진행하지 못했던 그 주제를 더 발전시킨 것에 감동했다. 파스칼의 이름은 수학에 대해서 토론하는 모든 모임에서 언급됐다.

또한 파스칼은 도박을 통해 확률에 흥미를 갖게 되었다. 주사위 게임은 한 쌍의 주사위를 던졌을 때 나타나는 기회가 무엇이며, 게임이 종료되기 전에 중단된다면 어떻게 돈을 분배해야 하는가 하는 문제를 제기했다. 파스칼은 아버지의 오랜 친구이자 아마추어 수학자인 페르마와 함께 이 문제를 다루었다.

제11장

기하학의 세계

11.1 위상수학(Topology)이란

고무판 위의 기하학이라고도 하는 위상기하학은 고무판의 변형(deformations)에 대하여 의미 있는 성질들을 내포하고 있다. 여기서 변형이란 모든 물건들은 신축성이 매우 뛰어난 고무재질로 만들어져 있어서 우리가 뜻하는 대로 휠 수도 있고, 비틀 수도 있고, 늘일 수도 있고 압축할 수도 있으나 찢거나 다른 두 부분을 서로 붙일 수는 없다. 그래서 다음에 나오는 그림과 같이 모양이 다른 두 물체 중 어느 하나를 변형시켜서 다른 물체가 되도록 할 수 있다.([그림 11.1], [그림 11.2] 참조)

이와 같이 주어진 어떤 도형을 자르거나 붙이지 않고 서로 다른 두 점이 중복하지 않도록 도형을 늘이거나 줄이고 구부려서 얻는 도형을 처음의 도형과 연결상태가 같은 도형이라 한다. 이런 의미에서 도형의 크기나 모양이 변하여도 연결상태가 같으면 같은 도형으로 간주하는 도형의 세계가 바로 위상기하학의 세계이다.

토폴로지(Topology)는 그리스어의 Topos와 Logos를 결합시켜서 만든 단어로 리스팅(J. B. Listing : 1808~1882)의 《토폴로지의 기초적 연구》라는 책에서 다음과 같이 정의하고 있다.

> "토폴로지는 공간 속의 점, 선, 면 및 위치 등에 관하여 양이나 크기와는 상관없이 형상이나 위치관계를 나타내는 학문이다."

토폴로지를 우리말로 번역하면 위상기하학(位相幾何學) 또는 위상수학이라고 하는데 '위치와 형상에 관한 기하학'이라는 뜻을 내포하고 있다. 이러한 세계에서는 다음의 도형들은 모두 같은 도형이다.

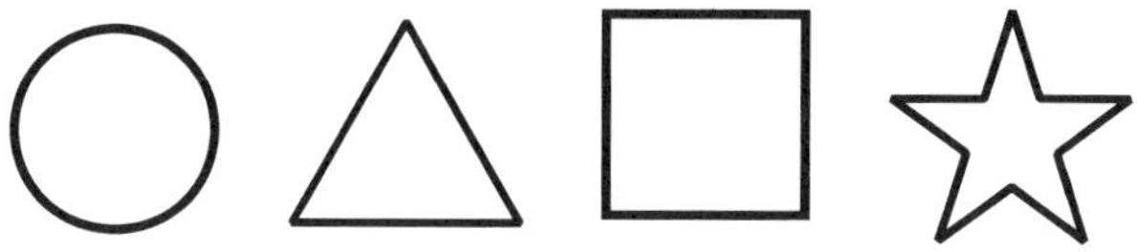

[그림 11.1]

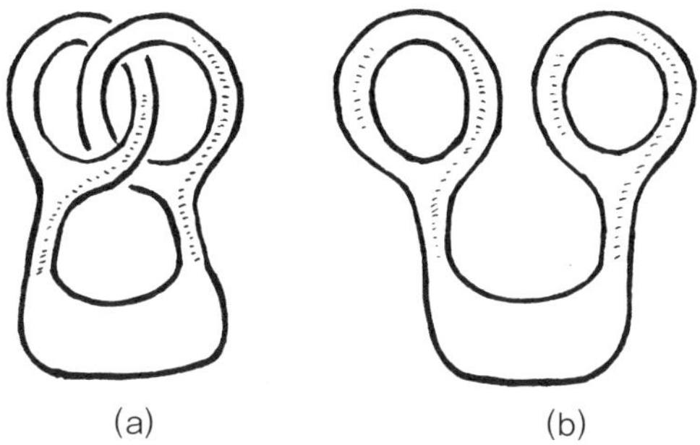

[그림 11.2]

왜냐하면 위상기하학에서는 늘이거나 줄이거나 해서 서로 겹치게 할 수 있는 것은 같은 도형이라고 보기 때문이다. 좀 더 어렵게 말하면 토폴로지는 도형을 연속적으로 변형시켰을 때 변하지 않고 일정하게 유지되는 성질을 연구하는 수학이다.

대부분의 일반 독자들에게 익숙한 개념의 길이, 각도, 넓이 등과 같은 정량적인 기하학과는 다르게 정성(定性)적인 성질을 따지는 기하학으로 위상기하학이 생소하기 때문에 직관적으로 위상기하학의 기본 개념을 이해할 수 있도록, 논리적인 사고보다는 수학적인 직관력을 강조한다.

11.2 한붓그리기

제10장의 그래프 이론에서 오일러 오솔길, 또는 오일러 순환로 등에 대하여 체계적으로 여러 가지 이론을 공부하였다. 이 절에서는 한붓그리기 문제를 위상수학의 접근 방법으로 다시 한 번 논의해 보기로 한다. 그래프 이론의 소개에서나 토폴로지 이론의 공부에서 역시 빼놓을 수 없는 것이 "쾨니히스베르크의 다리 문제"이다. 세계적인 철학자 칸트가 이 도시 출신으로 평생 이 도시 바깥으로 한 걸음도 나가지 않은 것으로도 유명하다.

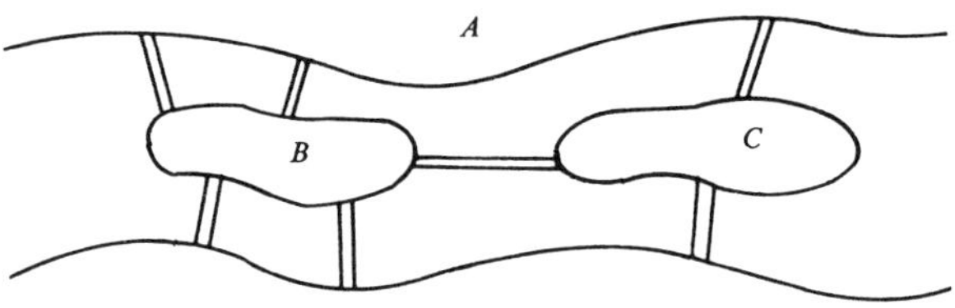

[그림 11.3]

이곳 시민들은 쾨니히스베르크 시내에 있는 7개의 다리를 정확히 한 번씩만 건너서 도시 전체를 지나 갈 수 있는 방법이 있는가 하는 문제를 가지고 많은 내기를 하였는데 여러 번 시행착오 후에 이 문제는 풀리지 않는다는 결론에는 도달하였다. 그러나 왜 그런지 그 이유를 설명할 수 없었다. 이 문제에 대하여 명쾌한 답을 내린 사람이 스위스 수학자 오일러(Euler)였다는 것은 이미 제10장에서 밝혔다.

보통사람들과 달리 오일러는 4개의 영역을 점으로, 그리고 각 영역들을 연결하는 7개의 다리는 선으로 나타내는 도형으로 바꾸는 발상의 전환을 꾀하였다. 즉 쾨니히스베르크의 다리문제는 이 도형을 한붓그리기로 그릴 수 있느냐 없느냐 하는 문제로 바뀌었다. 한붓그리기란 어떤 도형을 연필을 종이에서 떼지 않은 채 선 위를 한 번씩만 지나가게 그리는 것(물론 정점은 몇 번 지나도 상관없음)이다. 복잡한 다리 문제를 간단한 한붓그리기 문제로 바꾸는데 오일러의 천재성이 있다. 아래 몇 가지 도형들에서 어떤 도형들이 한붓그리기가 가능한 도형인가 불가능한 도형인가를 분류해보면 그곳에서 공통점을 발견할 수 있다.

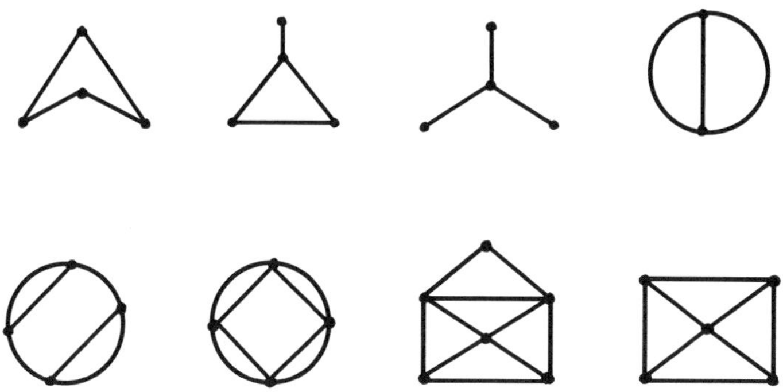

[그림 11.4]

아직까지 그 공통점을 찾지 못했다면 정점이 모두 4개씩인 다음 도형들을 가지고 생각하여 보자.

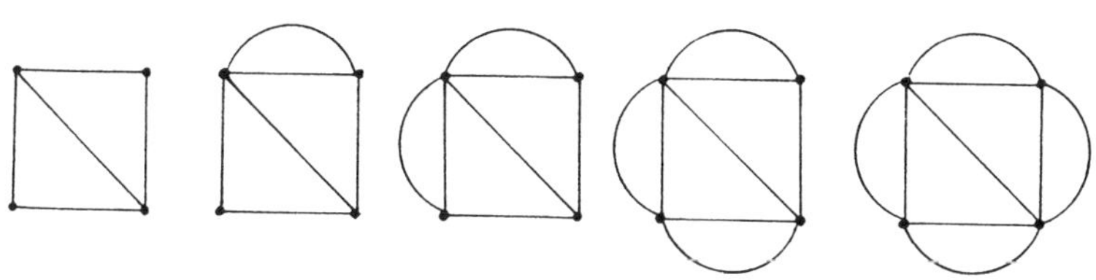

[그림 11.5]

각 정점에서 뻗어나간 선의 개수를 그 점의 차수(次數)라 하고, 그 차수가 홀수 개인 점을 "홀수 점", 짝수 개인 점을 "짝수 점"이라 한다.

[그림 11.4]의 마지막 도형은 1809년 프랑스 수학자 루이 푸앵소(Louis Poinsot)가 한붓그리기가 불가능한 도형이라고 지적하였다. 왜 불가능한가를 알아보기 위하여 더 많은 도형에 대하여 알아보자.

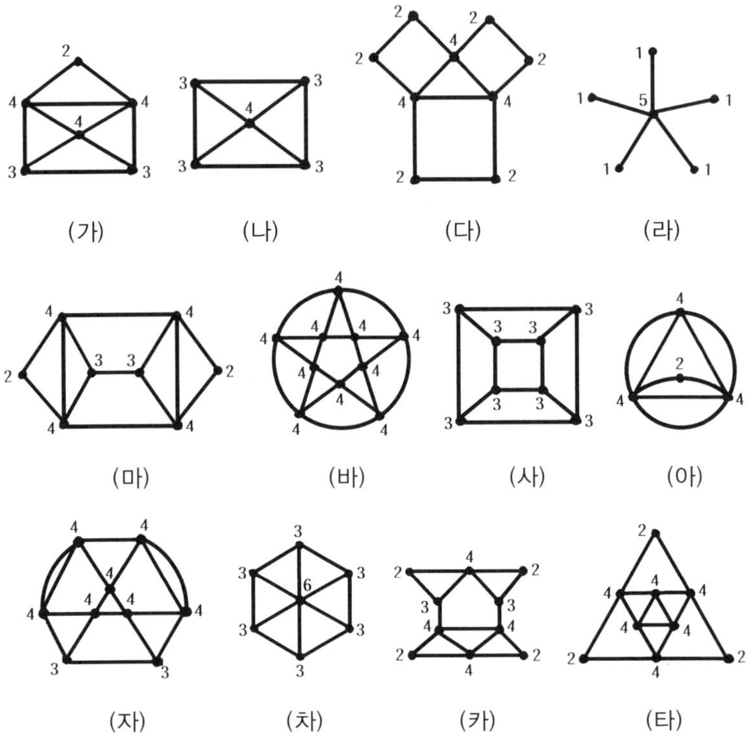

[그림 11.6]

[그림 11.6]에 나타난 도형들에 대하여 꼭짓점의 개수와 모서리의 개수에 관한 표를 만들어 보자.

	짝수 점의 수	홀수 점의 수	한붓그리기 가능 여부	선의 수	모든 점의 차수의 합
가	4	2	○	10	20
나	1	4	×	8	16
다	9	0	○	12	24
라	0	6	×	5	10
마	6	2	○	13	26
바	10	0	○	20	40
사	0	8	×	12	24
아	2	2	○	8	16
자	7	2	○	17	34
차	1	5	×	12	24
카	8	2	○	15	30
타	9	0	○	15	30

[표 11.1] 짝수 점과 홀수 점을 구별하여 만든 표

12개의 도형 중 한붓그리기가 가능한 것은 모두 8개이고, 이들 8개 도형의 공통점을 찾아보면 홀수 점의 개수가 0 또는 2개임을 알 수 있다. 그리고 한붓그리기가 가능한 도형은 출발점이나 종착점이 아닌 점에는 들어오는 길이 있으면 반드시 나가는 길이 있어야 하므로 항상 짝수 개의 선이 지나가는 것을 알 수 있다. 따라서 출발점과 종착점은 합쳐서 2개뿐이니까, 홀수점이 2개보다 많으면 한붓그리기를 할 수 없다는 것을 알 수 있다. 좀 더 알기 쉽게 분류해 보면 한붓그리기의 비법은 모든 점의 차수가 짝수(홀수 점의 개수가 0)인 도형은 어느 점에서 출발하여도 가능하고([그림 11.7] (a)) 홀수 점을 2개 가진 도형은 한 홀수 점에서 출발하여 다른 홀수 점에서 끝나도록([그림 11.7] (b)) 그리면 가능하다는 것을 알 수 있다.

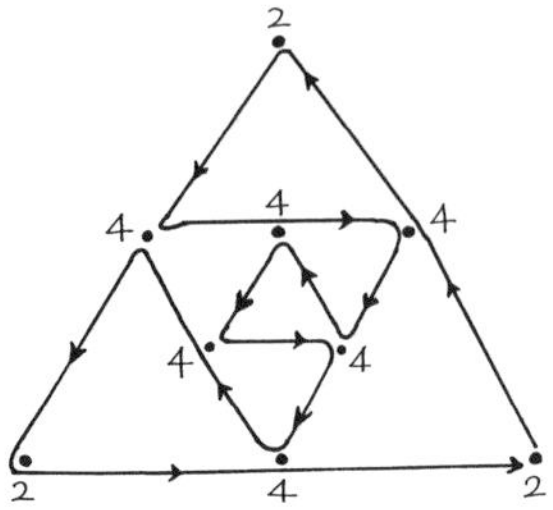

(a)

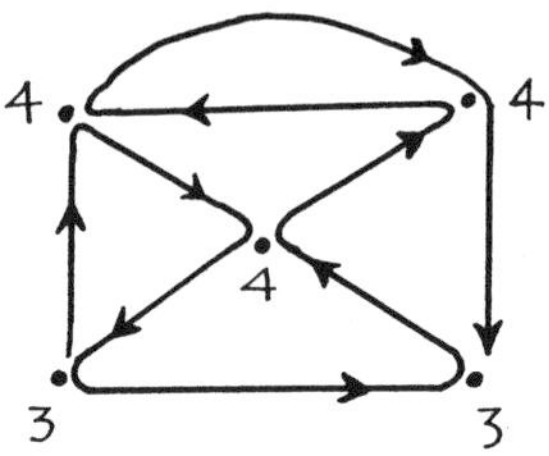

(b)

[그림 11.7]

이 절의 처음에 논의했던 쾨니히스베르크 다리 문제는 다음 도형(그림 11.8)의 한붓그리기 문제와 같게 되어 불가능함을 알 수 있다. 즉 "7개의 다리를 한 번만 건널 수 없다"는 것이 증명되었다.

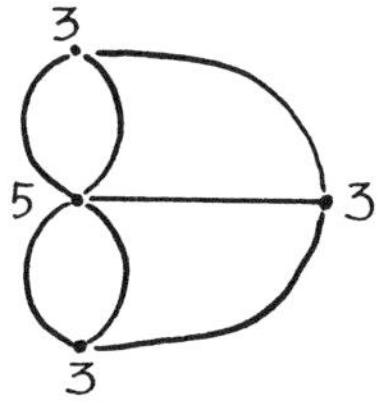

[그림 11.8]

11.3 변형의 수학

11.1절에서도 언급하였지만 기존의 유클리드 기하학에서는 크기와 모양이 같아야만 같은 도형으로 취급하였다. 그러나 위상기하학에서는 도형의 크기나 모양이 변하여도 도형의 연결상태만 같으면 같은 도형으로 간주한다. 연결상태가 같다는 것은 자유자재로 늘이거나 구부리거나 할 수 있는 고무판으로 모양을 만들 수 있다는 것과 같다. 이러한 연결상태가 같은 도형은 평면 도형에서뿐만 아니라 입체도형에서

도 논의할 수 있다. 예를 들면, 정육면체와 구는 서로 연결상태가 같은 도형이고, 컵과 도넛도 연결상태가 같은 도형이다. 그러나 구와 도넛은 연결상태가 서로 다르다. 이렇게 연결상태가 같은 도형을 다루는 것은 실생활에서 유용하게 응용하기도 한다. 그 중 하나가 지하철 노선도이다. 지하철 노선 안내도는 실제의 지도 위에 나타낸 지하철 노선도와 비교하면 많은 차이가 있다. 구부러진 모양, 역 사이의 거리도 다르고 방위도 다르다. 그러나 지하철 노선도는 실제의 노선들을 마음대로 늘이거나 구부러뜨리거나 또는 펴서 간단한 모양이 되도록 그려서 원래의 지도와는 많이 달라졌지만, 원래의 지도가 지녔던 성질 중에서 변하지 않고 그대로 유지되는 성질도 있다. 역의 순서나 각각의 노선이 교차하는 환승역 등은 분명히 같다.

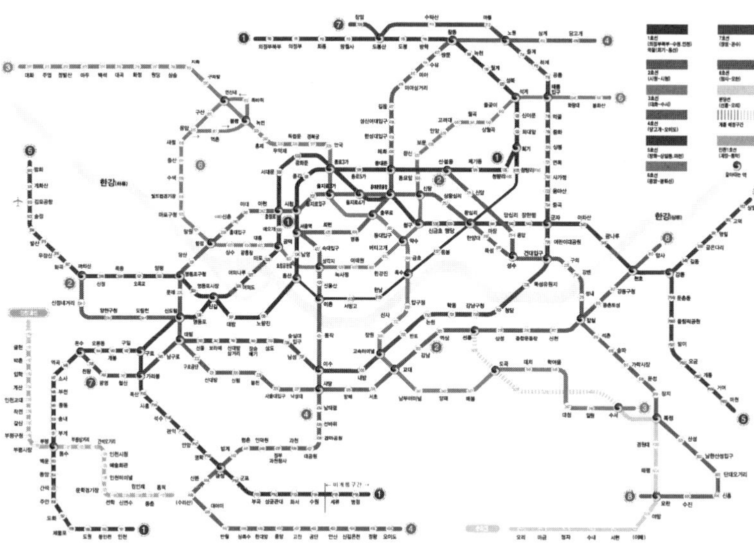

[그림 11.9] 서울 지하철 노선 안내도

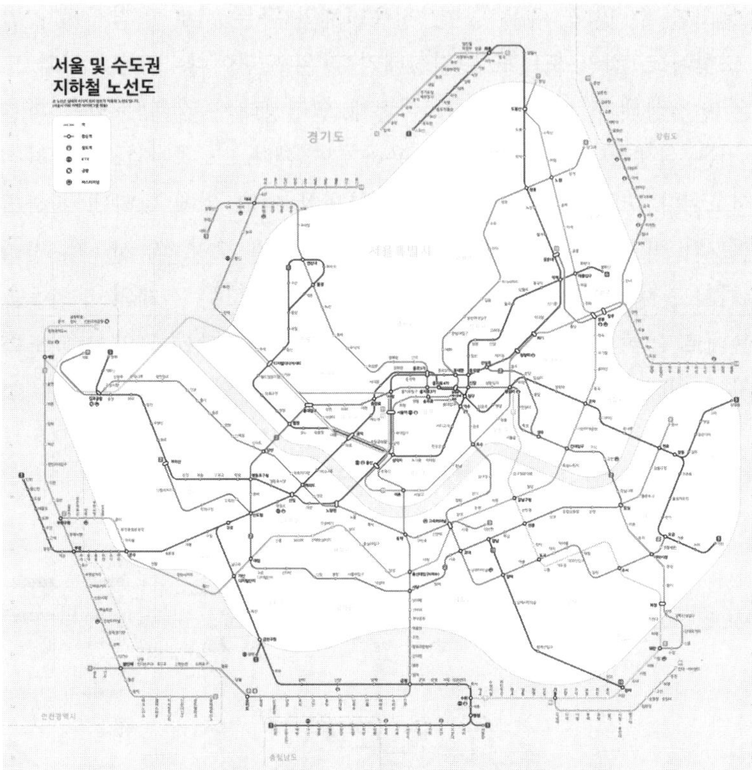

[그림 11.10] 실제 지도 위에서 지하철 노선도

즉, 지하철 노선 안내도와 실제 지도 위에서의 지하철 노선도는 연결상태가 같은 도형이다. 또 다른 도형의 변형에 관한 몇 가지 문제들을 풀어보자.

문제 1 다음 그림은 탄력이 매우 강한 고무판이다. 이때 그림 (a)의 고무판을 늘이거나 줄여서 그림 (b)와 같은 고무판으로 변형시킬 수 있는가?

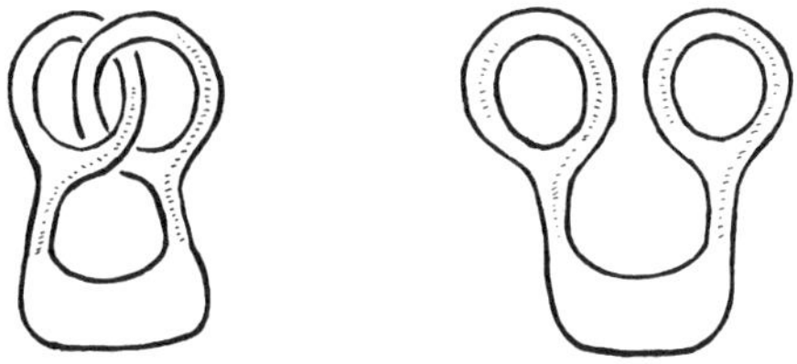

(a) (b)

[그림 11.11]

문제 2 다음 그림은 도넛 모양에 2개의 구멍을 가진 탄력이 매우 좋은 고무판 같은 찹쌀떡이 걸려 있다. 이때 (b)와 같이 하나의 구멍에만 걸리도록 변형시킬 수 있는가?

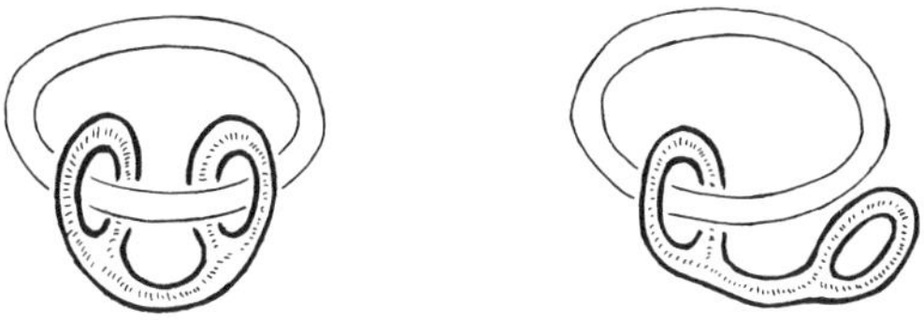

(a) (b)

[그림 11.12]

문제 3 [문제 2]와 같은 재질의 구멍이 2개인 찹쌀떡 위에 (a)와 같이 하나의 구멍 주위에 빨간 색의 띠가 둘려 있다. 이때 (b)와 같이 빨간 색 띠가 2개의 구멍 주위를 둘러싸도록 변형시킬 수 있는가?

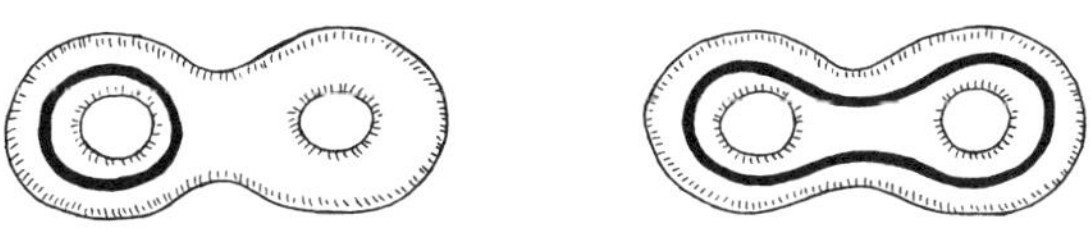

(a) (b)

[그림 11.13]

문제 4 다음 [그림 11.14]의 (a)는 앞의 문제들과 같은 재질(마음대로 늘이거나 줄일 수 있는)의 환상적인 과자이다. 이 과자를 2개의 구멍을 갖는 (b) 모양의 과자로 변형시킬 수 있겠는가?

(a) (b)

[그림 11.14]

앞의 문제 1, 2, 3, 4에 대한 해답을 다음 그림으로 대신한다.

[문제 1의 해답]

[문제 2의 해답]

[문제 3의 해답]

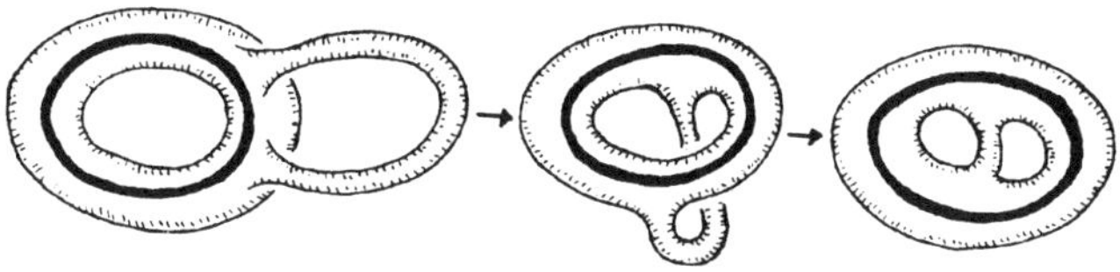

[문제 4의 해답]

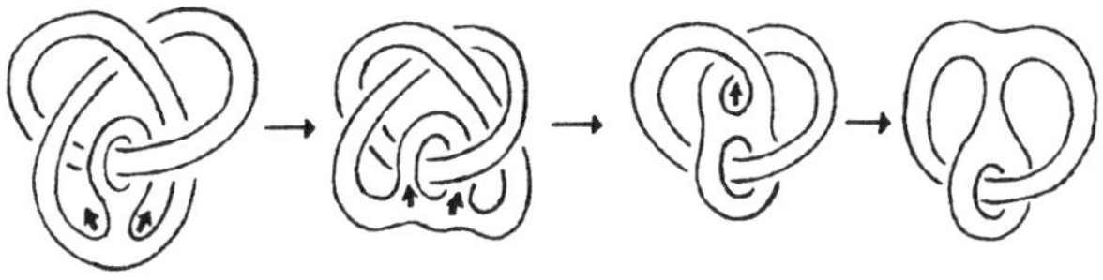

이처럼 도형을 어떤 방식으로 변형시켜도 원래와 똑같이 유지되는 성질을 위상기하학적 성질이라고 한다. 다시 말해서, 변형의 수학은 잡아 늘이거나 굽히거나 비트는 등의 변형을 가해도 변하지 않고 그대로 보존되는 도형의 기본적인 성질을 공부한다.

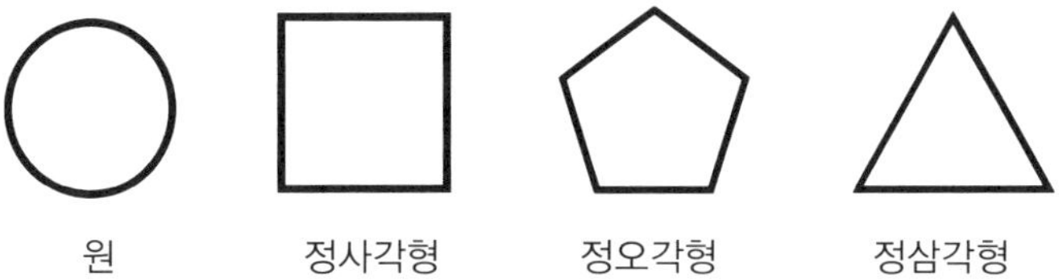

[그림 11.15]

원, 정삼각형, 정사각형, 정오각형 등은 유클리드 기하학의 관점에서 보면 각각 다른 도형이지만, 위상기하학의 관점에서 보면 모두 "단일폐곡선"이라는 같은 도형이다. 즉, 이들 도형들은 늘이거나 줄이거나 해서 서로 겹치게 할 수가 있다.

위상기하학의 효용을 실생활에서 찾아보자. 최초의 네온사인은 1910년 파리 모터쇼에서 등장하였다. 그 당시 네온사인을 제작하는데 가장 만들기 쉬운 문자들은 위상기하학적으로 '직선'과 같은 모양이었다.

예를 들면, 다음 그림과 같은 문자들이었다.

[그림 11.16]

그러면 아래의 문자들을 보고 다음 물음에 답해보자.

A B C D E F G H I J K L M N O P Q R S T U V W X Y Z
1 2 3 4 5 6 7 8 9 ㄱ ㄴ ㄷ ㄹ ㅁ ㅂ ㅅ ㅇ ㅈ ㅋ ㅌ

앞의 문자들 중

(1) 위상기하학적으로 직선과 같은 문자들을 찾아보자.

(2) 다음 모양들과 위상기하학적으로 같은 문자의 개수를 구하라.

( )개 ( )개 ( )개 ( )개 ( )개 ( )개

또 다른 문제를 소개한다.

아래 그림은 시각 인식 능력 테스트를 위하여 MIT의 민스키(M. L. Minsky)와 페이퍼트(S. A. Papert)가 만든 것이다.

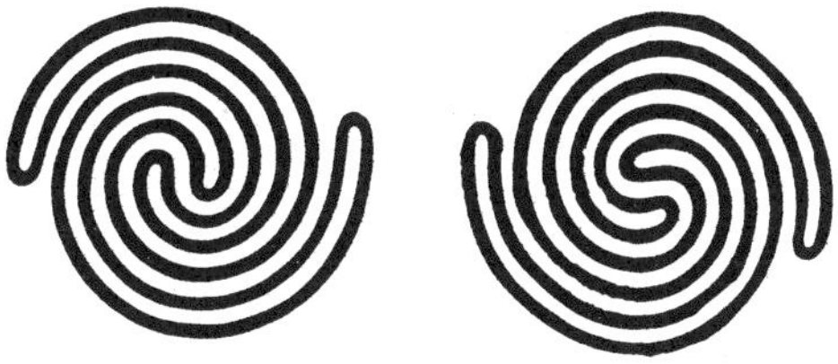

(1) 이들은 위상학적으로 같은 도형인가?

(2) 이들은 각각 어떤 도형인가?

왼쪽 그림은 하나의 원과 같은 단일폐곡선이고 오른쪽 그림은 2개의 원으로 되어 있음을 알 수 있다. 단일폐곡선에 대하여 좀더 구체적으로 알아보자.

11.4 단일폐곡선

단일폐곡선이란, 어느 점에서 출발하여 선 위의 모든 점을 지나 출발점으로 돌아올 수 있는 곡선을 말한다.

(1) 다음 도형 [그림 11.22] 중에서 단일폐곡선은 어느 것인가?

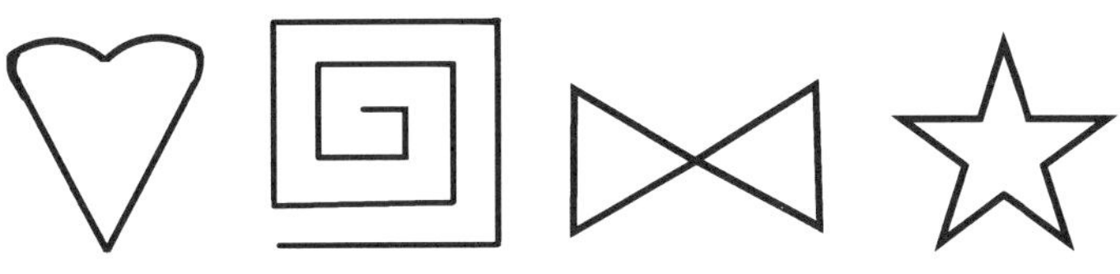

①　　②　　③　　④

[그림 11.22]

(2) 어느 평면 위에나 구면 위에 존재하는 단일폐곡선은 그 평면 또

는 구면을 두 부분으로 분할한다. 즉, 내부영역과 외부영역의 두 부분으로 나누며 이 성질을 '조르당(Jordan)의 곡선정리'라 한다. 위의 도형 [그림 11.22] 중 평면을 둘로 분할하는 것은 어느 것인가 ?

다음 그림은 중세 유럽의 성벽에 그려진 문양이다. 그러나 아무리 복잡하게 그려져 있어도 이 그림은 단일폐곡선이다.

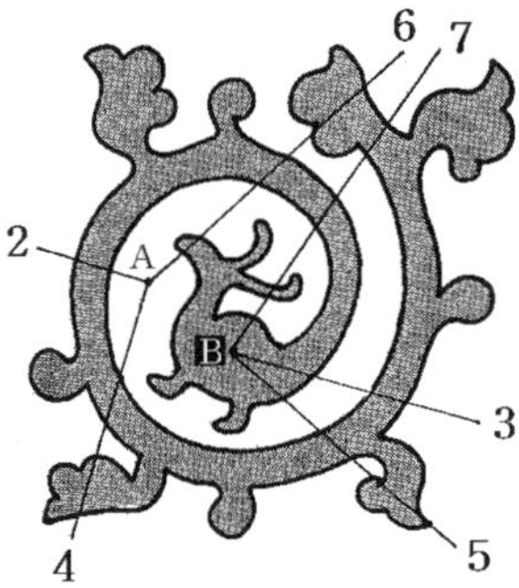

[그림 11.23]

(3) 두 점 A, B는 단일폐곡선의 내부에 있는가? 또는 외부에 있는가?
(4) 두 점 A, B에서 바깥쪽으로 직선을 그었을 때 폐곡선과 만나는 점의 수는 몇 개인가?

점 A에서 바깥쪽으로 직선을 그었을 때 단일폐곡선과 만나는 교점의 개수는 짝수 개이고, 점 B에서 바깥쪽으로 직선을 그었을 때 단일폐곡선과 만나는 교점의 개수가 홀수 개임을 알 수 있다. 따라서 직선이 폐곡선과 만나는 점의 개수에 따라 그 점이 폐곡선의 내부에 있는 점인가 외부의 점인가를 알 수 있다.

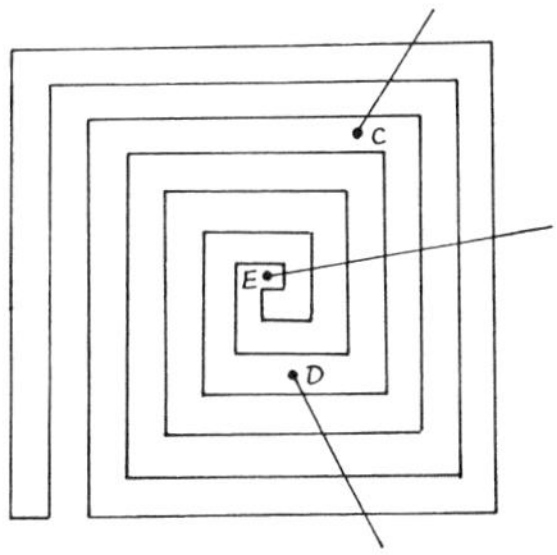

[그림 11.24]

[그림 11.24]에서 점 C, 점 E는 내부점이고, 점 D는 외부 점임을 알 수 있다. 이러한 폐곡선의 성질을 이용하여 여러 가지 문제들을 해결할 수가 있다.

신시가지 개발을 하는 경우 기반시설사업을 해야 한다. 상수원으로부터 각 주택단지까지 수도관을 연결시켜야 하고, 변전소로부터 전력을 지중선으로 공급받아야 하고, 도시가스 저장소로부터 가스 공급을 받기 위하여 가스관을 가설하여야 한다. [그림 11.25]의 왼쪽과 같은 경우 이들 관들이 서로 교차하지 않고 시설사업을 할 수 있겠는가?

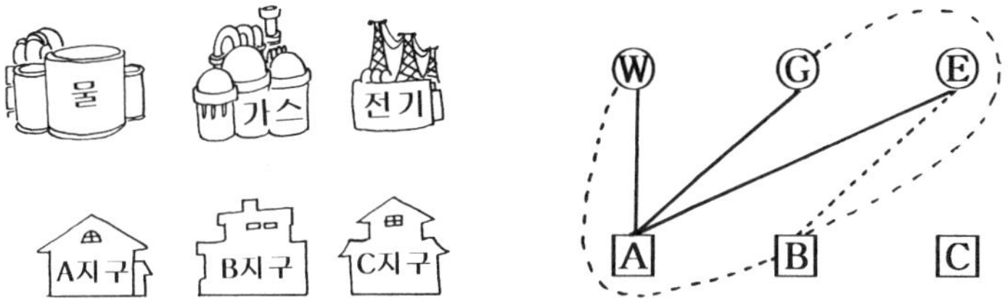

[그림 11.25]

만약에 불가능하다면 그 이유를 설명할 수 있어야 한다. 이 그림을 간단히 [그림 11.25]의 오른쪽 그림과 같이 나타내 보자. 이때, A지구 사업자가 먼저 사업을 하여 Ⓦ, Ⓖ, Ⓔ와 🄰를 실선으로 연결시키고 다음에 B지구 사업자가 Ⓦ, Ⓖ, Ⓩ와 B를 점선으로 실선과 교차하지 않도록 연결시킨다. 그러면 단일폐곡선 Ⓦ — Ⓐ — Ⓖ … Ⓑ … Ⓦ이 생기고 Ⓔ는 이 단일폐곡선의 내부에 있고 C는 이 폐곡선의 외부에 있다. 따라서 이런 경우 C지구 사업자가 폐곡선을 교차하지 않고 전력선을 연결시키는 것은 불가능하다.

보기 |

[그림 11.26]과 같은 전자회로들이 있다고 하자. 같은 문자끼리 연결하는 회로를 만들되 회로가 서로 교차하지 않도록 연결시킬 수 있을까?

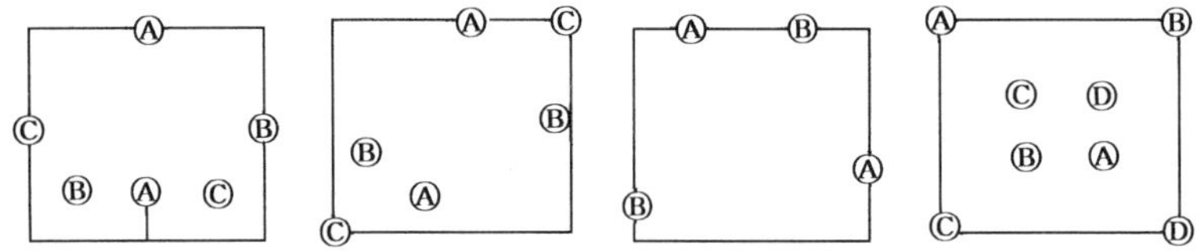

① ② ③ ④

[그림 11.26]

11.5 오일러 경로, 해밀턴 경로

이러한 문제들에 대하여는 이미 이론적이고 체계적으로 공부를 하였다. 이 절에서는 좀 더 직관적이고 단순한 문제들만을 취급하기로 한다.

1736년 오일러가 쾨니히스베르크의 7개 다리를 정확하게 한 번씩만 지나서 전체 다리를 건넌다는 것이 불가능함을 증명하였다. 그로부터 139년 후인 1875년 여덟 번째 다리가 놓여 이 문제가 자동적으로 해결되었다.

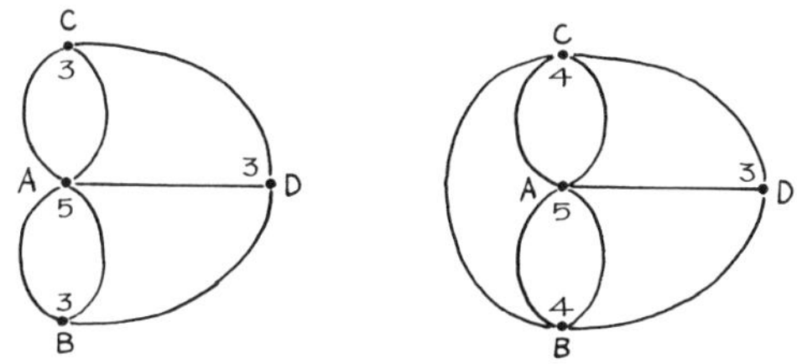

1736년의 경우　　　　1875년의 경우

[그림 11.27]

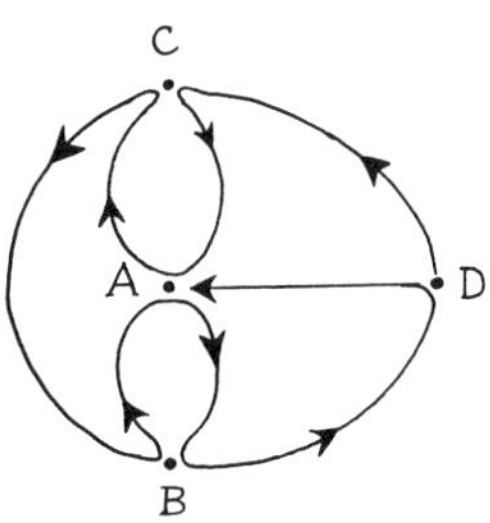

[그림 11.28]

[그림 11.27]의 오른쪽 그림은 왼편 그림에서 B와 C를 잇는 호(다리)를 하나 추가함으로써 홀수 점의 수가 2개로 줄어들었다. 그러면 점 D에서 출발하여 모든 다리를 단 한 번씩만 지나갈 수가 있다. 이러한 길을 오일러 경로라 한다.

정의 I

오일러 경로(Euler path)란 어떤 도형의 모든 선을 정확하게 한 번씩만 지나갈 수 있는 경로를 말한다. 이때 점은 몇 번을 통과하더라도 무방하다.

[참고] 오일러 순환로(Euler cycle)는 오일러 경로의 출발점과 종착점이 같은 경우를 말한다.

앞에서 공부하였지만 오일러는 홀수점이 2개보다 많은 도형에서는 오일러 경로가 존재하지 않음을 증명했다. 그리고 홀수점이 2개인 도형에서 오일러 경로를 찾는 방법은 한 홀수 점에서 출발하여 다른 홀수 점에서 끝나도록 하고 홀수 점이 없는 경우에는 아무 점에서 출발하여도 다시 그 점에서 끝나도록 되어 있어서 홀수점이 2개인 경우에는 오일러 경로가 있고 홀수점이 없는 경우에는 오일러 순환로가 존재한다.

보기 2

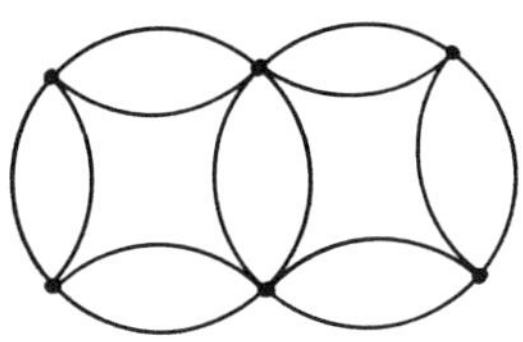

[그림 11.29]

왼쪽 그림은 고대 중국에서 행운을 상징하는 기호이다. 이 그림이 오일러 경로를 가지는지 직접 그려보지 않고 답을 알 수 있는 방법을 알아보자.

보기 3

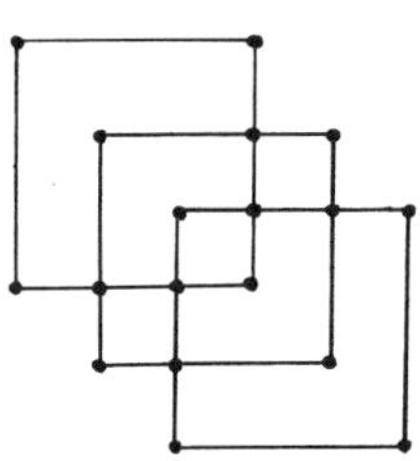

[그림 11.30]

[그림 11.30]에서 각각 다른 출발점에서 시작하여 오일러 경로를 그려보아라. 어느 점에서 출발하든지 상관없이 오일러 경로를 그릴 수 있고, 반드시 출발점에서 끝이 나는 것을 알 수 있다.

보기 4

다음 그림 중 오일러 경로를 가지는 것과 오일러 순환로를 가지는 그림을 찾아라.

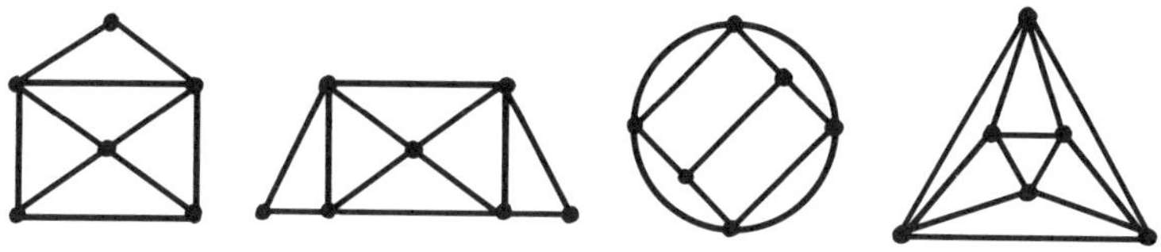

① ② ③ ④

우리가 알고 있는 한붓그리기 문제와는 어떤 관계가 있는지를 알아보자.

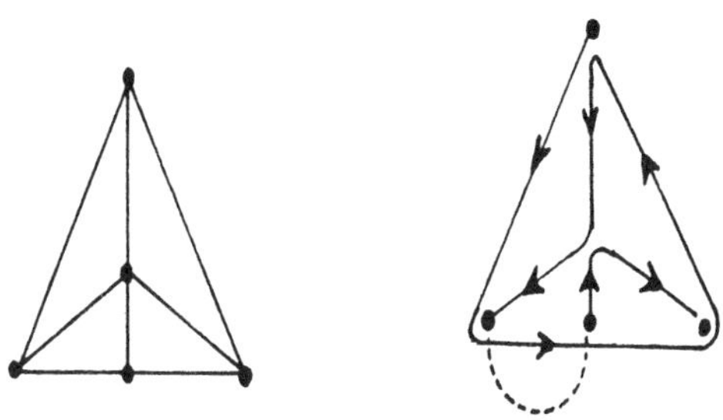

(a) (b)

그림 (a)는 오일러 경로를 가지지 않는다. 그러나 붓을 한 번 떼어 그리면 모든 선을 지나게 할 수 있다. 그래서 붓을 한 번 뗀다는 것은 하나의 호를 덧붙이는 것과 같아서 원래의 그림에 하나의 호를 덧붙이면 오일러 경로를 구할 수 가 있다.

이러한 오일러 경로에 대한 이론을 다름과 같은 문제해결에 도입하여 보자. [그림 11.31]은 어떤 건축도면이다. 모든 벽에는 반드시 문이 하나씩 있다고 한다. 모든 문을 한 번씩 지나갈 수 있는 방법을 구하여 보자.(한 번 사용한 문은 다시 사용할 수 없음.)

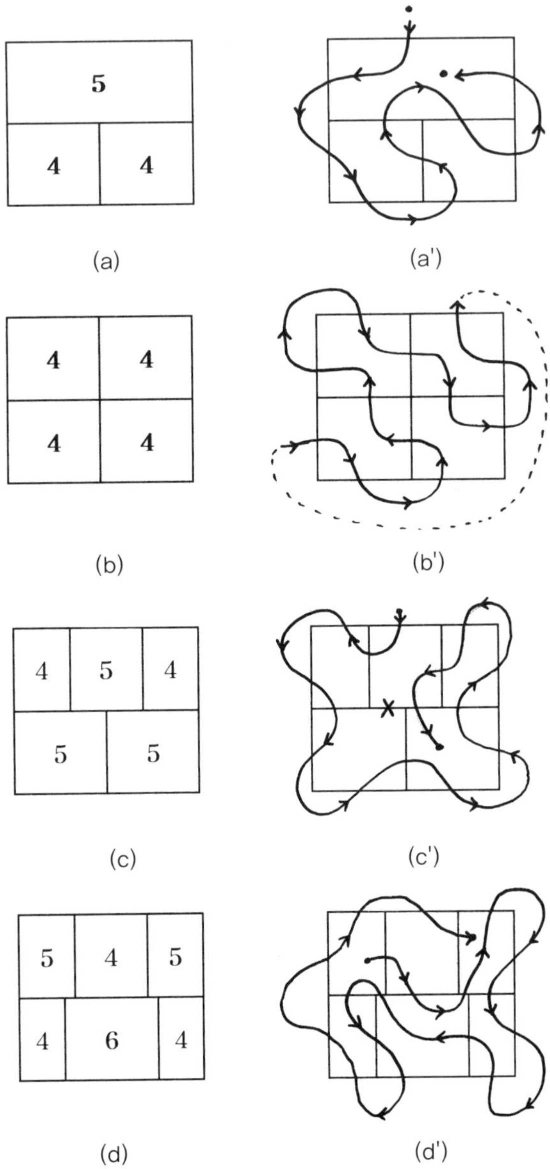

[그림 11.31] (계속)

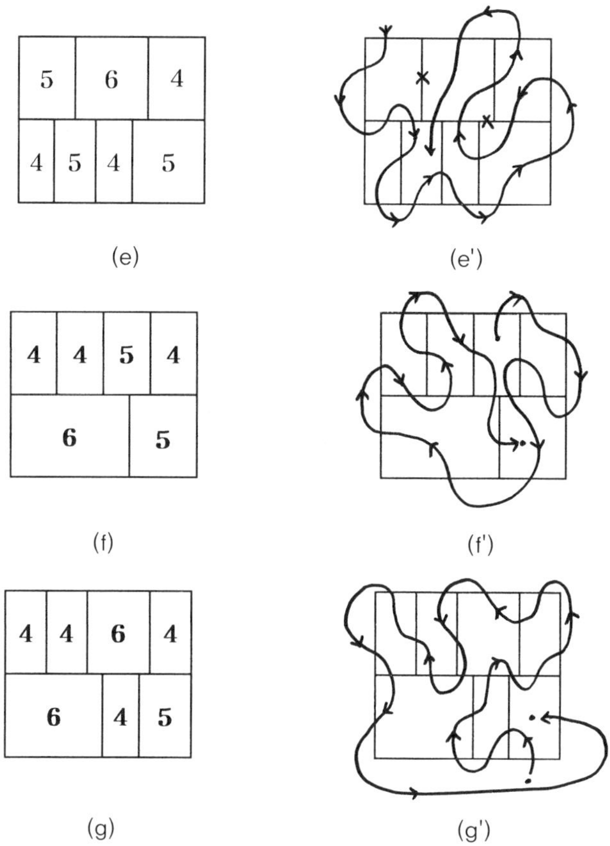

(그림 속의 숫자는 벽면에 있는 문의 개수)

[그림 11.31]

[그림 11.31]을 구체적으로 살펴보면 벽면의 수(문의 수)가 홀수 개인 방의 개수가 2개 이하일 때만 문제가 해결된다. 좀너 많은 시행착오를 거쳐서 얻는 결론은, (1) 벽면의 수가 짝수인 방 그림은 어느 방에서 시작하더라도 그런 회로를 구할 수 있고 그 회로는 단일폐곡선이다. (2) 벽면의 수가 홀수 개인 방 그림은 벽면의 수가 홀수인 방의

개수가 1개일 때 그 방의 내부에서 시작하여 그 방의 외부에서 끝나는 회로를 구할 수 있다. (3) 벽면의 수가 홀수 개인 방이 2개인 경우에는 벽면의 수가 홀수 개인 어느 방에서 시작하여 벽면의 수가 홀수 개인 다른 방에서 끝나는 회로를 구할 수 있다.

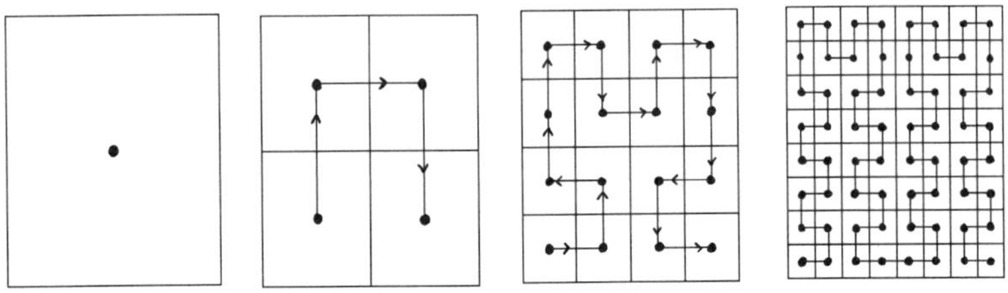

[그림 11.32]

[그림 11.32]는 정사각형의 중심을 지나는 회로를 구하는 문제이다. 정사각형이 1개, 4개, 16개, 64개, … 의 작은 정사각형의 중심을 지나는 회로를 구할 수가 있다.

지금까지 주로 선을 한 번씩만 지나고 점은 몇 번씩 지나도 되는 오일러 경로와 관계되는 문제들에 대하여 공부를 하였는데 이제는 점들을 딱 한 번씩만 지나고 선은 반드시 모두 지나지 않아도 되는 문제들에 대하여 공부하기로 하자.

정의 2

해밀턴 경로(Hamilton path)란 도형에 있는 선(모서리)은 반드시 모두 지나지 않아도 되지만 모든 정점은 한 번씩만 통과하는 회로를 말한다. 이 경로가 원래의 출발한 점에서 끝이 나면, 즉 출발점과 끝점이 일치하고 이러한 해밀턴 경로를 해밀턴 순환로(Hamilton cycle)라 한다.

해밀턴 경로는 삼각형, 사각형, 원 등의 평면 도형에서뿐만 아니라 정4면체, 정6면체, 정8면체, 정12면체, 정20면체 등의 공간도형에서도 찾아볼 수 있다. 우선 오일러 경로와 해밀턴 경로의 차이점을 알아보기 위하여 다음 그림을 참고한다.

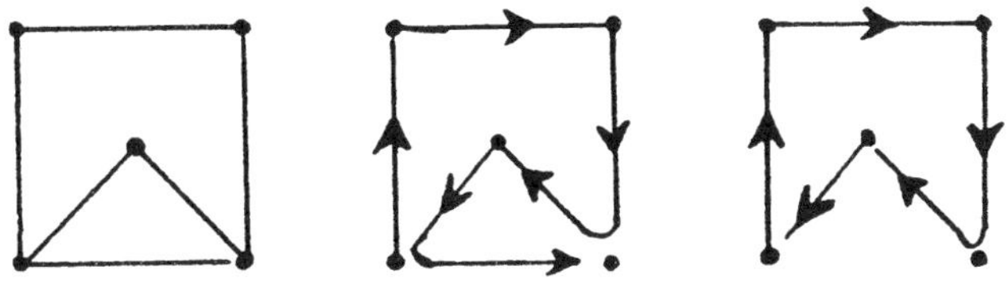

네트 　　 오일러 경로 　　 해밀턴 경로(순환로)

[그림 11.33]

그리고 다음 문제를 한 번 생각해 보자.

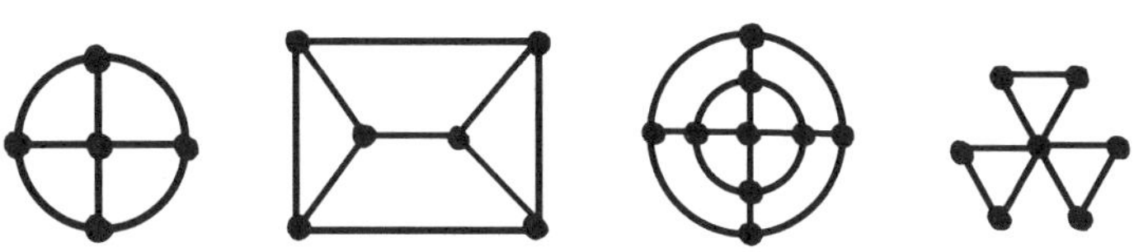

(a) 　 (b) 　 (c) 　 (d)

[그림 11.34]

(1) 오일러 경로가 있는 것은 어느 것인가?
(2) 해밀턴 경로가 있는 것은 어느 것인가?
(3) 오일러 경로가 없으면서 해밀턴 경로가 있는 어느 것인가?
(4) 해밀턴 경로가 없으면서 오일러 경로가 있는 것은 어느 것인가?

이런 간단한 문제들은 어려운 수학적 이론이 필요 없이 몇 번의 시행착오를 거치면 풀 수가 있다. 해밀턴이 처음에 제기한 정다면체에서 해밀턴 경로를 구하는 방법에 대하여 알아보자. 공간도형의 해밀턴 경로를 찾기 위하여 공간도형을 평면 위에 나타내는 방법을 우선 알아보기로 하자. 우리가 필요로 하는 것은 선(모서리)과 점(꼭짓점)의 위치이고 길이나 모양은 아니다. 즉 위상학적으로 동형인 몇 가지 도형을 평면 위에 나타내 보자.

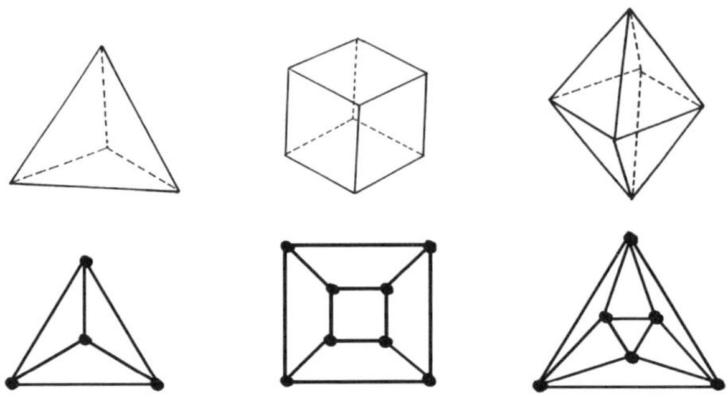

정4면체 정6면체 정8면체

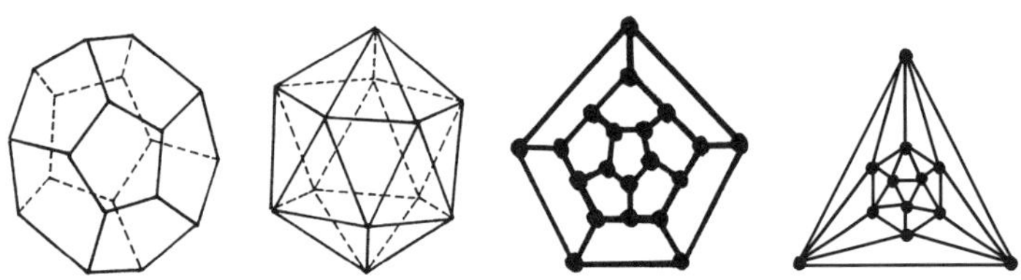

정12면체 정20면체

[그림 11.35]

위와 같이 평면 위에 나타난 도형을 가지고 오일러 경로와 해밀턴 경로를 구하여 보자.

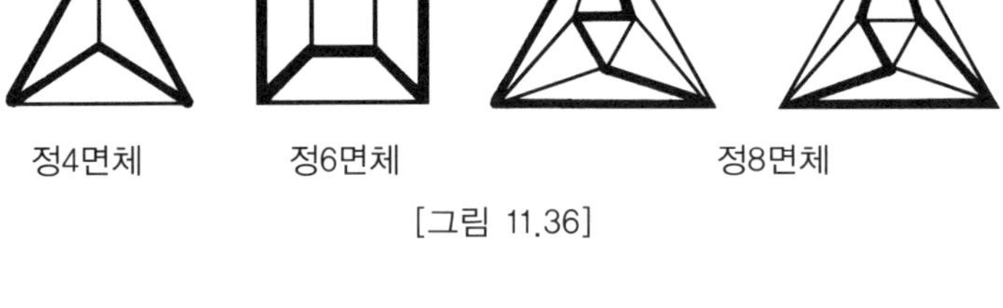

정4면체 정6면체 정8면체

[그림 11.36]

정4면체와 정6면체의 해밀턴 경로는 [그림 11.36]에서처럼 한 가지뿐이다. 정8면체의 경우에는 두 가지가 있다. 정20면체는 변(모서리)의 개수가 많기 때문에 여러 가지 형이 있지만, 이것들도 쉽게 생각해 낼 수 있다. 정12면체도 두 가지가 있지만, 이 둘은 서로 반사적(거울에 비친 모습)이기 때문에 본질적으로 하나이다.

그러면 오일러 경로를 찾는 방법처럼 해밀턴 경로를 쉽게 찾을 수 있는 방법이 있을까? 아직까지 일반적인 방법은 알려지지 않고 있다. 그러나 한정적인 경우에 해밀턴 경로를 구하는 것에 대하여 많은 연구가 진행되고 있다.

이러한 해밀턴 경로를 무엇 때문에 연구하는 걸까? 예를 들면 전선을 배선할 때 최단경로를 따르면 전력소모를 줄일 수 있고, 광케이블 공사를 할 때에도 많은 경비를 줄일 수 있을 뿐만 아니라 공사기간도 단축시킬 수 있다. 그리고 각 지방에 대리점을 둔 회사에서 생산한 상품을 모든 대리점에 공급할 때 한 대리점도 빼지 않고 모두 거쳐서 본사로 돌아오는 일정을 세우는데 긴요하게 이용된다. 이러한 예외에도 여러 분야에 이용되고 있어서 연구의 필요성은 매우 높다.

보기 5

다음 그림은 간단한 해밀턴 경로와 관계된 문제이다. 선 위의 숫자는 거리이기도 하고 공사 경비일 수도 있다.

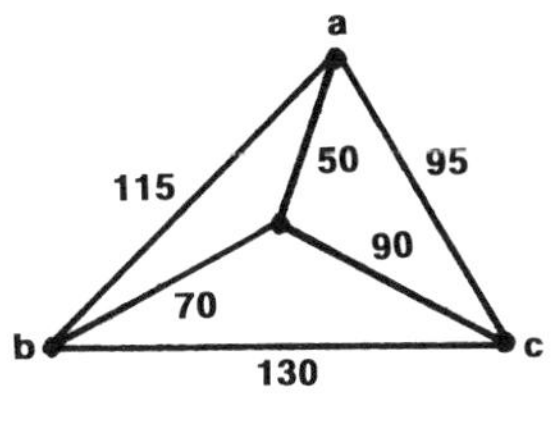

(a)

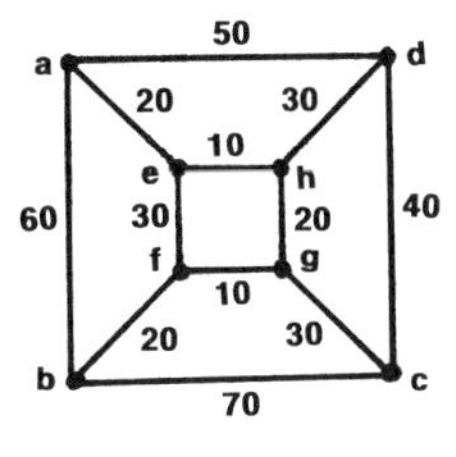

(b)

(1) 해밀턴 경로는 몇 가지나 있는가?

(2) 가장 경제적인 해밀턴 경로는 어떤 것인가?

컴퓨터를 이용하여 여러 가지의 해밀턴 경로를 계산하여 비교하는데 점(꼭짓점)들의 개수가 적을 때에는 쉽게 경제적인 해밀턴 경로를 구할 수가 있으나 1초당 100만 가지의 경로를 조사할 수 있는 컴퓨터를 사용하더라도 25개의 점을 잇는 해밀턴 경로를 모두 계산하는 데에는 수십억 년이 걸린다.

11.6 오일러 표수

단일폐곡선을 포함하는 네트워크를 구성하는 정점(꼭짓점)의 개수와 호(모서리)의 개수, 그리고 단일폐곡선 내부(면)의 개수 사이에는 어떤 관계가 있는가 알아보자.

보기 6

꼭짓점의 개수를 v, 모서리의 개수를 e, 면의 개수를 f라 할 때 다음 도형(네트워크)들에 대하여 조사하여 보자.

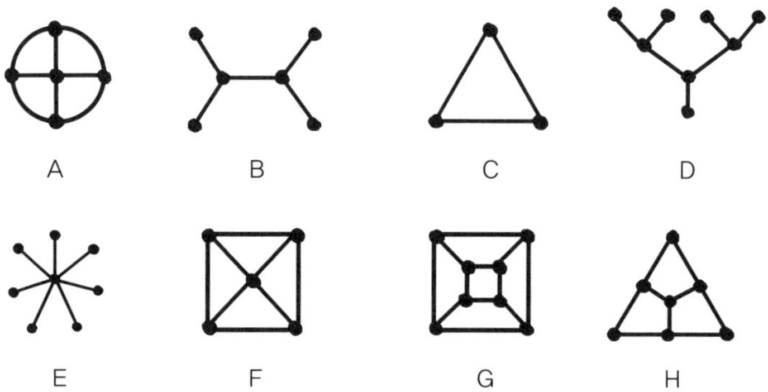

[그림 11.37]

	A	B	C	D	E	F	G	H
v	5	6	3					
e	8	5	3					
f	4	0	1					

[보기 6]에서 얻은 v, e, f와의 관계를 잘 살펴보면 $v-e+f$가 항상 1로써 일정함을 알 수 있다. 이렇게 얻은 $v-e+f=\chi$(카이)라 하여 오일러 표수라 한다. 평면도형의 오일러 표수는 1이었다. 공간도형에서도 이러한 성질이 성립하는지 알아보자.

보기 7

다음 공간도형의 꼭짓점의 개수(v), 모서리의 개수(e), 면의 개수(f)를 조사하여 그 관계를 알아보자.

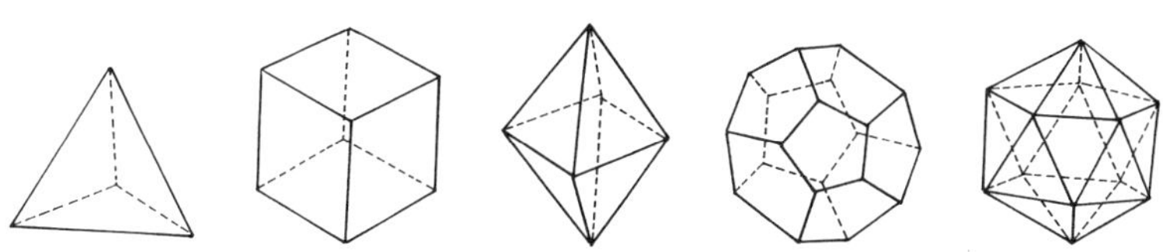

정4면체 정6면체 정8면체 정12면체 정20면체

[그림 11.38]

다면체	꼭짓점 (v)	모서리 (e)	면 (f)	$v-e+f$
정4면체	4	6	4	4 − 6+4=2
정6면체	8	12	6	8 − 12+6=2
정8면체	6	12	8	6 − 12+8=2
정12면체	20	30	12	20 − 30+12=2
정20면체	12	30	20	12 − 30+20=2

위의 보기의 결과를 평면도형들과 비교하여 보면 $v-e+f=2$로써 오일러 표수가 2임을 알 수 있다. 위에서 나타난 정다면체들은 공간도형에서 오일러 표수가 같고, 이 도형들은 위상기하학적으로 동형인, 즉 구(球)와 같은 도형임을 알 수 있다.

평면도형에서 단일폐곡선은 위상기하학적으로 원과 동형임은 이미 알고 있다. 예를 들어 원을 다음과 같이 네 토막으로 분해하면 오일러 표수는 점이 4개, 선이 4개 면이 1개이므로 $\chi=4-4+1=1$이다.

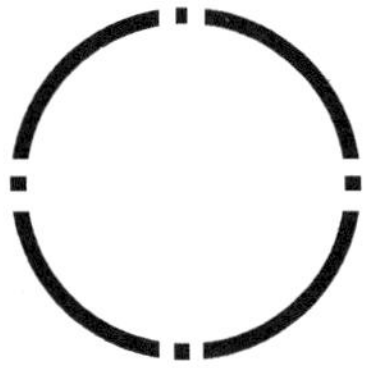

[그림 11.39]

이와 같이 공간도형에서도 구면(球面)을 [그림 10.40]의 (a)와 같이 4부분으로 분해하면 점이 4개, 선이 6개, 면이 4개이므로 오일러 표수는 $\chi=4-6+4=2$임을 알 수 있다. 그러나 [그림 10.40]의 (b)와 같이 여섯 부분으로 분해하여도 점이 8개, 선이 12개, 면이 6개이므로 오일러 표수는 $\chi=8-12+6=2$이다. 이와 같이 구를 몇 개의 부분으로 분해하여도 항상 오일러 표수가 2임을 알 수 있다.

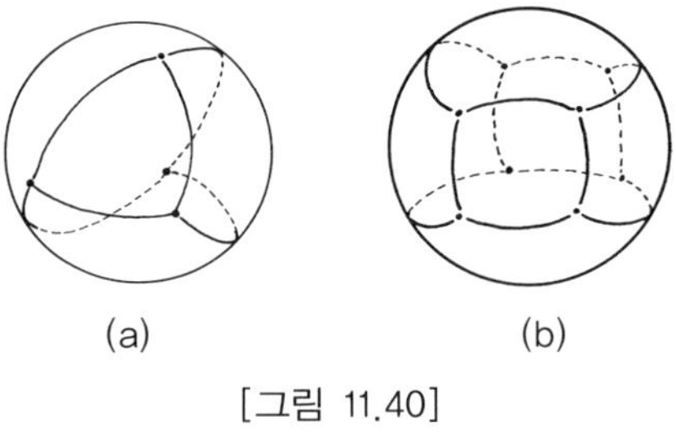

(a) (b)

[그림 11.40]

그러나 도넛 모양의 토러스(torus)의 오일러 표수를 구하여 보면 구와 다른 오일러 표수를 갖는다는 것을 알 수 있다.

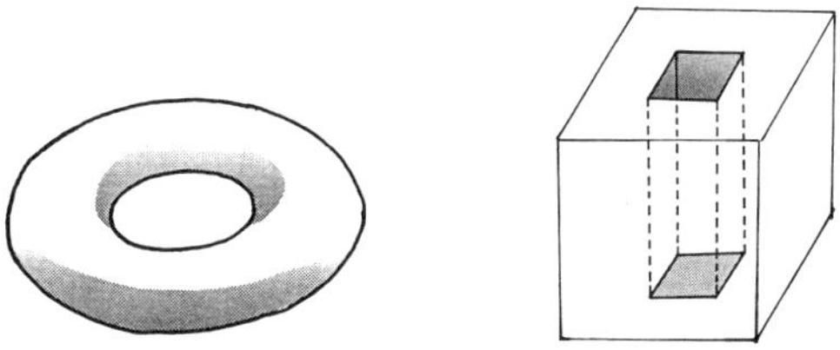

(a) (b)

[그림 11.41]

앞의 2개의 그림은 위상기하학적으로 동형이다. 오른쪽 다면체를 부풀리면 왼쪽 도넛 모양의 토러스가 된다. 이 다면체의 오일러 표수를 구하여 보면 $v=16$, $e=32$, $f=16$이므로 오일러 표수 $\chi=16-32+16=0$이다. 즉, 구의 오일러 표수와 같지 않음을 알 수 있다. 마찬가지로 위와 같은 방법으로 구멍이 2개 뚫린 모양의 입체의 오일러 표수를 계산하면 $\chi=-2$임을 알 수 있다.

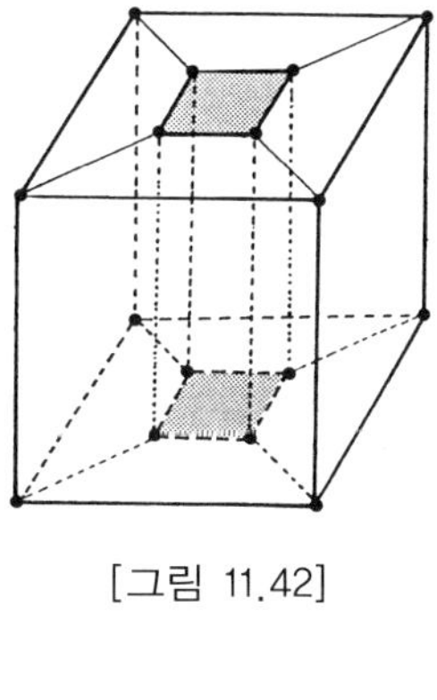

[그림 11.42]

사랑을 위해 결투를 벌인 갈루아

에바리스트 갈루아(Evariste Galois, 1811~32)는 프랑스를 포함하여 유럽이 온통 혼란스럽고, 유혈과 학살로 얼룩져 있을 시기에 태어났다. 실제로 그는 행동이 매우 느려서 학교에서 열다섯 살에 낙제를 하였다. 다음해에 그는 필수과정은 아니지만 수학을 선택하여 공부하기로 하고 기하학 반에 들어갔다. 그것이 수학에 대한 첫 입문이었는데 기하학은 갈루아의 마음을 사로잡았다. 그는 2년 과정인 기하학을 이틀 내에 독파했고, 공리와 정리의 아름답고 합리적인 구조에 매혹되었다. 갈루아는 좀더 공부하기 위하여 르장드르, 코시, 라그랑주 같은 대가들의 업적에 관심을 가졌다. 갈루아는 몇 년을 원숙한 수학자들의 업적을 읽고 모두 이해하고 소화했다.

그러나 1830년 혁명에 가담하여 사범학교에서 퇴학당하고 그 후 정부에 항거하는 운동에 참가했다가 투옥되었는데, 가석방 기간 중 결투로 죽었다. 사망 당시 고작 스무 살이었는데, 그가 죽기 전에 유서로 남긴 기록은 40년 뒤에 현대대수학의 한 획을 긋는 중요한 이론으로 발표되었다.

제 1 2 장

놀이와 게임이론

우리들은 여러 가지 게임을 즐기고 있다. 게임 속에 간단하거나 복잡한 수학 이론이 들어 있든 그렇지 않든 사회적으로 필요한 상호작용에 대하여 합리적인 사고력을 키워주고 절제된 경쟁에 대한 기회를 제공하여 지루하고 판에 박힌 일상생활에 활력을 불어 넣어주는 계기가 되기도 하기 때문에 우리들은 건전하고 바람직한 게임을 즐기며 이러한 게임은 두뇌활동과 사고력 증진에 도움을 준다.

12.1 우리나라 전통 놀이

말판놀이의 하나인 "고누"라는 놀이는 아주 오래 전부터 전해져 내려오는 전통놀이 중 하나이다. 고누놀이는 옛날부터 서민층에 널리 보급되어 전국적으로 즐겨왔던 놀이로 여름철에 커다란 나무 밑에서 더위를 피해 쉬면서 간단하고 재미있게 휴식을 취하고 여가를 즐기는 놀이의 하나로 전승되어 왔다(김홍도의 풍속도에서도 자주 나타남).

고누놀이는 놀이방법이 단순하고 소박하여 때와 장소를 가리지 않고 남녀노소 누구나 쉽게 익혀 즐길 수 있는데 장기나 바둑보다는 단순하나 그래도 머리를 잘 써야 이길 수 있어서 사고력증진과 모든 경우 중 최선의 경우 알아보기 등 두뇌 발달에 좋은 놀이 중 하나이다.

고누는 오랜 세월 동안 전해져 내려오면서 전국적으로 분포해 있어서 고니, 꼬니, 꼰, 꼰질이, 고노 등으로 지방에 따라 다르게 부르기도 하며 같은 놀이판이라도 지방에 따라 놀이 방법이 약간씩 다르기도 하다.

1) 놀이방법

땅이나 종이, 판자에 여러 가지 고누 모형의 말판을 그려 놓고 하는 놀이로 나뭇가지, 작은 돌, 조개껍데기 등을 말로 삼아 양쪽에 두 편으로 나누어 벌여 놓고 일정한 규칙에 따라 상대방의 말을 따내거나 잡아 가두는 방법을 이용하여 승부를 겨루는 놀이이다. 놀이 방법이 쉬워서 남녀노소를 막론하고 즐길 수 있으며 장기나 바둑처럼 수가 낮은 약자부터 말을 쓰며, 상대의 말을 수를 써서 포위하거나 떼어 내거나 움직이지 못하게 하는 것이 일반적인 놀이 방법이다.

고누는 지방마다 명칭과 놀이 방법이 조금씩 다르지만, 말판에 따라 참고누, 밭고누, 우물고누, 호박고누, 사발고누, 불알고누, 곤질고누, 네줄고누, 짤고누, 장수고누, 꽂을고누 등이 있다.

2) 고누의 종류

① 호박고누

호박고누는 구성이 매우 간단하다. 게임 규칙에 따라 자리 바꾸기와 잡아 가두기로 나눌 수 있다. 먼저 자리 바꾸기는 두 사람이 각각 3개의 말을 가지고 두는데, 번갈아 가며 선을 따라 하나씩 자리를 옮겨가면서 상대방의 말이 있던 곳으로 3개가 먼저 들어가서 자리를 차지하는 편이 이기는 놀이이고, 잡아 가두기는 번갈아 말을 한 칸씩 두다가 길이 막혀 한 편이 더 이상 말을 둘 수 없게 되면 지는 놀이이다. 이때 자기 집에서 한 번 나온 말은 다시 돌아 갈 수 없고 남의 집에 들어간 말도 다시 돌아 나올 수 없다. 그러나 이러한 규칙은 지방마다 다를 수 있다.

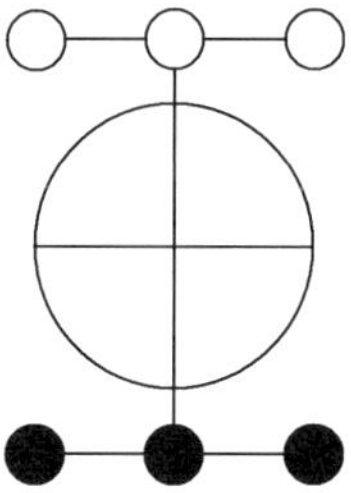

[그림 12.1] 호박고누

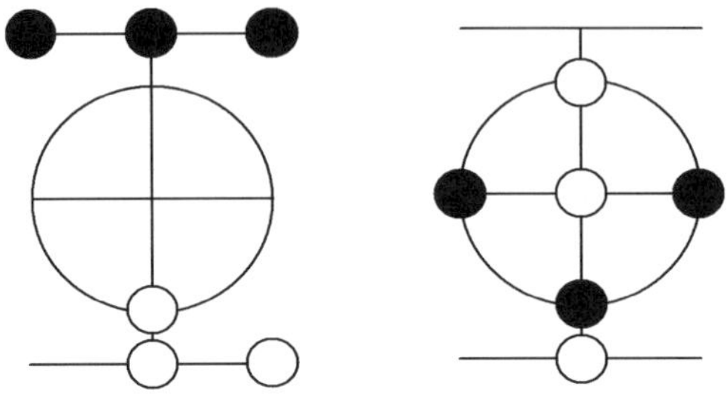

자리 바꾸기 (흑이 이긴 경우)   잡아 가두기 (백이 이긴 경우)

[그림 12.2]

문제 1 호박고누를 둘 때 먼저 두는 사람과 뒤에 두는 사람 중 이길 수 있는 전략을 설명하여라.

② 참고누

참고누는 호박고누와 같이 처음부터 필요한 몇 개의 말을 두어놓고 시작하는 것이 아니라, 말을 하나씩 번갈아 놓아 가면서 놀이를 진행한다.

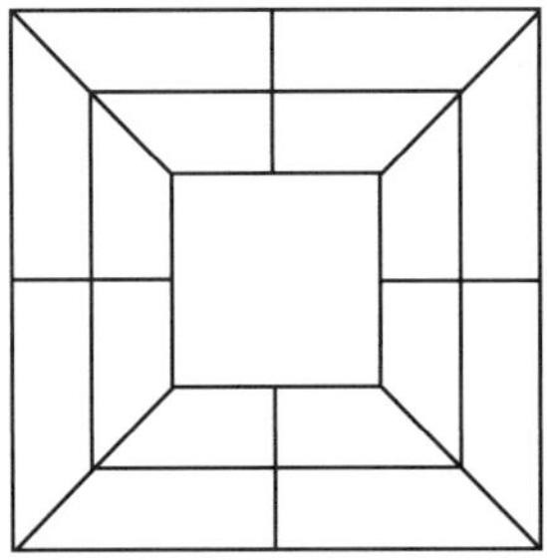

[그림 12.3] 참 고누 말판

말판 위에 두 사람이 번갈아 가며 말 하나씩을 교차점 스물네 곳

중 자신이 원하는 위치에 놓는데 이때 3개의 말이 먼저 일렬로 늘어서게 되면 '곤'이라고 외치며 '곤'이 되면 상대편의 말을 하나씩 잡아내는 것이다. 잡아낼 때는 상대편이 불리하도록 상대편 말 하나를 골라 떼어내고 그 자리를 표시한다. 표시한 자리는 두 사람 모두 말을 놓지 못한다.

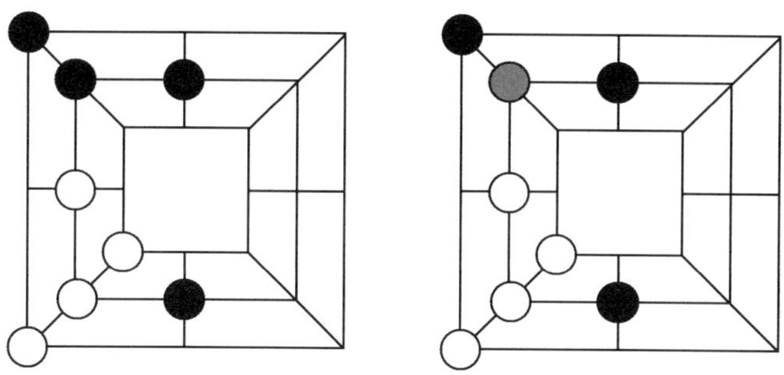

백이 곤이 되는 경우　　　백이 곤이 된 후 흑을 따낸 자리

[그림 12.4]

그러므로 말을 놓을 때는 상대방의 말이 3개가 늘어서지 못하도록 이를 방해해야 하기 때문에 지혜를 짜내야 한다. 이렇게 하여 빈곳이 없도록 말이 모두 놓이게 되면, 다음부터는 이미 따낸 말 자리로 옮겨가면서 3개가 1열이 되도록 하는데, 이럴 때마다 상대방의 말을 하나씩 잡아내어 상대방의 말이 2개가 남으면 이기는 것이다. 말 2개로는 상대방과 겨룰 수 없기 때문이다. 이 고누가 한 판이 끝나려면 약 20여 분 이상이 걸리므로 시간 보내는 데는 매우 좋은 놀이라 하겠다.

문제 2 참고누에서 먼저 두는 사람과 뒤에 두는 사람 중 항상 이길 수 있는 방법이 있으면 설명하여라.

③ 밭고누

밭고누는 세로와 가로로 각각 3개의 줄을 그은 다음, 상대가 서로 3개의 말을 가지고 노는 놀이로 두 사람이 번갈아 가며 말을 한 칸씩 두다가 길이 막혀 한 편이 더 이상 말을 둘 수 없게 되면 지게 되는, 잡아 가두는 놀이이다.

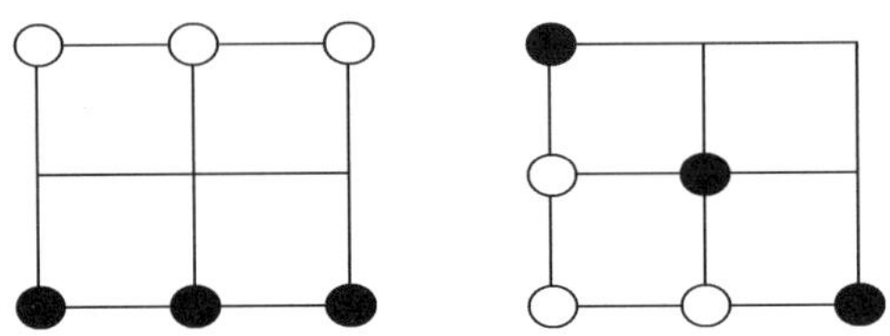

말의 기본 배치　　　흑이 이긴 경우

[그림 12.5]

④ 사방고누

사방고누는 형태가 밭 고누와 비슷한데 대각선으로 선이 한 줄씩 더 그어 있다. 게임 방법은 두 사람이 각자 말 4개씩을 갖고 판의 9개 교차점 위에 번갈아 가며 말을 하나씩을 놓아가다가 두 사람의 말 8개 모두가 판 위에 놓이면 번갈아 가며 빈 지점으로 자기의 말을 한 칸씩 옮겨간다. 말 3개를 나란히 먼저 놓는 사람이 이기는데, 가로, 세로, 대각선 어느 방향이든지 상관없이 3개를 나란히 먼저 이어 놓은 사람이 이기는 놀이이다.

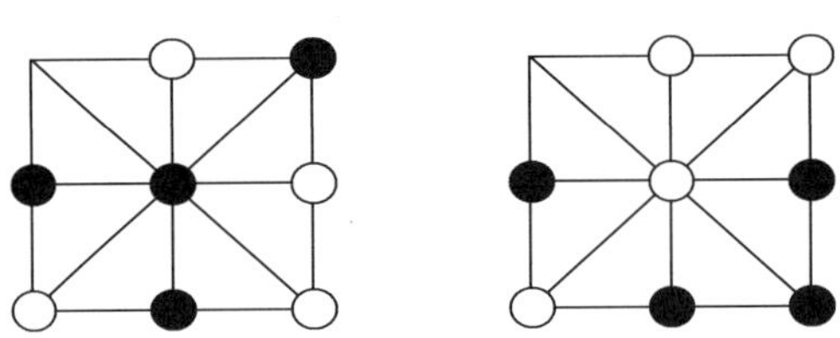

사방 고누　　　백이 이긴 경우

[그림 12.6]

⑤ 줄고누

줄고누는 세로와 가로로 같은 수의 줄을 그은 다음, 상대가 서로 줄의 수와 같은 수의 말을 가지고 노는 놀이로 가로와 세로의 줄의 수에 따라 네 줄일 때는 넉줄고누(사밭고누), 여섯 줄일 때는 육줄고누(육밭고누), 여덟 줄일 때는 팔팔고누(팔밭고누)라고 한다.

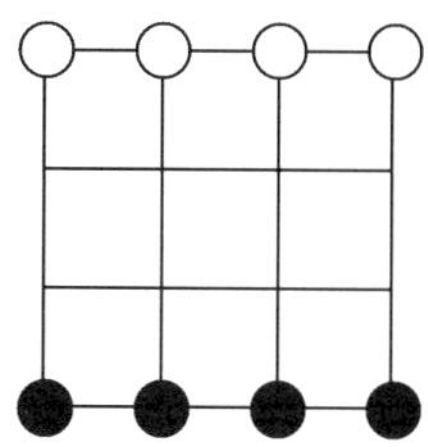

[그림 12.7] 넉줄 고누

넉줄고누는 두 사람이 차례로 번갈아 가며 길을 따라서 한 칸씩 전후좌우로 움직이면서 가로나 세로로 자기 말 2개를 가지고 상대방 말을 포위하여 상대방 말을 따내는 놀이이다(단, 이미 놓여 있는 말 사이로 상대방 말이 들어가는 경우에는 따낼 수 없다). 모퉁이일 경우 움직이지 못하게 길을 막으면 상대방 말을 따낼 수 있지만 자기 말 사이에 상대방 말이 둘 이상 들어간 경우는 상대방 말을 따낼 수 없다. 말 하나로는 상대방 말을 둘러쌀 수 없으므로 말이 하나 남은 사람이 진다.

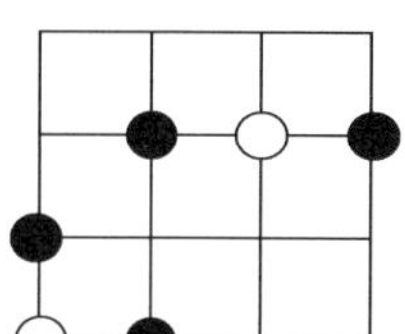

흑이 백을 따내는 경우

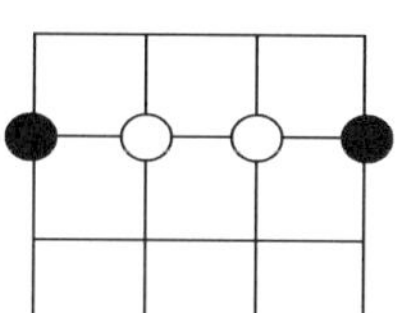

흑이 백을 따내지 못하는 경우

[그림 12.8]

⑥ 물레고누

물레고누는 줄고누와 비슷한데 아래 그림과 같이 각 모퉁이에 겹으로 원형을 그린 것이 첨가된 특이한 형태의 고누이다. 말을 두는 법은 위와 아래에 6개씩 각자의 말을 두고 말을 이동할 때는 한 칸씩 이동하는 것이 아니라 원하는 만큼 상하좌우로 이동할 수 있다. 방법은 줄고누와 같으나, 이동할 때 바깥쪽의 원형 부분을 돌아서 상대방을 따먹기 때문에 물레고누라고 한다.

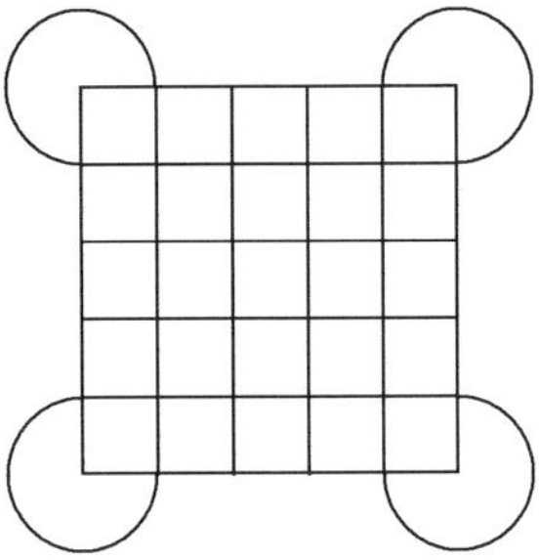

[그림 12.9] 물레고누

귀퉁이의 원형부분이 시작되는 부분에 있는 말은 원형부분을 돌아 이동할 수 있고, 원형부분을 회전한 말은 자기의 말이나 상대방에게 막히지 않는 이상 계속 움직여갈 수 있으며, 원형부분을 회전한 말이 상대방의 말을 따낼 수 있다.

12.2 복권 게임

복권은 동서고금을 막론하고 인간의 속성을 바르게 인도하여 건전한 오락으로 사행심을 적당히 충족시켜주는 합리적인 게임방법으로 예로부터 많은 사람들이 즐겨왔다. 여러 가지의 복권 종류가 있는데 종류에 따라 게임하는 방법도 다르고 당첨금의 내용도 다르다. 여기서는 로또 복권에 관하여 간단한 몇 가지 내용을 소개하여 로또 복권을 올바르게 이해하는데 도움을 주고자 한다.

1) 로또 복권의 당첨 기회, 승산(가능성)과 확률

보통 r/s (s 개의 번호 중 r 개의 번호를 선택하는)복권에서 당첨금을 탈 수 있는 기회란 무엇인가? 이 기회라는 것이 실제로 의미하는 바는 무엇인가? 수학적 용어로는 확률이라고 한다. 예를 들어 주사위를 던질 때 특정한 숫자가 나올 확률은 1/6이고 이것은 여섯 번 시행하면 한번 꼴로 공평하게 나타난다는 것을 의미한다. 일반적으로 어떤 사건 A가 일어날 확률을 P라 하면 $0 \leq P \leq 1$이다. 보통 r/s 복권에서 특정한 등위의 상금을 탈 확률은 다음 세 가지 요소에 달려 있다.

① r과 s
② 상금의 구조(분배 방식)
③ 구입한 복권의 매수

s 개의 번호에서 r 개를 뽑을 수 있는 가능한 모든 경우의 수는 ${}_sC_r$이고 1장의 당첨확률은 $1/{}_sC_r$이다. 우리나라와 같은 6/45로또 복권에서는 가능한 모든 조합된 번호가 ${}_{45}C_6$ 개이다. 그래서 우리나라의 로또 6/45복권에서 복권 한 장을 샀을 때 1등에 당첨될 확률은 1/8,145,060이고 1등 당첨 기회는 8,145,060 중에서 하나이다.

2) 우리나라 로또의 당첨금 및 당첨확률

총 당첨금액은 복권 총판매금액의 50% 이내로 하며 다음과 같은 방법으로 등위를 정하고 당첨금을 지급한다.

등위	당첨기준	당첨확률	당첨금
1등	6개 숫자 일치 (2등 보너스번호 제외)	1/8,145,060	총당첨금액 중 5등 당첨금을 제외한 당첨금의 60%
2등	5개 숫자+2등 보너스 숫자와 일치	1/1,357,510	총당첨금 중 5등 당첨금을 제외한 당첨금의 10%
3등	5개 숫자와 일치	1/35,724	2등과 같음
4등	4개 숫자와 일치 (보너스번호 제외)	1/733	총당첨금 중 5등 당첨금을 제외한 20%
5등	3개 숫자와 일치 (보너스번호 제외)	1/45	5,000원

* 당첨번호는 순서에 상관없이 번호만 맞으면 된다.

다음 표는 $6/s$ 로또에서 s 가 변함에 따라 각 등위의 당첨기회를 적은 표이다. 즉, 나타낸 숫자는 당첨확률의 분수에 해당하므로 숫자가 클수록 당첨될 가능이 적다.

	k					
s	6	5+	5−	5	4	3
54	25,827,165	4,304,528	91,586	89,678	1,526	74.7
51	18,009,460	3,001,577	68,218	66,702	1,213	63.5
49	13,983,816	2,330,636	55,491	54,201	1,032	56.7
48	12,271,512	2,045,252	49,884	48,696	950	53.4
46	9,399,819	1,561,137	40,029	39,028	801	47.4
45	8,145,060	1,357,510	35,724	34,808	733	44.6
44	7,059,052	1,176,509	31,798	30,961	669	41.8
42	5,245,786	874,298	24,980	24,286	555	36.7
40	3,838,380	639,730	19,386	18,816	456	32.1
39	3,262,623	543,771	16,993	16,478	412	29.9
36	1,947,792	324,632	11,194	10,821	299	24.0
33	1,107568	184,595	7,100	6,837	210	18.9

(a) $6/s$ 복권에서 k 개를 대응시켰을 때의 당첨 기회

	k							
s	6	5+	5−	5	4	3+	3−	3
54	494,300	82,383	1,753	1,716	29.2	22.9	1.5	1.4
51	344,679	57,446	1,306	1,277	23.2	18.2	1.3	1.2
49	267,633	44,606	1,062	1,037	19.8	15.5	1.2	1.1
48	234,862	39,144	955	932	18.2	14.3	1.1	1.0
46	179,269	29,878	766	747	15.3	12.1	1.0	0.9
45	155,886	25,981	684	666	14.0	11.1	0.9	0.9
44	135,102	22,517	609	593	12.8	10.1	0.9	0.8
42	100,398	16,733	478	465	10.6	8.4	0.8	0.7
40	73,462	12,244	371	360	8.7	7.0	0.7	0.6
39	62,443	10,407	325	315	7.9	6.3	0.6	0.6
36	37,278	6,213	214	207	5.7	4.6	0.5	0.5
33	21,198	3,533	136	131	4.0	3.3	0.4	0.4

(b) $6/s$ 복권에서 승수 k 개의 당첨 번호를 맞추는데 기다려야 하는 평균 연수

[표 12.1]

+는 보너스 숫자를 갖는다는 것을 의미하고 −는 보너스 숫자를 갖지 않는 것을 의미한다. 보너스번호를 갖는 경우 보너스번호를 당연히 포함하여 5개의 번호를 맞추면 2등이고 포함하지 않고 5개의 숫자를 맞추면 3등으로 하는 것이 보통이다.

3) 복권을 사서 당첨되는데 몇 년이나 걸릴까?

복권을 사서 당첨되는 확률을 전망하는 것은 각 등위에 당첨되는데 몇 년(수학적 계산)이나 걸릴 것인가를 깨닫는 것이다. 다음 표는 매주 복권을 1회 발매하고 1회당 1매씩 복권을 샀을 경우로 가정하고 평균적으로 계산해 놓은 것이다. 즉, 우리나라의 lotto 6/45의 경우 한 주당 한 장(1000원)씩 구입하면 1등에 당첨되기 위하여 155,886년을 기다려야 한다는 것이다. 6등(3개 맞추는 것)의 경우도 0.9년(대략 11개월)이 걸린다. 5장(5,000원)씩 매주 구입한다면 0.09년(대략 1개월)

이 걸린다.

4) 번호를 잘 선택하여 조합하면 당첨확률을 높일 수 있는가?

어떤 경우에도 당첨 가능성을 높일 수는 없다. 만약에 복권에 대한 당첨확률(승률) 등을 계산해 본다면 우리는 환상에서 깨어날지도 모른다. 아무리 많은 여러 가지 정보를 알고 있을지라도 복권의 당첨 번호가 임의로 선택되기 때문에 어떤 방법(즉, 지난번 당첨 번호를 도표로 만들어 보는 등)으로 번호를 선택하여도 아무런 효과가 없을 것이다. 그러나 사람들이 즐겨 선택하는 몇 가지 행태가 있다.

- 당첨 번호 조합에 나타난 빈도수가 높은 번호를 선택하는 패턴(frequency-hit)
  유사 이래 복권 추첨시 특정 번호가 얼마나 자주 나타났는가를 참고하여 번호를 선택하기를 좋아한다.

- 최근에 당첨된 번호 조합을 참고하는 방법
  최근에 당첨된 번호들을 참고하여 적당한 간격으로 건너뛰어 번호를 선택하는 패턴(skip-and-hit)

- 복권의 역사에서 출몰하는 수열에 대한 정보를 참고하는 방법

- 반복되는 2쌍의 번호를 선택하는 패턴(repeating-pairs)
  당첨 번호에서 나타난 한 쌍의 번호들의 짝으로 표현하는 방법

- 반복되는 3쌍의 번호를 선택하는 패턴
  당첨 번호로써 세 짝의 번호들이 나타내는 정보를 가지고 결정하는 방법

그러나 과거의 당첨 번호들을 참고하여 돈을 벌기 위하여 만약에

위와 같은 하나의 패턴으로 복권 번호를 선택하는데 사용하고자 한다면 이것은 쓸모가 없을 뿐만 아니라 오히려 위험하기조차 하다(왜냐하면 다른 모든 사람들도 같은 생각을 가질 수 있기 때문에 만약에 당첨되었을 경우 여럿이 당첨금을 나눠 가져야 하기 때문이다). 복권 추첨 기구는 지난 당첨 번호들을 전혀 고려하지 않기 때문에 과거에 일어난 일들이 미래의 추첨에 아무런 상관이 없다는 것을 명심해야 한다. 그러므로 과거의 추첨을 관심 있게 분석하고 검토해 봐야 당첨에는 별 도움이 되지 않는다.

문제 1 1등에 당첨되기 위하여 모든 번호 조합을 모두 사는 것이 적합한가?

풀이

아주 드문(거의 불가능) 특별한 경우를 제외하고는 "아니다"이다. 또 6/49의 추첨에 대한 세밀한 분석을 한 짐바*(1986, p.57)의 이론에 의하면 이런 결론을 내리게 된다. 일반적으로 적어도, "상금의 총액을 사기" 위하여 돈을 쓰지는 말아야 한다.*

문제 2 같은 번호들을 고수하는 것이 좋은가 아니면 이 번호 저 번호 돌아가면서 선택하는 것이 좋은가?

풀이

여러 종류의 등위에 당첨될 기회에 아무런 차이가 생기지 않는다. 왜냐하면 과거의 추첨 결과가 미래의 당첨 번호 조합에 어떤 영향도 미치지 않는다. 그러나 만약에 당신이 복권에 당첨되었다면 더 많이 배당받을 수 있는 전망은 다소간 어리석은 번호 조합의 선택을 배제

* 《Lotto 가이드 북》 저자

하여야 한다는 것이다. 선호하는 번호조합으로 게임하는 것을 고수하든지 이 번호 저 번호 돌아가면서 게임을 하든지 상관없다. 그러나 항상 지혜로운 게임 형태에 의하여 번호 조합을 선택하여야 한다는 것을 명심하자.

12.3 게임이론의 수학적 응용

게임이론은 O.R.의 중요한 분야이다. 수학적인 게임이론은 처음에는 대립상황에 대한 모델로서 발전되었다. 그것은 수학자 폰노이만과 경제학자 오스카 모르겐슈타인이 쓴 책 《경제행위와 게임이론(Theory of Games and Economic Behavior)》에서 경제학의 이론적 연구에 응용되었으며 1940년대 초부터 폭넓게 인식되었다. 그 이후로 게임이론은 당연히 협동적인 상호작용들을 포함하기 위하여 그 범위가 확대되었고 사회과학의 많은 이론적인 측면에도 이용되었다. 반면에 비판론자들은 이 이론이 실제적인 상황에 관하여 어떤 가치 있는 정보를 제공해 줄 수 있는가 하는 의문점을 아직도 제기하고 있지만, 그것은 경제학, 정치학, 과학, 심리학과 같은 분야를 공부하는데 많은 기본 연구를 자극하고 있다. 이 절에서는 여러 가지 게임이론 중에서 우선 가장 기본적인 제로섬 게임에 대한 몇 가지 내용만을 소개할 것이다.

제로섬 게임(영화 게임)

대립의 상황들, 또는 상호작용의 어떤 다른 종류들을 게임이라 정의하고 그것에 참가하는 사람들을 경기자라 부를 것이다. 여기서 우리는 단지 두 명의 경기자만 있는 상황으로 제한하고 두 경기자를 '갑'과 '을'이라 부르기로 한다. 대립의 존재는 일반적으로 각 경기자가 그들의 상황을 개선시키려는 바람(이득의 의미)과, 약간의 획득의 수단에 따르는데, 불행하게도 이것은 모든 자원들이 제한된 상황에서 비롯된다. 각 경기자는 가능한 많은 것을 얻으려고 노력하고, 한 경기자가 얻으면 그 상대 경기자는 잃은 것으로 간주한다. 다음 논의의 대부분은 경기자들이 그들의 동작을 동시에, 그리고 서로 독립적으로 시행하는 상황으로 제한한다. 앞으로 공부하는데 몇 가지 모호성을 인정하기 때문에 먼저 많은 복잡한 문제들을 가지고 비공식적으로 설명한다.

1) 동전 맞추기 게임(Penny-Matching)

갑과 을이 각각 동전을 하나씩 가지고 있고 그들은 동시에 각자 동전을 내놓고 앞면 또는 뒷면을 확인시킨다. 이때 동전이 둘 다 앞면 또는 뒷면이면 갑이 동전들을 갖고, 그렇지 않으면 을이 동전들을 갖는다.

이 게임은 어느 경기자에게도 유리하지 않고 공평하다. 그리고 이 게임을 단지 한 번만 시행하면 어떤 경기자도 상황을 자기에게 유리하게 향상시킬 방법이나 전략을 갖지 못할 뿐만 아니라 역시 불리하게 만드는 어리석은 방법도 없다.

그런데 게임을 여러 번 시행하게 되면 상황은 변한다. 게임이 대칭적으로 되풀이되는 동안은, 상대방에게 유리하도록 자기 비밀을 누설시키는 경기자는 없겠지만 게임을 어리석게 경기할 가능성은 있다. 이러한 예는 갑이 계속하여 자기의 동전을 앞면만 보여주게 되면 을은 확실하게 상대의 작전을 알아채고 매번 뒷면만을 보일 것이다. 즉, 비밀이 누설되었다. 따라서 어떤 경기자도 예측이 가능한 결정을 해서는 안 되고 또 한 경기자가 그가 선호하는 선택만으로 경기를 하여서도 안 된다는 것은 상식적인 문제이다. 다시 말해 게임이 여러 번 반복되면 각 경기자는 그의 선택에 대한 빈도수를 1/2로 해야 하며 예측할 수 없는 결정을 내려야 한다. 경기자가 할 수 있는 한 가지 방법으로 어떤 면을 보여줄 것인가를 의식적으로 결정하기보다는 동전을 던져서 결정하는 방법도 있다. 여러 가지 복잡한 내용들을 분석하여 일목요연하게 나타내보면, 이 게임은 다음과 같은 표로 요약할 수 있다.

		을	
		앞면	뒷면
갑	앞면	1	−1
	뒷면	−1	1

표에 나타난 1은 갑이 1원을 따는 것을 나타내고, −1은 갑이 1원을 잃은 것을 표시한다. 갑이 따면 을은 잃을 것이고, 반대로 을이 따면 갑이 잃을 것이므로 이 표는 게임을 한 차례 치른 여러 성과들을 완전하게 나타낸다. 이와 같이 갑이 딴 만큼 을이 잃고, 마찬가지로 을이 따면 그만큼 갑이 잃게 되는 게임을 제로섬(영화) 게임이라 한다.

2) 바위-가위-보 게임(Rock-Scissors-Papers)

갑과 을이 서로 마주보고 바위, 가위, 보 중 한 가지로 그들의 손을 동시에 내민다. 승자는 상대에게서 1원을 받고 비긴 경우에는 돈을 주고받지 않는다.

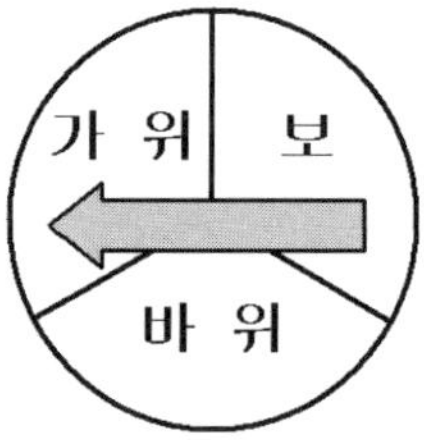

[그림 12.10] 무작위 뽑기 회전판

이 게임은 동전 맞추기 게임과 매우 유사한 특징을 지니고 있다. 단 한 번의 경기를 위해서는 유리한 결정도 불리한 결정도 없다. 그러나 게임을 여러 번 되풀이하면 세 가지 중에서 하나만을 선호하여 선택하는 경기자는 자기 스스로 불리한 입장에 처하게 될 것이다. 각 경기자의 최선의 전략은 상대방에게 가능한 한 자기의 결정에 대한 정보를 제공하여 주지 않을 정도인 1/3씩의 빈도로 여러 가지를 선택하여 경기를 하는 것이다. 예를 들어, [그림 12.10]과 같은 돌림판을 돌려서 그 결과에 따라서 각각의 결정을 하는데 이용할 수도 있다.

바위-가위-보 게임을 다음 표와 같이 나타낼 수 있다.

		을		
		바위	가위	보
갑	바위	0	1	−1
	가위	−1	0	1
	보	1	−1	0

앞에서와 같이 1은 갑이 따는 것을 의미하고 반면에 −1은 을이 따는 것을 의미한다.

다음 게임은 이탈리아에서 세 손가락을 사용하여 하는 경기인데 여기서는 두 손가락만을 사용하는 것으로 단순화시킨다.

3) 두 손가락 모라 게임(Morra)

각 경기에서 갑과 을이 동시에 그들의 손가락을 하나 또는 둘을 펼치면서 숫자를 부른다. 펼친 손가락 수의 합계와 같게 말한 경기자가 상대로부터 펼친 손가락 수만큼의 동전을 딴다. 두 경기자 중 어느 한 사람도 합계를 맞추지 못하면 무승부가 된다.

경기자가 펼친 손가락 수의 합계를 맞출 가능성이 없는 숫자를 말하는 것은 분명히 어리석은 일이다. 따라서 한 손가락만을 펴보이는 경기자는 2 또는 3을 부를 것이고, 반면에 두 손가락을 펼친 경기자는 3 또는 4만을 부를 것이다. 결과적으로, 두 경기자는 실질적으로 4가지 선택권만을 갖게 되고 그 게임의 가능한 결과는 다음 표와 같이 요약할 수 있다.

갑 \ 을	(1,2)	(1,3)	(2,3)	(2,4)
(1,2)	0	2	−3	0
(1,3)	−2	0	0	3
(2,3)	3	0	0	−4
(2,4)	0	−3	4	0

여기서 선택 (i, j)는 i 는 펼친 손가락 개수이고 j 는 부르는 숫자이다.

이 게임도, 앞의 게임과 같이 대칭적이다. 어느 경기자에게도 유리하지 않고 공평하다. 그러므로 이 게임을 여러 번 실행할 때 각 경기자는 그의 결정을 각각 1/4의 빈도로 무작위로 경기를 하도록 유혹받는다. 그러나 이것은 어리석은 전략으로 판명된다. 만약 갑이 이런 방법을 계속 쓰면 을은 일관성 있게 계속 (1, 3)의 선택을 하게 되고 결국, 유리한 결과를 얻을 수 있다. 이런 경우에 매 경기당 기대할 수 있는 기대성과는 확률의 법칙에 의하여 다음과 같이 계산할 수 있다.

$$\frac{1}{4}\times 2+\frac{1}{4}\times 0+\frac{1}{4}\times 0+\frac{1}{4}\times(-3)=-\frac{1}{4}$$

다시 말해, 만약 갑이 각각 1/4의 빈도로 모든 선택을 하고 을이 일관되게 (1, 3)을 선택하면, 을은 매 경기당 평균 1/4원을 얻게 될 것으로 기대할 수 있다. 따라서 이 게임은 앞의 두 게임과는 완전히 다르다. 게임의 대칭성은 각 경기자가 결국 다소의 성과를 기대할 수 있게 해주는 장기간의 전략을 추구할 수 있어야 한다는 것을 분명하게 말해주지만 지금 이런 전략이 무엇인지는 알 수 없다.

만약 갑이 네 가지 선택들을 각각 1/4의 빈도로 무작위화한다면 을은 계속 (1, 3)을 선택함으로써 결국 유리함을 보장받을 수 있게 된다는 것을 주목해야 한다. 그러나 또 을이 그러한 선택을 계속 하게 되면 갑은 그의 성향을 알게 되어 아마도 계속하여 (1, 2)의 선택으로 대응하여 매 경기마다 2만큼의 승리를 보장받을 수 있을 것이다. 그러면 을은 각 경기에서 3만큼 얻기 위하여 (2, 3)으로 선택하여 대응을 할 것이다. 그렇게 하면, 갑은 또다시 4만큼 얻기 위하여 (2, 4)로 선택을 바꿀 것이다. 또다시 을은 (1, 3)으로 선택을 바꾸게 되어 완전한 순환이 될 것이다. 합리적인 게임이론은 이와 같이 '논리적인 순환'을 피하는 안정된 전략이어야 한다.

4) 폭격기 출격 게임(Bombing Sorties)

갑과 을은 서로 적대관계에 있는 두 부대의 지휘관이다. 매일 갑은 중무장한 폭격기와 지원 경비행기로 구성된 폭격부대를 출격시켜 공격한다. 출격 임무는 을의 부대에 폭탄을 투하하는 것이다. 그런데 을의 부대는 공격에 방어하기 위하여 자기 부대의 전투기를 매복시켜 그들을 기다리고 있다가 공격 부대의 비행기를 공격할 것이다. 갑의 폭격기가 이러한 공격을 피할 가능성은 80%이고, 공격을 피하게 되면 목표물에 정확하게(100%) 폭탄을 투하시킬 수 있다. 갑은 또 지원 경비행기에 폭탄을 탑재할 수도 있으므로, 지원비행기에 폭탄을 탑재한 경우 이 비행기는 경무장되어 있고 적절한 장비 부족으로 을의 전투기에 의해 공격을 받으면 50%, 받지 않으면 90%의 확률로 목표물에 폭탄을 투하할 수 있다.

이 내용들을 아래 표로 요약할 수 있는데 표에서 나타낸 수치는 폭탄을 목표물에 명중시킬 수 있는 확률을 나타낸다.

		전투기 공격	
		폭격기	지원기
폭탄 탑재	폭격기	80%	100%
	지원기	90%	50%

갑이 폭탄을 계속하여 폭격기에 탑재하면 그의 임무성공률은 적어도 80%를 기대할 수 있다. 아마 십중팔구 폭격 장면에서 을의 정찰자는 이러한 경향을 보고할 것이고 그는 그의 전투기 조종사에게 항상 폭격기만을 공격하도록 명령을 내릴 것이고, 그렇게 되면 갑의 성공율은 80% 이하로 더 떨어질 수도 있다. 그러나 포커 게임에 경험 있는 갑은 때때로 폭탄을 지원기에 탑재하는 속임수를 쓰는 결정을 내린다. 그가 1/4 = 0.25의 확률로 그와 같은 작전을 시행한다고 해 보자. 그러면 을은 어느 정도 비율로 지원비행기를 공격할 것인가를 결정해야 한다.

을이 절반을 지원비행기를 공격함으로써 갑의 속임수에 대응하기로 결정했다고 가정해보자. 이 상황을 [표 12.2]와 같이 요약할 수 있다.

			공격 빈도수	
			0.50	0.50
			폭격기	지원기
폭탄 탑재 빈도수	0.75	폭격기	80%	100%
	0.25	지원기	90%	50%

복합된 사건	사건의 확률	출격의 성공 가능성
폭격기에 폭탄을 탑재하고 전투기가 폭격기를 공격	0.75 × 0.50 = 0.375	80%
폭격기에 폭탄을 탑재하고 전투기가 지원비행기를 공격	0.75 × 0.50 = 0.375	100%
지원비행기에 폭탄을 탑재하고 전투기가 폭격기를 공격	0.25 × 0.50 = 0.125	90%
지원비행기에 폭탄을 탑재하고 전투기가 지원비행기를 공격	0.25 × 0.50 = 0.125	50%

[표 12.2] 폭격기 출격 게임

따라서 이러한 상황에서 1/4의 빈도로 폭탄을 지원비행기에 장착하고 이 비행기가 매번 1/2의 비율로 을의 부대 전투기 공격을 받는다면 [표 12.2]에 기초하여 임무 성공률을 다음과 같이 계산할 수 있다.

$$\begin{aligned} & 0.375\times 80\% + 0.375\times 100\% + 0.125\times 90\% + 0.125\times 50\% \\ & = 30\% + 37.5\% + 11.25\% + 6.25\% \\ & = 85\% \end{aligned}$$

갑의 속임수에 대한 을의 이러한 대응은 목표물에 폭탄을 명중시키는 성공률을 85% 기대할 수 있는 상황을 만드는 것이다. [표 11.2]를 보면 폭탄을 계속해서 폭격기에만 탑재할 때 성공률이 단지 80%였으므로 갑의 속임수는 성과가 있는 것처럼 보인다. 그러나 을이 그의 대응 전략을 바꿔 지원비행기에 대한 공격 빈도를 1/5로 줄이기로 결정하면 출격 부대의 폭탄 투하 성공률은 다음과 같다.

$$
\begin{aligned}
&0.60\times 80\% + 0.15\times 100\% + 0.20\times 90\% + 0.05\times 50\% \\
&= 48\% + 15\% + 18\% + 2.5\% \\
&= 83.5\%
\end{aligned}
$$

따라서 지원비행기에 대한 공격 빈도를 줄임으로써 을은 출격 부대의 작전 성공률을 83.5%로 떨어뜨린다. 을의 입장에서 보면 이것은 위에서 산출한 85%보다 향상된 것이다. 그렇다면 지원비행기에 대한 공격 빈도를 줄임으로써 더 큰 향상을 얻어낼 수 있을까? 지원비행기에 대한 공격을 전혀 하지 않는다고 가정해 보자. 위에서와 같은 방법으로 계산하면 성공률이 82.5%임을 알 수 있다. 이것은 갑이 매번 1/4의 비율로 기만전술을 쓸 때 을은 지원비행기를 무시하고 완전히 폭격기만을 공격하도록 명령함을 가리키는 것이다. 더군다나 이 계산은 이 전략이 갑으로 하여금 폭격기의 80% 폭탄 투하 성공률을 2.5% 향상시킬 수 있게 해줌을 시사한다. 을에게 위의 82.5%보다 더 향상시킬 수 있는 전략이 있겠는가? 갑이 얻을 수 있는 가장 좋은 개선책은 무엇인가? 갑의 어느 특별한 전략에 대한 을의 최선의 대응 전략은 무엇인가? 을은 갑의 결정과 무관하게 최선의 전략을 가질 수 있는가?

다음은 대부분의 게임에서 구체적인 세부사항을 무시하고 단위를 없앤 숫자들의 정렬로 일반화시켜서 간단히 다룰 것이다. 그러므로 대부분의 일반적인 2×2 제로섬 게임은

a	b
c	d

의 모형을 갖는데 이 모형의 a, b, c, d는 임의의 숫자들이다.

모든 2×2 제로섬 게임은 2명의 경기자가 있고 게임에서 전략과 수학적 유사성은 선택사항 중 하나를 결정하는 것과 행렬의 어느 한 행이나 열 중 하나를 선택하는 것과 같다. 특별히 갑은 행렬의 어느 한 행을 선택함으로써 선택사항을 결정한다. 반면 을은 한 열을 명확히 선택함으로써 자기의 결정을 내린다. 그러므로 폭격기 출격 게임에서 갑이 폭격기에 폭탄을 탑재하고 을이 지원기를 공격하는 것과 행렬에서 갑이 첫 번째 행을 선택하고 을이 두 번째 열을 선택하는 것은 같다.

80%	100%
90%	50%

그 게임에 대한 경기는 동시에 독립적으로 이루어진 2개의 선택 사항의 짝으로 구성한다. 선택된 행과 열은 경기의 성과를 결정하는데 기대성과는 2개의 선택사항을 포함하는 행과 열이 교차하는 행렬의 성분을 기재한 것이다. 그러므로 보기에서 보여준 경기의 기대성과는 100%이다. 다른 한편으로, 갑이 두 번째 행을 선택하고 을이 두 번째 열을 선택하면 기대성과는 50%가 될 것이다. 물론 이 기대성과는 경기에서 갑의 승리(을의 패배)를 나타내고 갑은 보통 그 값을 극대화시키기를 원하는 반면에 을은 이 기대성과를 극소화시키려는 욕망에 따르게 될 것이다.

달리 말해서 경기자의 전략은 이용 가능한 선택사항의 빈도를 결정하는 것이다. 좀더 공식적으로, 하나의 전략은 다음을 만족하는 한 쌍의 숫자 $[a, b]$이다.

$$0 \leq a \leq 1, \quad 0 \leq b \leq 1, \quad a+b=1$$

a는 첫 행(또는 열)을 선택한 빈도수를 나타내고 b는 두 번째 행(또는 열)을 선택한 빈도수를 의미한다. 그러므로 지원비행기에 1/4의 비율로 폭탄을 탑재하기로 한 갑의 결정은 [0.75, 0.25] 짝으로 표시하고 두 비행기를 똑같은 횟수로 공격하기로 한 을의 전략은 [0.5, 0.5]로 표시한다. 일반적으로 전략을 논할 때, 갑의 전략은 $[1-p, p]$로 표시하고, 을의 전략을 $[1-q, q]$로 표시하는 것이 편리하다.

지금부터

"모든 경기자들은 하나의 전략을 사용한다."

고 가정하면 이 기대성과는 2×2 게임에 대하여 비슷한 방법으로 정의할 수도 있고 계산할 수도 있다. 그러므로 일반적인 2×2 제로섬 게임

	$1-q$	q
$1-p$	a	b
p	c	d

(1)

에 대하여 주어진 전략 $[1-p, p]$와 $[1-q, q]$에 대하여 갑이 기대성과 a를 얻을 가능성은 그가 첫 번째 행을 선택하고 을이 첫 번째 열을 선택할 경우의 확률이다. 이러한 선택은 독립적으로 이뤄지기 때문에 다음과 같이 결론을 내릴 수 있다.

갑이 기대성과 a를 얻을 확률은 $(1-p)\times(1-q)$

마찬가지로,

갑이 기대성과 b를 얻을 확률은 $(1-p)\times q$

갑이 기대성과 c를 얻을 확률은 $p\times(1-q)$

갑이 기대성과 d를 얻을 확률은 $p\times q$

이 4개의 사건은 상호 배타적이고 그들은 모든 가능성을 다 열거하고 있기 때문에, 갑의 예상기대성과는 다음과 같다.

$$(1-p)\times(1-q)\times a+(1-p)\times q\times b+p\times(1-q)\times c+p\times q\times d$$

위의 표 (1)과 같이 경기자의 전략들을 게임행렬에 붙여서 보조도표라 부른다. 보조도표들은 예상기대성과를 쉽게 계산할 수 있고 시각적으로도 편리하기 때문에 다음에도 계속 반복해서 사용할 것이다.

예제 1 폭격기 출격 게임에서 갑의 전략 [0.3, 0.7]과 을의 전략 [0.6, 0.4]이 다음과 같은 보조도표를 만든다.

	0.6	0.4
0.3	80%	100%
0.7	90%	50%

이 도표로부터 얻는 기대성과는

$$0.3\times0.6\times80\%+0.3\times0.4\times100\%+0.7\times0.6\times90\%+0.7\times0.4\times50\%$$
$$=14.4\%+12\%+37.8\%+14\%=78.2\%$$

이다.

다시 말해, 경기자가 위에 열거한 전략을 사용할 때 갑의 임무 성공률은 78.2%를 기대할 수 있다.

예제 2 추상적인 2×2 제로섬 게임에서 갑의 전략 [0.2, 0.8]과 을의 전략 [0.3, 0.7]에 대한 기대성과를 계산하여라.

5	0
−1	2

이 상황에서 보조도표는

	0.3	0.7
0.2	5	0
0.8	−1	2

이다. 그리고 이때 기대성과는 역시

$$0.2\times0.3\times5+0.2\times0.7\times0+0.8\times0.3\times(-1)+0.8\times0.7\times2$$
$$=0.3+0-0.24+1.12=1.18$$

이다.

다시 말해 경기자가 주어진(반복되는) 게임의 상황 내에서 주어진 전략을 사용할 때 갑은 게임당 평균 1.18만큼 얻을 것으로 기대할 수 있다. 물론 이 제로섬 게임에서 을은 게임당 같은 양만큼의 손해를 예상해야 한다.

0	1	−1
−1	0	1
1	−1	0

(a) 3×3 제로섬 게임 (바위-가위-보)

0	2	−3	0
−2	0	0	3
3	0	0	−4
0	−3	4	0

(b) 4×4 제로섬 게임 (두 손가락 모라)

2	−1	−5	3
0	−2	3	−3
1	0	1	−2

(c) 추상적인 3×4 제로섬 게임

[그림 12.11] 여러 가지 $m\times n$ 제로섬 게임의 예

이제 한 경기자 또는 두 경기자 모두 2개 이상의 선택사항을 갖는 게임들에 대하여 공식적인 정의를 해보자. 만약 m, n이 두 정수라면 $m \times n$ 제로섬 게임은 m개의 행과 n개의 열을 갖는 mn개(칸)의 직사각형 정렬이다.

매 경기마다 갑은 표의 한 행을 선택하고 을은 표의 한 열을 선택한다고 다시 가정한다. 이렇게 선택한 행과 열은 그 경기의 성과를 나타내는데 갑이 선택한 행과 을이 선택한 열의 교점에 해당하는 값이 대응하는 기대성과이다.

그러므로 [그림 12.11]의 추상게임에서 만약 갑이 두 번째 행을 선택하고 을이 네 번째 열을 선택한다면 기대성과는 -3이 되어 갑이 3만큼 잃게 된다. 대칭적인 바위-가위-보 게임에서 전략을 [06, 0.3, 0.1]로 한 경기자가 결정하면, 이 결정은 바위를 낼 비율이 60%, 가위를 낼 비율이 30%, 보를 낼 비율이 10%임을 의미한다. 순수전략이란 특정한 어느 한 행이나 열만을 독점적으로 선택하는 것을 말한다.

폭격기 출격 게임에서 각 경기자는 2개의 순수전략을 가진다. [1, 0]은 첫 번째 행이나 첫 번째 열을 독점적으로 선택하는 것이고 [0, 1]은 두 번째 행이나 두 번째 열만의 배타적 선택을 요구한다. 위의 추상게임에서 갑은 3개의 순수전략 [1, 0, 0], [0, 1, 0], [0, 0, 1]을 가진다. 같은 게임에서 을은 4개의 순수전략 [1, 0, 0, 0], [0, 1, 0, 0], [0, 0, 1, 0], [0, 0, 0, 1]을 갖는다. 순수전략이 아닌 전략을 혼합전략이라고 부른다. 즉, 전략 [0.3, 0.7]은 혼합전략이고 $[1-p, p]$는 나중에 비록 p가 0이거나 1일 때 순수전략으로 판명될지라도 혼합전략들이다.

문제 3 바위–가위–보 게임에서 갑이 전략 [0.2, 0.3, 0.5]를 을이 전략[0.1, 0.7, 0.2]를 사용할 때, 예상기대성과를 계산하여라.

보조도표는

	0.1	0.7	0.2
0.2	0	1	−1
0.3	−1	0	1
0.5	1	−1	0

이고 대응하는 합은

$$0.2\times0.1\times0+0.2\times0.7\times1+0.2\times0.2\times(-1)+0.3\times0.1\times(-1)$$
$$+0.3\times0.7\times0+0.3\times0.2\times1+0.5\times0.1\times1+0.5\times0.7\times(-1)$$
$$+0.5\times0.2\times0=-0.17$$

이다.

달리 표현하면, 이런 상황에서는 갑은 게임당 평균적으로 0.17원씩 잃을 것으로 예상된다.

문제 4 위의 추상게임에서 갑과 을이 각각 전략 [0.3, 0, 0.7]과 [0.1, 0.2, 0.3, 0.4]를 사용할 때 예상기대성과를 계산하여라.

보조도표

	0.1	0.2	0.3	0.4
0.3	2	−1	−5	3
0	0	−2	3	−3
0.7	1	0	1	−2

를 이용하여 예상기대성과 -0.37을 얻는다.

탈레스(Thales)

탈레스는 젊은 시절에는 상인으로서 돈을 많이 벌었지만 그 이후에는 연구와 여행으로 여생을 보낸 듯하다. 한때 그는 이집트에도 머문 적이 있으며 그곳에서 그림자를 이용하여 피라미드의 높이를 계산하여 주위의 감탄을 자아내게 했다. 밀레투스로 돌아온 그는 다방면의 천재성에 의하여 정치가, 고문, 공학자, 실업가, 철학자, 수학자, 천문학자로서 명성을 떨치게 되었다.

탈레스는 수학적 발견과 관련되어 알려진 최초의 인물이다. 그는 얼마나 쉽게 부자가 될 수 있는가를 보여준 적이 있었다. 올리브 대풍작을 예견한 그는 그 지역의 모든 착유기에 대한 전매권을 얻은 다음 나중에 착유기를 빌려주어 많은 돈을 벌어들였다.

또 말을 잘 안 듣는 노새에 관한 일화가 있는데 이 노새는 소금을 운반할 때 냇물에 이르면 냇물에 뒹굴어 소금을 물에 녹게 한 다음 보다 가볍게 운반하곤 했다. 그래서 탈레스는 한번은 이 노새에게 솜을 운반하게 해서 골치 아픈 노새의 습관을 없애버렸다는 것이다.

또 솔론이 탈레스에게 "그대는 왜 결혼하지 않았느냐?"고 물었을 때 탈레스는 그 다음 날 솔론의 사랑하는 아들이 갑자기 사고로 죽었다는 거짓 전갈을 가지고 솔론을 찾아갔다. 그런 다음에 탈레스는 비통에 잠긴 솔론을 진정시키며 자초지종을 털어놓으면서 "나는 단순히 내가 왜 결혼하지 않았는가를 그대에게 말하고 싶었을 뿐이오."라고 말했다.

제 1 3 장

암호와 수학

13.1 암호의 역사

기록에 전해지는 최초의 암호는 약 기원전 2천년경 이집트 나일 강변에 있는 한 마을에서 왕의 전기를 기록한 석판에서 볼 수 있다. 왕의 위엄과 권위를 상징하기 위해 환자(煥字)암호라는 특정한 단어를 다른 단어로 표기하는 암호의 방법을 일부분 사용하는 데서 시작하였다. 그 후 기원전 480년 페르시아와 그리스 사이의 전쟁에서 헤로도토스가 쓴《역사》를 보면 그리스인 데마라토스는 페르시아 왕 크세르크세스가 대군으로 그리스를 공격한다는 정보를 입수하고 나무에 그 내용을 적고 그 위에 밀랍을 씌웠다. 이것이 페르시아 경비병들의 삼엄한 검색을 통과하여 스파르타 명장 레오니다스에게 무사히 전달되었다. 그러나 아무도 밀랍의 비밀을 풀지 못했는데 그의 아내 고르고가 밀랍을 벗겨내면 안에 있는 나무에 암호가 있을 것이라 예측하고 그 암호를 풀어 페르시아군의 침공 정보를 입수하였다. 그래서 국경의 중간 지점의 험로에서 2일 동안 페르시아 대군의 진격을 저지하며 큰 타격을 주었으나 배신자가 대부분의 군사를 2차 방어지역으로 보내서 남은 300여 명의 친위병만으로 대군과 용감히 맞서 싸우다 모두 전사했다. 이 전투 이후 스파르타인들의 용맹성이 세상에 널리 알려졌다고 한다.

1. 최초의 암호장치

[전자(轉字)암호 - 문장에서 글자의 순서를 바꾸는 암호]

기원전 450년경 그리스군 사령관은 군대를 파견하고 지휘관에게 길이와 굵기가 같은 2개의 원뿔 모양의 나무 봉 중에서 하나를 주었다고 한다. 이것이 스키테일(scytale)이라 하는 최초의 암호장치이다. 스키테일 위에 긴 양피지 테이프를 감은 후에 비밀통신문을 적고 푼 다음 다시 감아 전령을 통해 전달하였다. 물론 이 스키테일은 첩자들도 사용하였다. 스파르타와 아테네 간의 펠로폰네소스 전쟁 당시 스파르타는 페르시아와 동맹을 맺고 있었는데 30년 전의 치욕적인 패배를 설욕하려고 거짓 동맹을 맺고 호시탐탐 스파르타를 침공할 기회를 엿보던 페르시아는 아테네까지도 정복하려 했던 야욕을 갖고 있었다. 스파르타의 첩자는 이 정보를 입수하고 스키테일로 작성한 양피지를 첩자의 허리띠로 위장시켜 스파르타에 보냈고 정보가 누설된 페르시아는 제대로 싸워 보지도 못하고 또다시 전투에서 패배하였다.

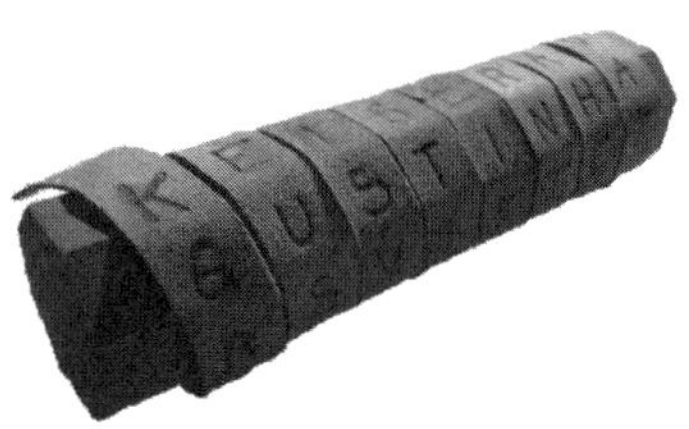

2. 로마시대의 암호

기원전 50년경 로마의 황제인 율리우스 카이사르(Caesar Julius, B.C. 100-44)가 키케로(Marcus Cicero)에게 보냈던 것으로 알파벳 문자의 순서를 바꾸지 않고 몇 자리씩 건너 뛰어 문자를 바꾸어 나타내는 방법이었다. 이 암호체계는 너무 간단하여 해독이 매우 쉬운 형태로써 암호를 보내는 사람과 받는 사람 모두 암호를 해독하는 방법을 알고 있어야 했다. 그래서 카이사르는 자신의 부하인 키케로에게 암호해독 열쇠를 알려주었고 이런 사실이 불안하여 단지 몇 번만 사용하였다.

예를 들어보면 평문의 알파벳 순서

ABCDEFGHIJKLMNOPQRSTUVWXYZ

을 암호문 알파벳 순서

GHIJKLMNOPQRSTUVWXYZABCDEF

로 바꾸는 것이다. 이 예에 따르면 평문 I LOVE SOONJA 가 암호문 O RUBK YUUTPG 으로 바뀐다.

3. 조선시대의 암호

조선시대 어느 봄날 궁궐의 담벼락에 다음과 같은 글자가 있었다.

一 ㅣ 五 二 ㅐ 七ㅣ 二 一 二 三 ㅐ 五 ㅓ 四 ㅣ

그 다음날은 또 다음과 같이 있었다.

八 ㅣ 二 ㅐ 七 ㅣ十 ㅜ 七 ㅏ八 一 ㅜ 八 一 ㅜ ㅏ 五 ㅣ 四 十 四 ㅗ ㅣ

이런 낙서는 공식적으로 정부에서 사용한 문서에는 나타나 있지 않지만 암호의 일종이라 볼 수 있다. 살펴보면 한글의 자음 14자를 순서대로 한자숫자로 바꾸는 간단한 방법의 암호문이라 할 수 있다.

ㄱ(一)	ㄴ(二)	ㄷ(三)	ㄹ(四)	ㅁ(五)	ㅂ(六)	ㅅ(七)
ㅇ(八)	ㅈ(九)	ㅊ(十)	ㅋ(十一)	ㅌ(十二)	ㅍ(十三)	ㅎ(十四)

예제 1 조선시대의 암호를 이용하여 여러 가지 문장을 암호문으로 만들어보아라.

4. 근대의 암호

근대에 와서 유럽 각국은 암호의 중요성을 인식하여 암호와 관련된 정보국을 설립하였다. 19세기 말부터 20세기 초까지는 프랑스의 암호 기술이 발전했으며 프랑스의 유명한 소설가인 '에밀 졸라'가 유대인 스파이로 누명을 쓰고 유배되었던 드레퓌스 대위의 구명운동을 할 때 프랑스 정보부는 정보원을 시켜 거짓내용을 이탈리아의 대사관에서 본국으로 송전하게 하여 드레퓌스의 유죄를 입증하는 증거로 사용하였다. 후에 이 암호문이 정보부에 의해 날조된 것으로 밝혀져 무죄가 입증되었다.

■ 트루먼 대통령에게 보낸 보고서

1945년 7월 16일 미국 대통령 트루먼은 "아기를 순산했음"이라는 보고를 받고 기뻐했는데 사실 이 보고서는 "원자폭탄 제조에 성공했음"이라는 내용의 암호문이었다.

■ KGB에 보낸 보고서

1957년 KGB의 한 첩자가 KGB에 보낸 보고문 "나는 거리에서 목적물을 만나 인사를 했다."는 우크라이나 민족주의자 리베트를 암살했다는 내용의 암호문이었다.

■ 대통령 선거와 암호

2000년 미국 대통령 선거에서 공화당의 조지 부시와 민주당의 엘 고어가 접전을 하였는데 플로리다 선거구에서 이상하게 디자인된 투표용지가 공정성 시비에 휘말려 대법원까지 갔다. 이 디자인도 암호와 관련이 있는 것으로 추정된다. 또 남북전쟁 말인 1874년 대통령선거에서 1표 차로 패배한 민주당의 사무엘 틸튼이 패배를 설욕하기 위하여 치밀한 선거준비를 하고 있었다. 이때 틸튼의 조카가 틸튼에게 보낸 유권자 매수에 관한 암호화된 중간보고서를 《뉴욕 트리뷴》지가 입수하고 해독하여 특집기사를 게재하였다. 결국 틸튼은 출마를 포기할 수밖에 없었다.

13.2 암호 시스템의 소개

1. 전이 암호

전이암호(transposition cipher)란 평문의 문자를 재배열하는 알고리즘이다. 평문을 n개의 문자단위로 나누고, n개의 문자에 재배치를 생각한다.

$Z_d = \{1, 2, 3, \cdots, d\}$라 하고 $f : Z_d \to Z_n$은 Z_n 위에서의 일대일 대응함수라 할 때 전이암호를 위한 키는 $K = (d, f)$가 된다. 즉, 평문

$$M = m_1 \ \cdots \ m_d \ m_{d+1} \ \cdots \ m_{2d} \ \cdots$$

을 암호화하면 암호문은

$$C = m_{f(1)} \ \cdots \ m_{f(d)} \ m_{f(d+1)} \ \cdots \ m_{d+f(d)} \ \cdots$$

가 된다.

보기 1

키 $K=(d, f)$가 $d=4$, $f(1)=2$, $f(2)=1$, $f(3)=4$, $f(4)=3$를 이용하여 평문 UNIVERSITY를 암호화해보자.

평문	U	N	I	V	E	R	S	I	T	Y
암호문	N	U	V	I	R	E	I	S	Y	T

2. 대치암호

대치암호(substitution cipher)의 종류에는 단순 대치암호, 동음이의 대치암호, 다표식 대치암호, 쌍자 대치암호와 같이 네 종류로 나눌 수 있다.

1) 단순 대치암호(Simple Substitution Cipher)

단순 대치암호는 평문과 암호문의 각 문자가 일대일로 대응되는 암호 시스템이다. 평문의 각 문자를 대응되는 문자로 바꾸는 것으로 만일 A를 26개의 영문 알파벳의 집합이라고 하고 A 위에서의 일대일 대응함수를 $f: A \to A$라 하면 f는 단순 대치암호의 키가 된다. 이때 평문을

$$M = m_1 \ m_2 \ \cdots$$

이라 할 때, 키 f에 의하여 암호화된 암호문 C는 다음과 같다.

$$C = f(m_1) \ f(m_2) \cdots$$

보기 2

일대일 대응 함수 f가 다음과 같이 주어졌다고 하자.

A B C D E F G H I J K L M N O P Q R S T U V W X Y Z

$f \downarrow$

H I J K P Q R S A B C D E F G L M N O X Y Z T U V W

그러면 평문 M = I LOVE YOU에 해당하는 암호문 C는 다음과 같다.

$$C = \text{A DGZP VGY}$$

카이사르가 사용했던 카이사르 암호는 영문자 알파벳에 순서를 두어 키만큼 해당 문자의 위치를 옮기는 암호로서 다음과 같은 수식으로 표현된다.

$$f(a) \equiv a + k \pmod{26}$$

여기서 a는 영어 문자에 대응하는 정수, 즉 $A=0$, $B=1$, $C=3$, ⋯, $X=23$, $Y=24$, $Z=25$이고 k는 키에 해당하는 정수이다.

보기 3

카이사르 암호에서 $k=4$인 경우, 평문

$$M = \text{I LOVE YOU}$$

은 다음과 같이 암호화된다.

$$C = \text{M PSZI CSY}$$

수학적인 용어로 표현하면 아핀변화(affine transformation)에 의한 암호화는 다음과 같은 수식으로 표현된다.

$$f(a) \equiv ak_1 + k_0 \pmod{26}$$

위와 같은 방법으로 평문을 암호화하더라도 조금만 관심을 갖고 평문에서 사용된 단문자 빈도를 이용하여 암호문만을 가지고 키를 알아내는 방법인 암호문 공격방식(ciphertext only attack)에 의하여 쉽게 해독된다. 평문에서 나타난 각 문자의 빈도는 대치된 암호문의 문자 빈도와 일치하기 때문에 주어진 암호문 각 문자의 빈도와 이미 조사된 평문의 각 문자의 빈도를 비교하면 암호문을 해독할 수 있다.

보기 4

카이사르 암호를 이용하여 나온 암호문에서 P라는 영문자 빈도가 두 번째로 높으면 암호 해독자는 P를 T에 대응하는 암호문이라고 판단할 수 있다. 그러나 각 문자의 빈도는 평문에 따라 약간의 차이가 있다.

2) 동음이의 대치암호(Homophonic Substitution Cipher)

동음이의 대치암호란 평문의 각 문자에 여러 개의 문자가 대응하는 암호로써 평문 각 문자의 빈도 분포가 대치된 암호문의 빈도 분포와 동일하게 되는 단순대치 암호의 단점을 보완한 것이다. 즉 하나의 평문에 대응하는 암호문이 여러 개가 나올 수 있다.

동음이의 대치암호 시스템의 암호문에서는 평문의 각 문자에 대한 빈도가 같지 않게 되며, 암호문의 각 빈도차는 줄어든다. 그러나 diagram, trigrom 등과 같은 통계적 특성이 여전히 암호문에서도 나타나게 되어 해독이 가능하다.(통계학적 전문지식이 필요함)

3) 다표식 대치 암호

다표식 대치암호는 평문과 암호문 사이의 여러 개의 대응함수가 있는 암호이다. 단순대치 암호는 평문 각 문자가 다른 문자로 하나씩 대치되는 암호이기 때문에 평문의 단문자 분포가 대응되는 문자의 빈도와 같게 된다. 동음이의 대치암호는 평문의 diagram, trigram 등과 같은 통계적 특성을 배제할 수 없다. 그래서 단순대치 암호와 동음이의 대치암호의 문제점을 보완하기 위하여 다표식 대치암호를 앨버트(L. B. Albert)가 개발하였다. 대부분 다표식 대치암호는 주기가 d인 주기적 대치암호이다.

다표식 대치암호의 종류에는 Vigenere 암호, Beaufort 암호, Running key 암호, Rotor and Hageline machine, Vernam 암호, One

-time pad 등이 있다.

■ 비즈네르 암호

비즈네르 암호는 1583년경에 비즈네르(Vigenere)가 제창한 방법으로 암호키 영어단어를 선택하여, 평문을 숫자(00-25)로 바꾼 다음, 암호키 단어의 각 문자에 대응하는 아스키숫자를 평문에 반복적으로 더하여 얻는 암호문이다. 이는 아핀암호 등과 같이 평문의 각 문자에 일률적으로 대응하는 방법보다는 평문의 각 문자에 대해 불규칙적으로 대응하기 때문에 훨씬 안전하다. 하지만 이 암호문도 키의 길이가 짧으면 간단하게 깨진다.

4) 쌍자 대치암호(Polygram Substitution Cipher)

앞에서 설명한 암호들의 대부분은 평문을 각 문자 단위로 암호화하는 방식이지만, 쌍자 대치암호는 한 번에 여러 개의 문자를 암호화함으로써 각 문자에 대한 빈도를 암호문에서 무의미하게 하여 암호해독을 어렵게 하는 암호를 말한다.

쌍자 대치암호로는 플레이페어(Playfair) 암호와 힐(Hill) 암호가 있다.

3. 공개키 암호와 비밀키 암호

1) 공개키 방식

1970년대에 키가 공개된 암호 체계가 새로 나왔다. 암호화 방법을 알고 있더라도 해독하는 방법을 알아내지 못한다면 암호화 방법을 공개해도 큰 피해가 없을 것이기 때문이다. 이 방식에서는 각 사용자는 다른 사용자에게 공개할 공개키와 자신이 보관할 비밀키를 각자 선택한다. 만약 비밀키의 안전성만 제공되면 공개키로 생성된 암호문을 통신상에서 얻었다고 해도 해독하기 어렵다. 왜냐하면 해독에는 공개키에 해당하는 비밀키를 알아야만 가능하도록 알고리즘이 설계되어 있기 때문이다.

공개키 개념은 1976년 디피(W. Diffie)와 헬먼(M. Hellman)이 처음으로 제안되었으며 암호론은 수학적으로는 복잡성 이론(complexity theory)의 기본 가설인 One Way Function의 존재를 가정하고 있다. n 개의 Bit를 변수 x 로 입력하였을 때 함수의 값 $f(x)$를 얻는데 필요한 최소한의 연산의 개수가 n을 변수로 가지는 다항식이지만, y가 주어졌을 때 $f(x) = y$를 만족하는 x를 찾는데 필요한 최소한의 연산의 개수가 n을 변수로 가지는 어떤 차수의 다항식보다 많은 것을 One Way Function 이라고 정의한다. 즉, 암호문을 만드는 과정은 간단하지만 적군이 암호문을 해독하는 것은 어렵다는 것이다.

1980년대에 정수론을 이용하여 제안된 많은 공개열쇠 암호는 소인수분해 등의 문제가 One Way Function이라는 가정하에 나오게 되었다. 공개열쇠라는 용어는 함수 f와 y를 공개해도 $f(x) = y$가 되는 x를 찾기가 어렵다는 의미이다. 소인수분해에 기초한 공개열쇠 암호는 제안자 세 사람의 이름 첫 글자를 따서 RSA 암호라고 부른다. 이들이 만든 회사 RSA Inc.는 얼마 전에 1억 달러 정도에 팔렸다. 요즘에 인기 있는 Netscape나 전자화폐, 전자주민등록증 등도 대개는 RSA 암호를 사용한다.

전 세계적으로 사용되는 대표적인 공개키 시스템으로는 큰 수의 소인수분해의 어려움에 안정성의 기반을 두고 설계된 RSA가 있다. RSA는 DES에 비해 높은 안전성을 제공하고 있다. RSA와 같은 공개키 시스템은 메시지와 키 값을 증가시킬 수 있도록 설계되었기 때문에 항상 일정한 안정성을 제공한다.

이와 같이 암호에 기본적인 이론을 제공하는 수학이 정수론이다. 이런 의미를 수학적으로 말하면 암호화 과정은 하나의 함수이고 암호해독 과정은 그 함수의 역함수를 찾는 작업이다. 따라서 역함수를 구하기 어려운 함수(함정함수, 陷穽函數)가 무궁무진하듯이 해독이 거의 불가능한 암호도 많다. 암호에 쓰이는 계산 방법은 보통의 산수 계산이 아니고 진법계산, 즉 정수론에서 법 계산과 같은 것이다. 이러한 계산은 사칙연산이 가능하다. 이러한 계산과 관련된 '페르마의 작은 정리'라는 것이 있다. x가 소수일 때 a의 x 제곱은 x를 법으로 하는 a와 같다는 것이다. 즉

$$a^x \equiv a \pmod{x}$$

RSA 암호체계는 페르마의 작은 정리와 함정함수를 이용했다. 암호화에 사용되는 법과 암호화 열쇠는 공개하지만 암호문을 가로챈 제삼자는 해독 열쇠가 없기 때문에 암호를 읽을 수가 없도록 만든 것이다.

2) 비밀키 방식

공개키 시스템은 비밀키 방식과 비교해 전자서명이라는 기능을 제공한다. 앞에서 본 암호와 시스템에서는 수신자의 공개키로 임의의 사람이 메시지에 암호를 보내면 수신자 B가 자신의 비밀키로 메시지를 복호화하였는데 전자서명 방식에서는 송신자가 자신의 비밀키를 이용해 메시지를 복호화 알고리즘에 돌린 결과를 메시지와 함께 전송한다. 이때 수신자 B는 송신자 A의 공개키를 이용해 사인된 메시지를 암호화 알고리즘에 돌려 함께 전송되어온 메시지와의 관계를 살펴 사인의 진실 여부를 확인해볼 수 있다.

한편 인증 기능의 구조를 서명 등의 [본인 확인]의 케이스로 보면

① 수비 기능에서는 복호의 역할을 다한 비밀키를 작용시켜 서명문을 작성한다.

② 그 서명문을 받은 사람은 서명인이 공개하고 있는 공개키를 작용시켜서 서명이 진짜인가 어떤가를 확인한다.

공개키를 작용시킴으로써 만약 암호가 풀린다면 그 공개키에 대응한 비밀키로 서명되었기 때문에 그 비밀키는 서명자만의 비밀이기 때문에 본인 확인이 끝난 것으로 된다는 이론이다.

13.3 암호이론의 요약

암호는 크게 두 가지 용도로 쓰인다. 첫째는 자료의 보안성을 유지하기 위하여 도청을 방지할 수 있도록 암호가 사용되는 경우이고, 둘째는 자료가 송신도중 제삼자의 개입으로 인한 교란을 방지하기 위한 확증성에 사용된다.

이러한 암호는 초창기에는 군사나 외교와 같은 한정된 부분에 사용되었기 때문에 그 역사에 비해 일반인들에게 알려진 시기는 늦은 편이다. 초창기 암호 제작 기술을 보면 크게 대입(substitution)과 치환(transposition) 방식으로 나누어 볼 수 있다. 대입 방식은 앞에서 밝혔듯이 한 문자를 다른 문자로 교체하는 방식으로 제1차 세계대전 때 플레이페어라는 암호 시스템이 사용되었다.

치환방식은 평문의 문서 순서를 일정한 규칙에 따라 바꾸는 것으로 평문에 있던 문자가 그 개수만큼만 암호문에 나타난다. 예를 들면 I LOVE YOU를 A=1, B=2, …, Z=26으로 대응시켜 9 12 15 22 5 25 15 21로 바꾸어 생각한 뒤 3을 더해 12 15 18 25 8 28(2) 18 24로 변경시키면 그 뜻은 알기 힘든 L ORYH BRX로 바뀐다. 만일 메시지를 수신한 사람에게 3을 더했다는 사실을 알려준다면 수신자는 전송된 암호 메시지에서 3을 뺌으로써 원래의 메시지를 읽을 수 있다. 이 과정을 좀 더 구체적으로 이야기하면

1. 원래의 메시지를 평문(plaintext)이라고 한다. : I LOVE YOU

2. 암호화하여 바뀐 메시지를 암호문이라고 한다. : L ORYH BRX
3. 평문을 암호문으로 바꾸는 과정을 암호화(encryption)라 한다. 위의 경우 암호화 방식은 평문에 3을 더했다.
4. 암호문을 평문으로 바꾸는 과정을 복호화(decryption)라 한다.
5. 암호화와 복호화 과정에서 알고리즘과 함께 키가 사용된다.

현대 암호 시스템의 경우 암호화 및 복호화 알고리즘은 공개하고 키를 공개하지 않음으로써 암호의 안정성에 두고 있다. 따라서 현대 암호 시스템이 제공하는 안정성은 키의 보관에 큰 비중을 두고 있다. 대표적인 비밀키 방식으로 전 세계적으로 사용되고 있는 DES(Data Encryption Standard)방식을 들 수 있는데 1970년대에 들어서면서 상용컴퓨터가 널리 보급되고 기업들은 정부에서 보증하는 믿을 수 있는 민간용 암호를 요구하게 되었다. 이렇게 해서 나온 것이 Unix Password 확인시에 지금도 사용되고 있는 DES이다. DES는 기밀이 아닌 정보를 보호할 목적으로 설계된 블록 단위 암호 시스템이다.

암호가 급속한 발전과 더불어 일반인 사이에서 연구된 시기는 컴퓨터의 발전과 함께 공개키 개념이 처음으로 선보인 1970년대이다. 이후로 현대 암호 시스템의 양대 산맥인 공개키 방식과 비밀키 방식이 서로 장단점을 보완하며 발전하였다.

유클리드(Euclid)

유클리드(Euclid)의 생애와 인물에 대해서는 거의 알려진 것이 없는데, 다만 확실한 것은 알렉산드리아 대학의 수학과 교수를 지냈으며 또 유명한 알렉산드리아 수학학교의 설립자였다는 사실이다. 유클리드의 이 알렉산드리아 수학학교는 상당히 오랫동안 존속되었다. 비록 그가 태어난 시기와 장소는 분명하지 않아도 아마도 아테네의 플라톤 학교에서 수학을 배운 것처럼 보인다.

파포스(Pappos)는 유클리드와 아폴로니오스(Apollonios)를 비교하면서 아폴로니우스를 혹평한 반면에 유클리드 매우 겸손하다고 추켜세우며 그 밖의 여러 가지 면에서 칭찬을 아끼지 않았다.

프로클로스의 <에우데무스 요약>에는 다음과 같은 일화가 실려 있다. 한번은 톨레미가 유클리드에게 기하학을 터득하기 위한 지름길이 있는지 물었다. 그러자 유클리드는 "기하학에는 지름길이 없다."고 대답했다. 그러나 이 말은 알렉산드로스 대왕의 개인교수였던 메나에크무스가 했다는 얘기도 있다.

유클리드가 기하학을 배우던 한 학생으로부터 다음과 같은 질문을 받았다. "이런 것을 배워서 무엇을 얻을 수 있습니까?" 그러자 유클리드는 즉시 하인을 불러서 일렀다. "그에게 동전 한 닢을 주어라. 그는 자기가 배운 것으로부터 무엇을 얻어야 하니까!"

제 1 4 장

생활과 통계

우리는 일상생활 속에서 여러 집단의 자료로부터 그 집단의 성질을 나타내는 통계값으로 자료들이 흩어진 중심을 나타내는 대푯값으로 평균값(arithmetic mean), 중앙값(median), 최빈값(mode), 사분위값(quartile) 등을 쓰고 있으며, 이들 대푯값들로부터 각 변량들이 어느 정도로 흩어져 있는가를 알아보는 분포도를 나타내는 평균편차(mean deviation), 분산(variance), 표준편차(standard deviation), 사분위편차(quartile deviation), 범위(range) 등이 있다. 여기서는 수학적인 엄격한 내용들에 대하여는 생략하고 상식적으로 알아야 할 내용들과 흔히 범하기 쉬운 오류 등에 대하여 단순하고 흥미로운 몇 가지 내용들을 소개하고자 한다.

14.1 여러 가지 대푯값

1. 산술평균(Arithmetic Mean)

우리가 흔히 쓰는 평균을 의미하며 모든 자료의 값을 다 합하여 전체 자료의 수로 나누어 구한다. 즉, 자료가 a_1, a_2, ⋯, a_n 이 각각 1개씩 있다면

$$(a_1 + a_2 + \cdots + a_n)/n$$

이 된다.

2. 중앙값(Median)

모든 자료들을 크기 순서로 나열하였을 때 한가운데 오는 자료의 크기를 말한다.

예를 들어서 자료들의 크기가 1, 2, 3, 4, 5, 6, 7, 8, 9일 때 중앙값은 5이다.

3. 최빈값(Mode)

모든 자료들을 나타내는 수치가 가장 빈번하게 나타나는 값을 말한다. 즉, 제일 많이 나타나는 숫자이다.

보기 |

다음 표는 상우와 연지의 학기 말 시험 성적표이다. 두 사람 성적의 평균값과 중앙값을 구하여라. 최빈값은 별 의미가 없다.

	국어	영어	수학	국사	과학	음악	미술	체육
상우	90	85	95	80	75	55	50	40
연지	70	40	35	80	90	80	85	100

- 평균

상우의 평균 : $\frac{90+85+95+80+75+55+50+40}{8}=71.3$

연지의 평균 : $\frac{70+40+35+80+90+80+85+100}{8}=72.5$

- 중앙값

상우의 중앙값 : 80, 75

연지의 중앙값 : 80 (2개가 같은 값임)

평균값이란 사용하는 사람의 의도에 따라 얼마든지 다르게 둔갑할 수 도 있다. 어떠한 방법으로 조사되었고 무엇을 포함시켜서 계산한 것인지 확실히 알아보지 않고 발표된 평균값을 그대로 믿는 것은 현명한 일이 아니다. 다음의 보기는 잘못 계산된 평균값의 예이다.

보기 2

다음과 같은 가맹점 모집 광고를 보고 자세히 알아본 내용이다.

새로운 가맹점 모집. 소자본으로 고소득 보장. 기존 20개 가맹점 월 평균 수입 400만 원. 뜻 있는 분 급히 연락 바람.

- 20개의 가맹점 중 대부분은 근근이 적자나 면하는 정도이고
- 목 좋은 곳에 자리한 두 곳만 월 평균 3,000만 원 이상의 큰돈을 벌고 있음.
- 그들의 평균수입은 틀림없이 400만 원이나 대부분의 가맹점들은 겨우 월 평균 100만 원의 수입을 올리고 있음.

보기 3

국세청에서 발표한 개업의사의 월 평균소득은 350만 원이라고 가정하고 생명보험에 가입한 의사가 사고로 죽었을 때 보험금을 타기 위하여 죽은 의사의 가족은 실제 소득이 1,500만 원이라고 주장할 것이다. 이 경우, 세금을 적게 내기 위하여 소득을 낮춰서 신고하는 의사들이 많다면 국세청이 통계 낸 의사들의 평균 수입과 실제 의사들이 벌어들이는 평균 수입은 커다란 차이를 보일 것이다.

'평균값(mean)'은 대부분의 상황에서 대푯값으로 역할을 충실히 수행하지만, 아주 높거나 낮은 값이 자료에 포함되어 있을 때 그 영향을 민감하게 받는다. 예를 들어 어느 회사에 월 급여가 150만 원인 직원이 6명, 200만 원인 직원이 5명, 1000만 원인 임원이 2명 있다고 하자.

$$\frac{(150\text{만원}\times 6\text{명})+(200\text{만원}\times 5\text{명})+(1000\text{만원}\times 2\text{명})}{13\text{명}}=300\text{만원}$$

이와 같이 이 회사의 평균 월 급여를 300만 원으로 계산하여 대푯값이라 하는 것은 왠지 부당하다. 이런 경우에는 '중앙값(median)'

200만원이 더 적절한 대푯값이라고 할 수 있다. 또 다음과 같은 예를 보자. 어느 여학교에서 여학생들의 치마 길이를 측정하였더니 3명은 무릎 아래 5cm, 2명은 무릎 선과 같았고, 3명은 무릎 위 1cm, 나머지 7명은 무릎 위 7cm 이었다. 이 경우 치마 평균 길이를 2.5cm나 중앙값인 1cm로 하는 것보다는 최빈값인 7cm를 대부분 여학생들의 치마 길이로 하여 미니스커트가 유행하고 있다고 주장할 수 있다.

그리고 대푯값과 더불어 관심을 가져야 할 것은 자료의 분포를 나타내는 '산포도(散布度)'이다. 산포도란 흩어져 있는 정도를 나타내는 것으로 흔히 사용되는 것은 범위, 분산, 표준편차, 평균편차 등이 있다. 예를 들어 두 나라 A, B 가 있는데 두 나라의 국민소득은 똑같이 2만 달러이나 A국가는 표준편차가 1500달러인데 B국가는 표준편차가 3000달러였다면 우리는 이 자료로부터 A 국가가 B 국가보다 더 고르게 잘 살고 있다고 말할 수 있다.

우리는 흔히 통계치나 수학적인 데이터를 이용하여 어떤 결과를 발표한다. 그러나 그런 발표가 얼마나 신뢰할 수 있는지 살펴봐야 한다. 만약에 신문에 금년 말에 한 세대의 평균소득이 2만 1천 달러라고 발표되었다면 이때의 평균은 어떤 종류의 평균값인지 또 '세대'의 정의는 무엇인지 독신자까지도 세대수에 포함되는지에 따라 크게 다른 해석을 할 수 있다.

보기 4

어느 군(지방)의 기초의원 선거에서 먼저 개표를 완료한 9개 읍·면의 평균 투표율이 85%이었다. 마지막 남아 있는 면(섬 지방)의 투표율이 90%이었을 때 이 군의 평균투표율은 얼마인가? 나타난 자료만 가지고 계산할 수 있겠는가?

4. 조화평균(Harmonic Mean)

조금은 생소하게 느끼겠지만 "모든 자료들의 값의 역수들의 산술평균의 역수"를 조화평균이라고 한다. 즉, 자료 a_1, a_2, a_3, $\cdots$, a_n이 모두 1개씩 있다면

$$1/\left[\left(\frac{1}{a_1}+\frac{1}{a_2}+\frac{1}{a_3}+\cdots+\frac{1}{a_n}\right)/n\right]$$

이 조화평균이다.

보기 5

유미네 가족이 일요일에 자동차로 60km 떨어진 시골에 다녀왔다. 갈 때는 평균시속 30km/h로 갔고 올 때는 평균시속 20km/h로 왔다. 유미네 자동차의 평균속도는 얼마일까?
평균속도는 총 거리를 걸린 시간으로 나누어 계산하므로 갈 때 걸리는 시간은 60/30=2시간, 올 때 걸리는 시간은 60/20=3시간, 총 5시간이 걸렸고 왕복 120km이므로 평균속도는 120km/5시간=24km/h이다. ((30+20)/2=25로 계산하면 안 된다.) 즉, 위의 정의에 따르면 1/[(1/30 + 1/20)÷2]=24km/h이다.

문제 1 철수는 운동장에서 100m 달리기를 3회 하고 기록을 측정하였다. 첫 번째 기록은 15초, 두 번째 기록은 15초, 세 번째 기록은 19초로 나왔다. 철수의 100m 기록은?

5. 기하평균(Geometric Mean)

기하평균은 인구변동률, 물가상승률과 같이 변화하는 자료들의 평균

을 계산할 때 주로 쓰인다. 자료 $a_1,\ a_2,\ a_3,\ \cdots,\ a_n$ 이 모두 1개씩 있다면

$$\sqrt[n]{a_1 \cdot a_2 \cdot a_3 \cdot \ \cdots \ \cdot a_n} \quad \text{또는} \quad (a_1 \cdot a_2 \cdot a_3 \cdot \ \cdots \ \cdot a_n)^{\frac{1}{n}}$$

을 기하평균이라고 한다.

보기 6

만수는 벤처사업으로 첫해에 5%의 성장을 이뤘고 다음해에는 15%의 성장을 이루었다. 2년간 평균 성장률은 얼마인가?
평균 10%라고 답하면 곤란하다. 실제로 약 8.66($5\sqrt{3}$)%의 성장을 했다.

■ **산술, 조화, 기하평균 사이의 관계**

두 자료 $a_1,\ a_2$에 대한 산술평균 $\frac{a_1+a_2}{2}$, 기하평균 $\sqrt{a_1 a_2}$, 조화평균 $\frac{2a_1a_2}{a_1+a_2}$ 사이에는 다음과 같은 부등식이 성립한다.

$$\frac{a_1+a_2}{2} \geq \sqrt{a_1 a_2} \geq \frac{2a_1a_2}{a_1+a_2}$$

14.2 그래프의 눈속임

다음 두 그래프는 지난 1개월 동안의 똑같은 환율변동 상황을 다르게 나타내고 있다. 같은 결과를 목적에 따라 다르게 해석할 수 있다. 왼편은 환율변동 폭이 작아 보여 환율이 안정적으로 보이며 오른편은 환율변동 폭이 커보여 환율이 불안정하게 보인다.

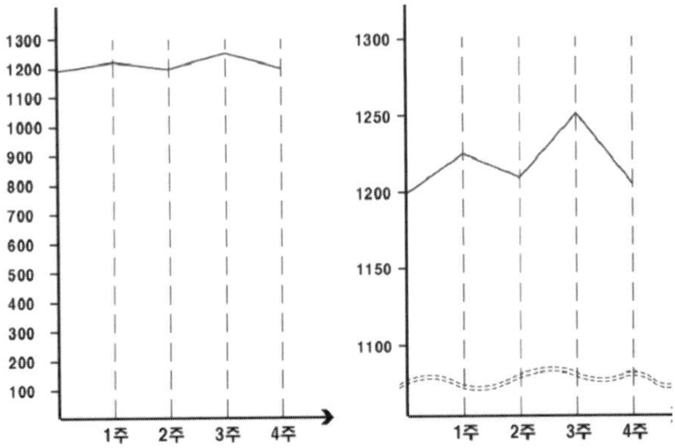

[그림 14.1]

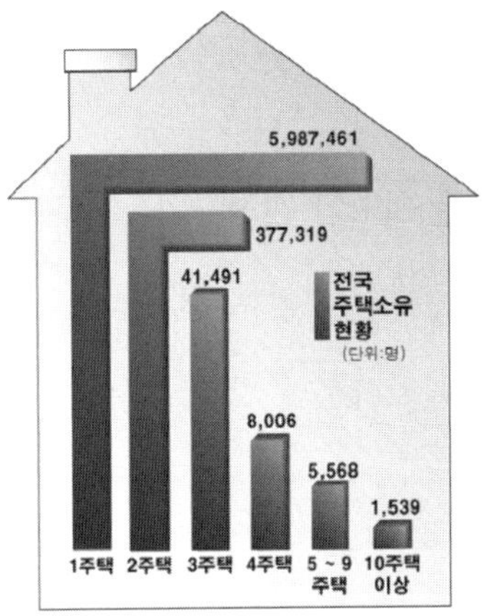

[그림 14.2]

[그림 14.2]의 그래프는 중간이 절단된 그래프이므로 해석하는데 각별한 주의가 요구된다.

[그림 14.3]

위의 그래프 [그림 14.3]은 현재 소비자 물가 상승률을 각 연도별로 나타낸 것이다. 이 그래프는 수치들 사이를 선으로 이어놓았기 때문에 얼핏 보면 물가가 올랐다 내렸다 하는 것으로 착각할 수도 있다. 하지만 사실은 계속 오르고 있는 것이고, 그 오른 폭을 비교하고 있는 그래프이다.

14.3 잘못 포함된 내용을 근거로 한 표 읽기

예일대학 졸업생들의 연평균 소득이 동창회보에 다음과 같이 게재되었다.

"1924년도 예일대학 졸업생의 연간 평균소득은 25,111달러이다."

그러나 내용을 좀 더 자세히 들여다보면 이 수치가 알려주는 것은 1924년도 졸업생 중에서도 연락이 가능한 졸업생들과 그 중에서도 자신의 소득을 기꺼이 말할 수 있는 특별한 그룹의 소득에 관한 것이라고 해석할 수 있다. 사실은 그보다 훨씬 적은 소득일 것이라고 추측할 수 있다.

14.4 여론조사의 허구

1936년 미국의 대통령 선거에서 유명한 시사잡지 A는 전국의 전화번호부와 자동차등록명부에서 약 1,000만 명의 유권자를 찾아 대규모의 여론조사를 실시하였다. 그 결과 약 20%만이 여론조사에 응답하였으며 응답결과를 분석하였더니 공화당의 랜던 후보가 당시 대통령인 민주당의 루스벨트에 압승할 것이라고 예측하였다. 그러나 결과는 루스벨트 대통령이 재선에 성공하여 예측이 빗나갔다. 이러한 결과가 나타난 이유를 분석하여보면 표본은 전체 유권자를 충분히 대변할 수 있는 대표성을 지녀야 하는데, 이 조사에서는 그러한 원칙이 지켜지지 않았다. 즉, 대공황 직후이어서 루스벨트 대통령이 제시한 뉴딜 정책이 하류층으로부터 큰 지지를 받고 있었으며 잡지사가 표본으로 삼은 전화와 자동차 소유자는 대부분 상류층이었기 때문에 결국은 부유층만의 의견을 조사한 셈이 되어 올바른 예측을 할 수 없었다.

■ 표본을 선정하는 방법

표본공간(sample space)은 기초가 될 출현 가능한 모든 결과들의 집합을 말하며 표본은 표본이 추출되는 전체를 말하는 모집단으로부터 순전히 우연에 의해(임의, 무작위) 추출되어야 한다. 여기서 임의추출이란 모집단 안에 들어 있는 모든 개체들이 표본에 선택될 기회가 동일하게 주어지는 것이다. 표본도 모집단의 일부분이다.

14.5 백분율(%)의 마술

우리가 가장 많이 쓰는 데이터의 단위 중에는 %(백분율)가 있다. 이 백분율은 모든 사람들에게 아주 객관적인 기준을 나타내는 매우 합리적으로 산출된 수치라는 인상을 주며 사실 그렇게 믿고 있다. 특히 소수점 몇째 자리까지 퍼센트로 나타낼 경우 그 수치가 아주 정확하다는 생각이 들어 의심 없이 믿게 되는 경향도 있어서 대중들에게 매우 설득력이 높은 단위이다. 그러나 백분율을 구할 때 기준을 무엇으로 하는가에 따라 달라질 수 있으며 똑같게 표현된 수치라도 서로 비교하기가 어려운 경우도 있고 잘못 알고 있는 경우도 있어서 정확하게 이해할 필요가 있다.

보기 7

사스 사망률을 다음과 같이 발표하였다. 신문에서 사스에 감염된 사람 중에서 사망한 사람의 비율을 7.3% 로 발표하였는데 사실은 현재 사스에 감염되어 치료를 받고 있는 사람을 제외하고 사망률을 계산하면 16.1%이었다. 여론을 호도하기 위하여 사망률을 다르게 발표하였는데 사망률 7.3%와 16.1%는 얼핏 보기에도 큰 차이가 있다. 그러나 사망률을 계산한 사람들이 거짓말을 한 것은 아니다. 기준을 어떻게 잡았는가에 따라 큰 차이가 생긴 것이기 때문에 읽는 사람이 옳게 판단하여야 한다.

보기 8

서울과 인천공항 사이를 운행하는 고급 리무진 버스요금이 10,000원에서 11,000원으로 인상되었다. 이때 10,000원에서 1,000원이 올랐으므로 10%오른 것이 된다. 그렇지만 인상률이 낮다는 인상을 주기 위하여 오른 후의 요금을 기준으로 하여 11,000원에 대한 인상분을 1,000원으로 계산하여 9%라 할 수도 있을 것이다. 이와 같이 기준량에 따라 두 자릿수 인상률을 한 자릿수 인상률로 바뀔 수 있다. 읽는 사람의 지혜가 필요하다.

보기 9

두 사람 A, B가 주식 투자를 하고 있다. A씨가 1,000만원을 투자한 "가"회사의 주가가 어제 10% 내렸다가 오늘 다시 10% 올랐다. B씨는 똑같이 1,000만원을 "나"회사에 투자하였는데 어제 10% 올랐다가 오늘은 10% 내렸다. 두 사람 모두 손해도 이익도 없었다고 안심하고 있었는데 사실은 두 사람 모두 손해를 보고 있다(거래 수수료를 생략하더라도). 왜 그럴까?

보기 10

위의 보기와 비슷한 경우인데 어느 패밀리 레스토랑에서 멤버십카드를 소지한 사람에게 20% 할인 혜택을 주고 있다. 음식값에 10%의 봉사료가 붙는다. 이 경우 음식값에 봉사료를 계산한 후 할인혜택을 받는 것과 음식값를 할인한 후 봉사료를 지불하는 것 중 어느 것이 더 유리한가?

풀이

식대가 10,000원일 때 식대에 10%의 봉사료를 붙인 뒤 여기서 20% 할인하는 경우에는 10% 봉사료를 더한 11,000원에서 20%(2,200원)를 할인해 8,800원을 지불해야 하고, 식대에서 20%를 먼저 할인하고 여기에 10%의 봉사료를 내는 경우에는 먼저 20%를 할인한 8,000원에 봉사료 10%를 더해 마찬가지로 8,800원을 지불해야 한다. 즉, 두 경우 지불하는 금액은 같다.

보기 11

(백분율 더하기의 오류) 백분율을 마치 사과 개수 세듯이 제멋대로 더할 수 있는 것은 잘못된 것이다. A군은 학기말에 성적을 확인한 결과 6과목 중에서 5과목은 성적이 나와 평균성적이 90%이었다. 1주일 후에

성적을 늦게 제출한 교수가 준 1과목의 성적은 100%이어서 A군은 자신의 평균성적을 95%로 생각하고 매우 고무되었다. 무엇이 잘못인가?

■ **퍼센트와 퍼센트 포인트의 차이**

재경부에서 발표한 지난해 5월의 실업률이 3.0%이었고 금년 5월의 실업율이 3.5%라고 할 때 "지난 1년 동안 실업률은 0.5% 포인트(p) 증가했다." 그리고 "지난 1년 동안 실업률은 17% 증가했다."(3.0%에서 인상된 0.5%가 차지하는 비율은 17%이므로)

14.6 통계자료(수치)를 바르게 읽고 이해하는 법

통계 조작이란 통계자료를 이용하여 사람들에게 잘못된 정보를 제공하는 것을 말하는데 통계자료의 왜곡과 조작이 언제나 전문 통계학자들의 손으로 이루어지는 것은 아니고 정치인, 영업 사원, 광고 전문가, 언론사의 기자들 또는 카피라이터들에 의해서 왜곡되기도 하고 과장되기도 하며 극단적으로는 생략되며 임의로 자신들에게 유리한 통계자료만 선택하여 이용한다. 발표된 수많은 통계에서 거짓 통계를 어떻게 간파하여 올바르고 건전한 데이터를 식별해 낼 수 있을까? 우선 통계의 출처부터 살펴야 한다. 누가 그런 통계숫자를 만들었는지 권위라는 이름으로 감추어진 오류를 찾는 노력이 필요하며, 어떤 방법으로 자료를 조사했는지, 조사 방법은 정당한지, 표본의 추출방법은 옳은지, 표본은 신뢰할 만한 충분한 크기인지, 대부분 발표된 결과에는 표본의 크기를 정확히 알려주지 않는 경우가 있는데 그 출처가 중요한 관심사라면 그 통계나 조사 전체에 대하여 검토하여야 한다. 뿐만 아니라 통계결과의 신뢰도에 관한 자료인 확률오차나 표준편차 등에 대하여도 살펴봐야 한다. 그리고 내용이 뒤바뀐 것은 아닌지 통계의 기초가 되는 자료들의 분석과 결과가 일치된 것인지 자세히 살펴야 한다.

상식적으로 보편타당한 주장인지도 알아보고 석연치 않은 부분이 있으면 철저히 조사해야 한다. 증명이 되지 않은 불확실한 가정을 토대로 하여 장황하게 전개되는 내용에 대하여는 주장이 논리적으로 정당한가? 상식적으로 말이 되는 이야기인가? 등에 대하여 검증하여야 한다.

14.7 신뢰수준과 표본오차

오늘날 우리는 각종 선거의 득표율 조사, 시청률 조사나 소비자 선호도 조사 등 여론 조사의 홍수 속에 살고 있다. 특히, 선거철이 되면 각 방송사, 신문사에서는 사전 여론조사를 한다. 또한 개표를 하게 되면 당선 가능성에 대하여 신뢰수준이 어떻고, 표본 오차가 어떻고 하는 말들을 자주 들을 수 있다. 예를 들어 대통령선거 사전조사를 살펴보면 대개의 경우 전국의 성인 남녀들에게 전화로 표본조사를 한다. 여기서 표본의 크기는 전국의 성인 남녀들 중 조사한 대상의 수를, 표본 추출방법은 전국의 성인 남녀 중 어떻게 조사대상자를 선정했는가를 의미한다. 통계적 추론에서 표본 조사를 하는 이유는 전체 유권자 모두를 조사하는 것은 시간적, 금전적(비용)으로 매우 어려운 경우가 많으므로 전체 유권자 중 일부만 조사하는 방법이다(대상자 전체를 조사하는 것을 전수조사라 한다. 이러한 전수조사는 5년마다 한 번씩 실시하는 인구조사가 대표적인 예이다).

방송이나 신문에서 '전국의 성인남녀 1000명을 대상으로 조사한 결과 95% 신뢰수준에 표본오차 ±3.1% 포인트로 A 후보는 지지율 45.3%이고 B 후보는 38.6%의 지지율이 예상된다'라는 식의 말을 듣거나 기사를 보았을 것이다. 전국의 모든 성인 남녀를 대상으로 조사한 것이 아니므로 신뢰수준과 표본 오차가 나온다. 전국의 모든 성인 남녀를 대상으로 조사를 A의 득표율은 실제로 모든 성인 남녀를 대상으로 조사하기 전에는 정확한 값을 알 수가 없으므로 단지 어느 정도의 구간으로 예측할 뿐이고, 그래서 신뢰수준과 표준 오차의 개념이 사용된다. 조사 결과의 말을 바꾸어 쓰면 다음과 같다. 실제 선거에서 A의 득표율이 40%(45%−5%)에서 50%(45%+5%)의 구간에 있을 확률이 95%라는 의미이다. 위의 예에서 A 후보는 지지율 45.3%이고 오차의 한계가 ±3.1%이므로 지지율의 범위는 42.2%(45.3%−3.1%)에서 48.4.4%(45.3%+3.1%)이고 B 후보는 지지율이 38.6%이므로 지지율의 범위는 35.5%(38.6%−3.1%)에서 41.7%(38.6+3.1%)이고 신뢰수준이 95%이므로 동일한 조사를 100번했을 때 95번은 신뢰구간(추정치±오차한계) 안에 들게 된다는 의미이다.

표본 조사를 할 때 조사 대상자가 10명보다는 100명일 때, 100명보다는 1,000명일 때 훨씬 더 정확해진다. 전체 인구가 조사에 참여한다면 말할 것도 없지만. 그러면 얼마나 많은 표본이 있어야 만족할 수 있을까? 그것은 충분하다고 생각하는 정도에 따라, 그리고 조사하는 대상이 무엇인가에 따라 달라지지만 대표적인 오차의 한계에 대한 표본의 크기는 다음과 같다.

■ **대표적인 오차의 한계에 대한 표본의 크기**

90% 신뢰수준에서 오차한계에 대한 표본의 크기 : $n=\left(\frac{1.645\sigma}{d}\right)^2$

95% 신뢰수준에서 오차한계에 대한 표본의 크기 : $n=\left(\frac{1.96\sigma}{d}\right)^2$

99% 신뢰수준에서 오차한계에 대한 표본의 크기 : $n=\left(\frac{2.576\sigma}{d}\right)^2$

d : 오차한계, σ : 모표준편차

집중력이 뛰어난 뉴턴

뉴턴(Isaac Newton, 1642-1727)이 몇몇 친구를 초대하여 저녁을 대접할 때, 포도주 한 병을 가지러 방에서 나갔다가 딴 생각에 사로잡히게 되어 자기가 왜 나왔는지조차 잊어버리고 자기 방으로 들어가서 예복을 입고 교회당으로 가버렸다.

또 한 일화로, 뉴턴의 친구가 저녁으로 닭요리를 먹기로 하고 방문하였다. 뉴턴은 외출중이었으나 식탁에는 이미 요리된 닭이 뚜껑 덮인 접시에 차려져 있었다. 저녁 약속을 잊어버린 뉴턴은 약속시간을 너무 지체하였고 기다리던 친구는 마침내 닭요리를 먹고 나서 뼈만 남은 접시에 뚜껑 덮어 놓았다. 뉴턴이 나중에 와서 친구와 인사하고 식탁에 앉아서 뚜껑을 열었으나 뼈밖에 남지 않았다. 그러자 그는 "아 참, 우리가 이미 저녁을 먹었다는 것을 잊었군."이라고 말했다.

어느날 뉴턴이 말을 타고 집으로 오고 있을 때 마을 건너편에 있는 언덕을 오르려고 말에서 내렸다. 언덕을 오르는 동안에 말은 미끄러 떨어졌는데도 빈 고삐만이 손에 잡고 가는 것을 뉴턴을 몰랐다. 언덕꼭대기에 올라서 다시 말 안장 위로 뛰어 오르려고 했을 때에야 비로소 뉴턴은 말이 없어진 사실을 알았다.

제 1 5 장

금융 수학

수학적인 지식들이 금융과 어떠한 관계가 있는지 재테크에 어떻게 기여하는지 간단한 수학적인 내용을 활용하는 방법들을 소개하고 은행에서 주로 다루는 단리, 복리의 이자계산법, 명목이율, 할인율, 실생활에서 다루는 연금계산법, 보험료 산출에 관한 간단한 내용을 기술하고자 한다.

15.1 이자와 수학

이자(interest)는 자본(돈)의 주인이 자본을 빌려 쓴 사람으로부터 빌려준 자본에 대한 사용 대가로 받는 금액으로 정의한다. 다시 말하면 이자는 사용자(차용자)가 자본주에게 지불하는 일종의 임대료 형태로 볼 수 있다. 따라서 이자는 돈을 빌려 쓴 기간이 길면 길수록 더 많아진다. 여기서는 돈을 빌릴 때의 조건에 따른 몇 가지 간단한 이자계산법과 흔히 범하기 쉬운 실수 등에 대하여 알아보기 위하여 필요한 용어를 설명하기로 한다. 돈을 빌려준 사람을 자본주, 빌려 쓴 사람을 차용주라 하며, 어떤 사람이 일정한 금액을 받기로 하고 은행에 예금하였을 때 최초로 투자한 금액을 원금(principal)이라 하고, 일정 기간 후에 돌려받을 총금액을 원리금(accumulated value)이라 한다. 이때 원리금과 원금의 차이가 이자이다.

원리금을 계산하기 위하여 쓰는 함수를 원리금 함수(amount function)라 하며 보통 $A(t)$로 쓰며 투자일로부터 n년째 연도에 얻은 이자액을 I_n으로 쓴다. 또 투자한 금액으로 1년 후에 벌어들인 금액의 비율을 실이율(effective rate of interest)이라 부르며 i로 쓴다. 즉, 실이율은 이자가 1년에 한 번 지급되는 경우의 이자율을 의미하며 보통 %(백분율)로 나타내고 1년 동안은 원금이 추가되거나 상환되지 않고 그대로 있다고 가정하여 이자는 투자시점으로부터 1년이 되는 시점에 지급하는 것으로 본다.

실이율의 대표적인 단리와 복리에 대하여 알아보자. 1차 연도 초에 투자한 단위 1에 대하여 1년 후의 원리금이 $1+i$, 2년 후의 원리금이 $1+2i$ …와 같이 원리금함수가 $a(t)=1+, t>0$의 형태로 이자가 늘어나는 경우 단리(simple interest)라 하고 1차 연도 초의 투자 1에 대한 1년 후의 원리금 $1+i$이 2차 연도 초의 투자원금이 되고 2차 연도의 이자가 $(1+i)i$이고 원리금은 $(1+i)^2$이 되어 원리금함수 $a(t)=(1+i)^t$, $t>0$의 형태로 주어지는 경우 복리(compound interest)라 한다.

보기 1

2,000만 원을 단리 5%로 5년간 투자하였다면 원리금은 얼마인가?

풀이

2,000만 원×[1+0.05×5]=2,500만 원

보기 2

위의 [보기 1]과 같은 2,000만 원을 복리 5%로 5년간 투자하였다면 원리금은 얼마인가?

풀이

2,000만 원×(1+0.05)5=2,552.56만 원으로 단리로 계산했을 때와 비교하면 52만 5600원 정도의 차이가 난다.

그런데 연이율 10%로 1,000만 원을 40년간 은행에 저축하였을 경우 40년 동안 이자를 찾지 않고 그대로 두었을 때 단리로 계산했을 경우 원리금은 5,000만 원이 되나 1년 단위 복리로 계산하면 무려 4

억 5,259만 원 이상의 거금이 된다. 똑같은 돈을 은행에 맡겼는데 이 차이는 이자를 계산하는 방법에서 핵심적인 역할을 하는 하나의 변수 때문에 생긴다. 좀 더 구체적으로 복리의 적용기간을 달리하여 원리금을 계산해보면 다음 표와 같은 결과를 얻는다.

	복리의 적용기간				
이자율	없음	1년	3개월	1일	연속
2%	1,800만 원	2,208만 원	2,221만 원	2,225만 원	2,226만 원
6%	3,400만 원	10,286만 원	10,828만 원	11,021만 원	11,023만 원
10%	5,000만 원	45,259만 원	51,978만 원	54,568만 원	54,598만 원

[표 15.1] 같은 1,000만 원을 40년간 예금하였을 경우 복리의 적용기간에 따른 원리금

이 표에서 적용기간의 "없음"은 단리(單利)와 같고, '연속'복리는 즉시 이자가 이자를 낳는 경우를 말하는데 복리의 적용기간을 점점 짧게 하면(따라서 점점 더 자주 복리를 적용하면) 돌려받게 될 원리금은 점점 더 많아지겠지만 결코 상한선을 초과할 수는 없다. 아주 사소한 차이가 장기 투자자에게는 큰 차이로 변한다. 복리적용기간이 6개월이라면 연이율이 6%인 경우 6개월에는 3%만 적용하되 기간을 2배로 늘려 계산한다.

1,000만원을 2년 동안 연리 8%의 복리로 저축했을 경우 복리적용기간에 따른 이자와 원리금을 계산하여 보면 표 15.2와 같다.

신용카드회사가 연체금액에 대하여 한 달에 2%의 이자율을 매길 때 연이율이 24%가 아니고 실제로는 유효이자율이라 하여 26.8%가 된다. 한 달에 1%의 이자율은 12%가 아닌 유효이자율 12.68%가 된다. 이와 같이 우리가 느끼고 있는 것과 실질적인 내용은 차이가 크다는 것을 알 수 있다.

복리의 적용기간(월)	적용기간 초반의 원금	적용 기간에 발생한 이자	적용기간 후의 총액
0-3	10,000,000원	200,000원	10,200,000원
03-06	10,200,000원	204,000원	10,404,000원
06-09	10,404,000원	208,100원	10,612,100원
09-12	10,612,100원	212,200원	10,824,300원
12-15	10,824,300원	216,500원	11,040,800원
15-18	11,040,800원	220,800원	11,261,600원
18-21	11,261,600원	225,300원	11,486,900원
21-24	11,486,900원	229,700원	11,716,600원

[표 15.2] 1,000만원을 2년 동안 연리 8%의 복리로 저축했을 경우 복리적용기간에 따른 이자와 원리금

15.2 연금과 수학

연금(annuity)이란 일정한 시간 간격에 따라 이루어지는 지불(수령)액을 말한다. 예를 들어보면 사글세, 자동차 분납금, 정기적금, 일정투자금액이자수령 등이 있는데 본래의 의미는 일정한 시간간격이 연 단위이었으나 지금은 규칙적인 간격의 지불(수령)금액으로 확대되었다. 일정한 기간에 반드시 이루어져야 하는 지급금액인 연금을 확정연금(certain annuity)이라 하고 일정한 기간에 이루어지지 않아도 되는 연금을 불확정연금(contingent annuity)이라 한다. 불확정연금에는 생존시에만 지급되는 생명연금(life annuity) 같은 것이 있다. 또한 연금 계획에 따라 월별로 수령하는 퇴직급여금은 종신연금의 형태로 퇴직자의 노후생활을 보장시켜 준다. 연금에 대한 여러 가지 내용을 모두 여기서 다루기는 적절치 않아 몇 가지 간단한 내용만 소개하려고 한다. 연금지불주기와 이자전환기간이 같고 지급금액이 균등한 연금을 알아본다. 연금지급이 이루어지는 시점에 따라 n 년 동안 각각 당해 연도

말에 지급되는 연금을 기말급 연금(annuity - immediate)이라 하며 당해 연도 초에 지급이 이루어지는 연금을 기시급 연금(annuity - due)이라 한다. 매년 지급되는 연금에서 최초 지급이 이루어지기 1년 전의 지급액수를 연금 현가라 하고 보통 a_n 으로 쓰고 연금지급기간 n 년이 경과한 시점에서 지급되는 액수를 연금의 종가라 하며 s_n 으로 쓴다.

이때 a_n 과 s_n 사이에는 다음과 같은 식이 성립한다.

$$s_n = a_n(1+i)^n$$

$$\frac{1}{a_n} = \frac{1}{s_n} + i$$

보기 3

실이율이 5%이고 20년 동안 매년 말에 500만 원씩을 지급받는 연금의 현가는 얼마인가? (이자율 표를 이용하여만 해결할 수 있음)

풀이

대략 6,231.1만 원.

이 문제의 구체적인 풀이는 생략하지만 내용을 살펴보면, 지금 6,231.1만 원을 연리 5% 복리로 20년간 저축하였을 때 20년 후의 원리금과 연리 5%로 매년 말에 500만 원씩 20년간 적립한 후의 원리금이 똑같다는 것이다. 즉, 위와 같은 조건의 연금을 현재의 가치로 환산했을 경우 약 6,231.1만 원이 된다.

보기 4

김군은 2006년 1월 1일 은행에서 1억 원을 대출받았는데 실이율 9%

로 10년간에 걸쳐 갚기로 하였다. 여러 가지 지불방법에 따라 지불해야 하는 이자의 총액이 다르다.
(1) 10년 말인 2015년 12월 31일에 원리금을 모두 갚을 경우
(2) 이자는 매년 말에 갚고 원금은 10년 말에 갚을 경우
(3) 10년 동안 매년 말에 원금과 이자를 균등 분할하여 갚을 경우로 나누어 계산하여라.

풀이

(1) 10년간의 원리금은 1억×(1.09)×10=236,736,000원이고 순이자는 136,736,000원이다.
(2) 매년 지불하는 이자는 1억×0.09=9백만 원이고 10회 갚으므로 900만 원×10=9,000만 원이 되나 2015년 말일의 종가는

$$900 \times s_{10} = 136,736,000\text{원}$$

이다.(s_{10} 은 표를 사용하여야만 구할 수 있음)
(3) 균등 상환액을 R이라 하면 $Ra_{10}=1$억 원이므로

$$R = \frac{1}{a_{10}} = \frac{1}{6.417658} = 15,582,000\text{원}$$

이고 지불 총액이 10×15,582,000=155,820,000원이 되어 갚게 되는 순이자 총액은 55,820,000원이다.(a_{10} 은 표를 사용하여야만 구할 수 있다.)

위의 보기에서 알 수 있듯이 이자는 빨리 갚을수록 지불 총액이 적어지고 지불 총액도 다르다. 그러나 세 경우 모두 지불 총액에 대한 2006년 1월 1일 현재의 현가는 1억 원으로 모두 같다. 수학적인 계산은 같게 나오지만 물가 상승률, 인플레이션, 변동 금리 등 자신의 여건에 적합한 방법으로 이자를 갚는 것이 재테크의 기본이다.

우리가 노후에 받을 연금에 대하여도 많은 고민을 하여 어떤 방법

이 자신의 여건에 최선의 선택이 되는지를 살펴봐야 한다. 당장 사회보장연금을 신청해서 여생 동안 해마다 고정금액을 지급받을 것인가, 아니면 좀 더 기다렸다가 연금 지불액이 더 커졌을 때 지급받을 것인가 하는 선택의 문제도 중요하다.

보기 5

당신이 62세가 되었을 때 다음의 두 가지 선택이 있다고 가정하자. 그 해에 지급을 요청하면 그 해부터 평생 동안 매년 800만 원의 연금을 받을 수 있고, 3년 지나 65세부터 지급받게 되면 매년 1,000만 원의 연금을 받을 수 있다. 이 경우 62세 이후의 연금 수급액을 계산해 보면 다음과 같다.

나 이	62세부터 지급받을 경우	65세부터 지급받을 경우
62세	0만 원	0만 원
65세	2,400만 원	0만 원
68세	4,800만 원	3,000만 원
71세	7,200만 원	6,000만 원
74세	9,600만 원	9,000만 원
77세	1억 2,000만 원	1억 2,000만 원
80세	1억 4,400만 원	1억 5,000만 원

[표 15.3]

여기서 알 수 있는 사실은 단순히 비교했을 경우 오래 살수록, 나중에 지급받는 것이 더 매력적임을 알 수 있다. 지불 받을 시기를 선택할 이자에 관한 내용을 무시하는 것은 결과적으로 잘못된 선택이라고 할 수 있다. 적당한 이자율일 때에도 몇 년 후부터 연금을 받는 것이 결과적으로 가치 있는 선택이었다고 만족할 만큼 충분히 오래 살

수 있을지 고려해 봐야 하고 이자율이 높을 때는 아무리 오래 산다고 해도 적은 액수라도 당장 받는 것이 더 유리할 수도 있다.

보기 6

박군은 금년 초에 아버지로부터 5,500만 원을 받았다. 현재 은행의 예금이율이 10%일 때, 500만 원을 지금 쓰고 5,000만 원을 예금하였을 경우 내년 초에 500만 원의 이자가 발생하여 5,500만 원이 되고 또 500만 원을 찾아 써도 또 5,000만 원이 된다. 계속해서 매년 초에 500만 원씩을 찾아 써도 원금은 전혀 줄어들지 않는다.

이와 같은 보기에서 알 수 있듯이 이율과 원금 자금이 필요한 기간 등을 고려하여 자금운용 계획을 세워야 한다. 조금만 생각하여도 알 수 있는 것은 대출금의 상환기간이 길수록 갚아야 할 이자율은 점점 높아지므로 소비자 금융의 황금률은 대출기간을 가능한 짧게 하는 것이 총 이자 비용을 낮게 유지시킬 수 있다. 변수들이 다른 각각의 대출조건에 대해 월 상환액과 대출기간 내의 총 상환액을 계산하여 보고 어떻게 빌리고 상환해야 하는 것이 유리한 방법인지 알아보기로 하자.

다음 [표 15.4]는 100만 원을 4~16%의 이자율로 4년에서 40년까지 대출받았을 경우를 가정하여 매월 상환액과 총상환액을 계산한 표이다.

- 이자율 16%로 40년 대출을 받았다면 상환해야 할 금액은 모두 얼마일까?(대출금 100만원을 포함하여)
- 이자율 16%로 40년 대출을 받고 대출기간을 36년으로 줄이면 총 상환액은 얼마나 줄어들까?

	4%		8%		12%		16%	
대출 기간	월 상환액	총 상환액	월 상환액	총 상환액	월 상환액	총 상환액	월 상환액	총 상환액
4년	22,550	108만원	24,280	125만원	26,030	125만원	27,800	133만원
8년	12,160	117만원	14,000	134만원	15,920	153만원	17,910	172만원
12년	8,720	126만원	10,670	154만원	12,770	184만원	14,970	216만원
16년	7,020	135만원	9,090	174만원	11,340	218만원	13,720	263만원
20년	6,020	145만원	8,190	197만원	10,590	254만원	13,120	315만원
24년	5,370	155만원	7,640	220만원	10,160	293만원	12,810	369만원
28년	4,910	165만원	7,280	245만원	9,900	333만원	12,640	425만원
32년	4,580	176만원	7,030	270만원	9,750	374만원	12,550	482만원
36년	4,330	187만원	6,860	297만원	9,650	417만원	12,500	540만원
40년	4,140	198만원	6,740	324만원	9,590	460만원	12,480	599만원

[표 15.4]

이 표를 살펴보면 초기 월 상환액은 거의 대부분이 이자가 차지하며 후반부 월 상환액은 대부분 대출 원금이 차지하고 있음을 알 수 있다. 다음은 이율과 대출기간에 따라 최초의 월 상환액 중에서 이자가 차지하는 비율을 계산한 것이다.

대출기간	이자율			
	4%	8%	12%	16%
8년	26.30%	46%	59.60%	69.50%
16년	46.60%	70.80%	83.70%	90.70%
24년	61%	84.20%	93.40%	97.20%
32년	71.50%	91.50%	97.30%	99.20%
40년	79.10%	95.50%	98.90%	99.70%

[표 15.5]

대출기간을 연장해도 상환액은 거의 줄어들지 않는다. 그러므로 이율이 높으면 월 상환액을 적절하게 올려 대출기간을 크게 줄이는 것이 총 상환액을 줄일 수 있는 방법이다.

■ 정년퇴직후의 재테크

대부분의 봉급생활자들은 퇴직 후의 안정된 노후생활을 위하여 생활 설계를 하게 된다. 정년퇴직 초기에 지출을 줄이고 나머지는 투자하여 재정 완충체제를 구축하고 그를 바탕으로 생활수준을 거의 일정하게 유지하려고 한다. 미래의 인플레이션과 이자에 대한 불확실한 가정을 세우고 그것들이 연금에 어떤 영향을 미치는가를 살펴서 방법을 선택하게 된다. 퇴직금으로 목돈을 일시불로 받을 것인가? 아니면 연금으로 매달 일정액을 받을 것인가? 또는 일부분을 목돈으로 받고 나머지는 연금으로 받을 것인가? 하는 결정을 선택하게 된다.

일시불 목돈으로 퇴직금을 받고 퇴직한 경우, 예금이율과 인플레이션에 대한 2가지 요인에 대한 예상치를 가지고 원리금이 어떻게 변하는지 살펴보자.

다음 표는 인플레이션율이 5%이고 이자율이 6%일 때 보유액의 변화를 나타낸 것이다. 인플레이션율이 5%라는 의미는 5억 원짜리 물건을 1년 후에 매입하려면 2,500만 원을 더 지불해야 한다는 의미이다. 즉, 5억 2,500만 원을 주고 매입하여야 한다.

다음 [표 15.6]의 연간 지출액은 인플레이션에 따르는 지출액을 말한다. 이 표를 보면 3년까지는 연말 보유액이 증가하였으나 4년 후부터 감소하여 7년 후의 연말 보유액은 당초 보유액인 5억 원보다 감소했음을 알 수 있다.

연	연초의 보유액	연간 지출액	연말의 보유액 (이자보다 지출이 적다)
	$X(n)$	2,500(1.05)만 원	
1	5억 원	2,500만 원	5억 350만 원
2	5억 350만 원	2,625만 원	5억 589만 원
3	5억 589만 원	2,756만 원	5억 703만 원
4	5억 703만 원	2,894만 원	5억 678만 원
5	5억 678만 원	3,039만 원	5억 497만 원
$6n$	5억 497만 원	3,191만 원	5억 144만 원
7	5억 144만 원	3,350만 원	4억 9,601만 원

[표 15.6]

15.3 퇴직 후를 위한 목돈 만들기

매년 초에 연리 i %로 1000만 원씩 n년 동안 저축하였을 경우 n년 후에 모인 금액 A를 계산하는 공식은

$$A = 1000\text{만 원}[(1+i)^{n+1} - (1+i)]/i$$

이고 매년 초에 1,000만 원씩 저축할 경우 여러 가지 이자율(i)과 저축기간(n)에 따른 A를 계산하면 표 15.7과 같다.

(단위는 1,000만 원)

	저축기간(n)				
이자율(i)	10	20	30	40	50
0.02	11	25	41	62	86
0.04	13	31	58	99	159
0.06	14	39	84	164	308
0.08	16	49	122	280	620
0.1	18	63	181	487	1,280
0.12	20	81	270	859	2,688
0.14	22	104	407	1,530	5,694

[표 15.7]

이 표를 보면 이자율이 높으면 높을수록 저축기간이 길면 길수록 목돈은 많아지는 것을 알 수 있다. 또 다른 방법으로 저축액을 점점 늘려가는 방법이 있다. 연금 적립금을 해마다 3%씩 올리는 것은 시간의 경과에 따른 부담을 골고루 퍼지게 하는 효과가 있다. 매년 초 적립금을 조금씩 적립한다면 인플레이션 때문에 실제 적립액은 해가 지날수록 훨씬 적게 느껴진다. 다음 표는 첫 해에 1,000만 원을 적립하고 그 후부터 매년 3%씩 증가시켰을 경우 쌓인 적립금을 계산한 표이다.

(단위: 천만 원)

	저축기간(n)				
이자율(i)	10년	20년	30년	40년	50년
0.02	13	33	63	108	173
0.04	14	40	85	160	283
0.06	16	50	117	248	496
0.08	18	62	165	399	918
0.1	20	77	236	660	1.776
0.12	22	98	343	1.117	3.542
0.14	24	124	503	1.924	7.212

[표 15.8] 저축 액수를 늘려나갈 때 쌓인 적립금

매년 받는 연금(영구적으로 받는다고 가정)이나 일시불로 받는 목돈은 인플레이션이나 다른 요인을 고려하지 않고 이율만 계산한다면 서로 같다. 매년 말에 연금으로 p 원을 영원히 받고 이율이 i%로 고정된다면 일시불로 받는 목돈은 $\frac{p}{i}$ 이다. 즉, 매년 1,000만 원씩 받는 연금일 경우 이율이 5%이면 1,000만 원/0.05 = 2억 원이다.

라마누잔

라마누잔(S. Ramanujan, 1887-1920)이 병석에 있을 때 하디(G. Hardy, 1877-1947)가 문병을 갔는데, 자신이 타고 온 택시 번호 1729가 별 특징 없는 수라고 말했다. 사실 하디는 1729가 133×13이기 때문에 1729의 약수로 13이 포함되었다는 사실을 언급한 것이다.
그런데 라마누잔은 몸져누워 있으면서도 "아니, 1729는 특별한 수입니다. 1729는 9와 10을 각각 세제곱한 수의 합(729+1000)이자, 1과 12를 각각 세제곱한 수의 합입니다(1+1728). 따라서 두 가지 다른 세제곱의 합으로 나눌 수 있는 최초의 수입니다"라고 답했다고 한다.

$$1719 = 1^3 + 12^3 = 9^3 + 10^3$$

수에 대한 뛰어난 직관력을 가진 두 수학자의 면모를 보여주는 일화이다.

라마누잔은 자신의 노트에 마방진(魔方陣)을 하나 남겼다. 라마누잔이 남긴 마방진의 첫 줄에 있는 22 12 18 87은 그의 출생년도인 1887년 12월 22일을 뜻한다.

22	12	18	87
21	84	32	2
92	16	7	24
4	27	82	26

참고문헌

권영한, 《재미있는 이야기 수학》, 전원문화사, 1989.
권중성, 《금융 . 보험수학》, 경문사, 2001.
김관영 · 유영호, 《수학역사퍼즐》, 전파과학사, 1994.
김병소, 《식물은 알고 있다》, 경문사, 2003.
김시형 역, 《암호의 세계》, 이지북, 2001.
김용구, 《생활 속에서 찾은 수학》, 용봉수학교육연구 제4집 31-52, 전남대학교 사범대학수학교육과, 2004.
김용국, 《수학의 토픽스》, 전파과학사, 1984.
김용운 · 김용국, 《세계수학문화사》, 과학신서, 1978.
김용운 · 김용국, 《수학사대전》, 우성문화사, 1986.
김용운 · 김용국, 《위상기하학》, 동아출판사, 1992.
김용운 · 김용국, 《재미있는 수학여행》, 김영사, 1993.
김용운, 《인간학으로서의 수학》, 우성문화사, 1990.
김인수, 주형관 역, 《현대 수학의 여행자》, 민음사, 1993.
박영수, 《역사 속에 숨겨진 암호이야기》, 프리미엄북스, 1999.
박형빈, 《알기 쉬운 그래프수학》, 경문사, 2004.
박형빈 역, 《게임이론》, 경문사, 2001.
박형빈 · 마인숙 · 이헌수, 《복권 아는 만큼 보인다》, 10101, 2003.
박형빈 · 이헌수, 《재미있는 수학퍼즐 I》, 경문사, 2005.
박형빈 · 이헌수, 《재미있는 수학퍼즐 II》, 경문사, 2005.
이만근 · 오은영, 《흥미있는 수학 이야기》, 수학사랑, 1997.
이성현 역, 《수학 교육의 현대화》, 동아출판사, 1970.
이화영, 《수학의 신비를 찾아서》, 교우사, 1996.
정지호, 《캐조리 수학사》, 창원사, 1977.

Alan Tucker. "Applied Combinatorics", John Wiley & Sons, 1984.
Arto, Saloma. "Public-leey Cryptography", Springer-Verlag.
Barry Cipra. "What's Happening in the Mathematical Sciences #3", AMS., 1996.

D.M. Burton. "Elementry Number Theory 2nd Ed.", Springer-Verlag.

Danald J. Albers. "Math Horizons", AMS, 1994.

Dmitri Fomin · Sergey Genkin · Ilia Itenberg. "Mathematical Circles", AMS, 1993.

Donald E. Knuth. "Stable Marriage and its Relation to other Combinatorial Problems", AMS, 1997.

Henze · Norbert, How to win more, AK peters, 1998.

L.E. Sadovskĭ, A.L. Sadovskiĭ. "Mathematics and Sports", AMS, 1994.

Neal Koblitz. "A Course in Number Theory and Cryptography", Springer-Verlag.

Peter Tannenbaum, "Excursions in Modern Mathematics", Pearson Education, INC 2004.

Richard A. Brualdi. "Introductory Combinatorics", North-Holland, 1992.

Samual M. Ramkin. Ⅲ "What's Happening in the Mathematical Sciences #1", AMS, 1994.

Saul Stahl, A Gentle Introduction to Game Theory, AMS, 1999.

Steven G. Krantz. "Techniques of Problem Solving", AMS, 1997.

V.V. Prasolov. "Intuitive Topolpgy", AMS, 1995.

You-Feng Lin, Shwu-Yeng T. Lin. "Set Theory", Houghton Mifflin Company, 1974.

http://www.ctl.ua.edu/math103/Voting/mathemat.htm

찾아보기

ㅈ

■ 일러두기
본문 중에 나오는 문제와 연습문제 풀이는
경문사 홈페이지(http://www.kyungmoon.com) 자료실에서
다운로드 받을 수 있습니다.

수학은 생활이다

지은이 박형빈
펴낸이 조경희
펴낸곳 경문사
펴낸날 1998년 10월 15일 1판 1쇄
2021년 2월 1일 4판 2쇄
등 록 1979년 11월 9일 제313-1979-23호
주 소 04057, 서울특별시 마포구 와우산로 174
전 화 (02)332-2004 팩스 (02)336-5193
이메일 kyungmoon@kyungmoon.com

값 19,000원

ISBN 978-11-6073-087-6